AF501467

HISTOIRE NATURELLE

DE LA

FRANCE

8e PARTIE

COLÉOPTÈRES

AVEC 27 PLANCHES

PAR

L. FAIRMAIRE

PRÉSIDENT HONORAIRE DE LA SOCIÉTÉ ENTOMOLOGIQUE DE FRANCE

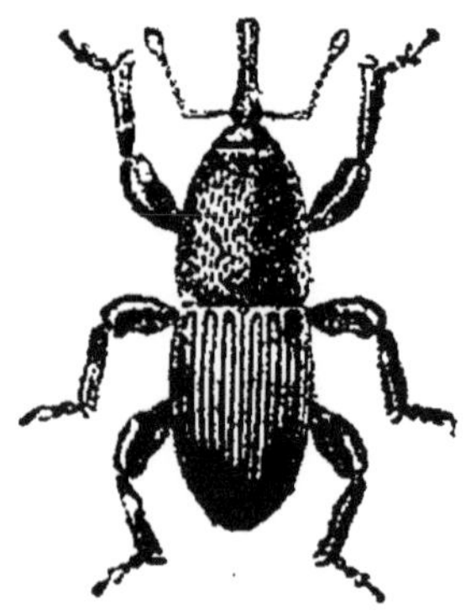

PARIS

MAISON ÉMILE DEYROLLE

LES FILS D'ÉMILE DEYROLLE, NATURALISTES, SUCCESSEURS

46, RUE DU BAC

NOTE DE L'ÉDITEUR

Les premiers éléments pratiques d'entomologie, *recherche des insectes, instruments, époques, localités, rangement en collections*, ayant été traités, dans le GUIDE DE L'AMATEUR D'INSECTES[1], avec tout le développement que comportent ces chapitres, nous n'avons pas cru devoir les répéter ici, d'autant plus que ces principes s'appliquent à tous les ordres d'insectes qui comprendront 6 volumes; nous ne saurions trop engager les débutants à consulter cet ouvrage qui leur est indispensable s'ils veulent savoir où et comment ils doivent récolter les coléoptères, les instruments utiles pour cette chasse, la manière de les préparer et

[1] Le *Guide de l'amateur d'insectes*, par A. Granger, nouvelle édition entièrement refondue, avec une introduction de L. Fairmaire. Un vol. in-12, avec nombreuses figures intercalées dans le texte, 1 fr.; franco par la poste, 1 fr. 15.

de les disposer en collection, la façon dont le rangement et l'étiquettage doivent être faits, en un mot être renseignés sur les premières notions pratiques.

La maison Émile Deyrolle, 46, rue du Bac à Paris, s'est depuis longtemps acquis une réputation méritée comme fournisseur de tout le matériel nécessaire pour la recherche des insectes et leur classement en collections, tous les instruments qu'elle fournit sont construits dans ses ateliers (situés rue Chanez, à Auteuil), elle peut donc en garantir l'excellente qualité d'une part et les livrer à des conditions de bon marché qui ont éteint toute concurrence et qu'a bien su apprécier son immense clientèle qui s'étend sur le monde entier.

AVANT-PROPOS

L'accueil fait aux premiers tirages de cette Faune élémentaire nous engage à en offrir une nouvelle édition que de notables additions et modifications rendront plus utile. L'étude des insectes de notre pays est aussi attrayante qu'instructive; mais on comprend facilement qu'en débutant un entomologiste se trouve embarrassé pour choisir un guide au milieu des centaines d'ouvrages déjà publiés. Une Faune complète des coléoptères qui, pour la France seule, peut renfermer environ 10,000 espèces, présente déjà un champ trop vaste pour les jeunes étudiants auxquels nous voudrions faciliter les premiers pas dans la carrière entomologique. Nous avons donc cherché à résumer rapidement la description des Coléoptères que les commençants peuvent trouver le plus habituellement dans leurs excursions. De cette manière, l'attention se concentrera sur un petit nombre de types qui resteront dans la mémoire, et serviront de point de départ pour étudier ensuite dans des ouvrages plus détaillés. Il est certain que la nécessité de réunir des volumes trop nombreux et la fatigue qui résulte, pour un débutant, des longues recherches entraînées par la difficulté de se reconnaître au milieu de plusieurs milliers de descriptions, souvent trop savantes, ont dû dégoûter plus d'un néophyte. C'est surtout en histoire naturelle que les livres élémentaires paraissent manquer ; il semblerait que l'on s'est donné le mot pour faire de l'entomologie une branche des mystères d'Isis, et que l'on s'est efforcé d'en rendre les abords difficiles et peu encourageants. Il nous a donc paru vraiment utile d'élaguer des détails très scientifiques sans doute, mais fastidieux, et qui, n'étant pas absolument nécessaires à un débutant, semblent destinés à éloigner les simples mortels de plaisirs intellectuels réservés aux élus. Aussi épargnons-nous à nos lecteurs les finesses des paraglosses, de l'hypoglosse et de la languette, les mystères des pores piligères et des pores antennaires, les divisions de gonathocères mécorhynques apostasimérides, les discussions de l'espèce, de la race, de la souche, de la variété, de la sous-variété, etc.

Si notre travail peut faciliter à quelques débutants leurs premiers pas dans l'étude des insectes et développer en eux le goût de recherches aussi attrayantes, nous trouverons dans ce résultat la récompense de nos peines. La conviction d'être utiles à nos jeunes confrères, et l'approbation de naturalistes distingués, nous encouragent puissamment à persévérer dans cette voie.

GÉNÉRALITÉS

Comme toutes les sciences, l'entomologie a un langage spécial qui présente aussi quelques obstacles quand on n'est pas familiarisé avec lui. Les deux planches pages 6 et 8 donnent l'explication de presque tous les termes d'anatomie coléoptérique qu'il est indispensable de connaître. Nous allons tâcher de compléter dans la liste ci-après la nomenclature des mots qui se présentent le plus souvent dans les descriptions.

Aciculaire, en forme de pointe très fine comme celle d'une aiguille; c'est ce qu'on dit parfois du dernier article des palpes.

Acuminé, terminé en pointe.

Angle sutural, angle formé par la suture et l'extrémité de l'élytre.

Calus huméral, saillie plus ou moins marquée, formée par l'épaule des élytres.

Cavités cotyloïdes, cavités situées de chaque côté de la poitrine et dans lesquelles s'articulent les hanches des pattes ; leur degré d'ouverture sert à caractériser divers groupes de Cérambycides.

Claviforme, renflé à l'extrémité comme une massue.

Confluent, se dit des taches ou des points qui se

touchent et finissent par se confondre au moins partiellement.

Cordiforme, en forme de cœur, mais en remarquant que la pointe de ce cœur est généralement tronquée.

Déclive, pente plus ou moins rapide qui termine les élytres et forme souvent leurs bords latéraux, ainsi que ceux du corselet.

Divariqué, **Divergent**, se dit de deux pointes, comme les extrémités de deux élytres qui, contiguës à leur base, s'écartent ensuite obliquement.

Fovéolé, qui présente des fossettes.

Fungicole, qui habite les champignons.

Funicule, tige formée par plusieurs articles des antennes chez les Curculionides, s'articulant sur le scape et se terminant par une massue.

Fusiforme, en forme de fuseau, se dit des antennes qui sont un peu épaissies au milieu et amincies à la base, ainsi qu'à l'extrémité.

Géminé, se dit d'une strie, d'une impression ou d'une tache double.

Glabre, lisse, dépourvu de poils.

Hétéromères , insectes dont les 4 tarses antérieurs sont composés de 5 articles, tandis que les 2 tarses postérieurs n'en ont que 4.

Impression, nom que l'on donne aux enfoncements ou dépressions assez larges, peu profonds, à bords adoucis.

Inerme, voir **Mutique**.

Lobe, nom donné à tout prolongement assez court,

assez large, généralement arrondi, mais pourtant de forme très variable.

Lunule, tache en forme de croissant.

Moniliforme, en forme de collier, comme beaucoup d'antennes composées d'articles presque arrondis ou comme les rangées de grains que l'on voit sur les élytres de plusieurs Carabes.

Mutique, dépourvu de pointe ou d'épine.

Obsolète, se dit des points, des granulations, des stries presque effacées.

Pentamères, tarses composés de 5 articles.

Phytophage, qui se nourrit de végétaux.

Pubescence, espèce de duvet formé par des poils excessivement fins, qui cache parfois complètement la couleur du fond du corps et qui s'enlève souvent très facilement.

Pygidium, dernier segment supérieur de l'abdomen, souvent apparent et perpendiculaire, comme chez les hannetons.

Réniforme, en forme de rein ou de fève.

Scape, 1er article des antennes des Curculionides beaucoup plus grand que les autres.

Scrobe, sillon qui existe de chaque côté du rostre des Curculionides et dans lequel se loge le scape.

Sécuriforme, en forme de hache ou de triangle renversé.

Serriforme, en forme de lame de scie, comme les antennes des Buprestides.

Sétacé, en forme de soie, se dit des antennes diminuant graduellement, mais très légèrement, de la base à l'extrémité.

Sub, se place au devant d'un mot qualificatif comme diminutif; par exemple, subcylindrique, qui est presque cylindrique.

Subulé, en forme d'alène, se dit du dernier article des palpes, parfois très petit et pointu.

Testacé, couleur roussâtre, ressemblant à celle de la terre cuite.

Tétramères, tarses composés de 4 articles.

Trimères, tarses composés de 3 articles.

Xylophage, qui dévore le bois.

Les Coléoptères sont des insectes à 4 ailes, mais dont les 2 supérieures, appelées élytres, sont cornées et comme des étuis, recouvrent les ailes inférieures membraneuses qui seules sont propres au vol et qui, au repos, sont pliées transversalement. Ils se distinguent des Orthoptères en ce qu'ils ont des métamorphoses complètes, c'est-à-dire qu'au sortir de l'œuf ils ont la forme d'une larve ou ver (voir Pl. XXVII), et qu'avant d'arriver à l'état d'insecte parfait, ils passent par l'état intermédiaire de nymphe, analogue à la chrysalide des papillons. Les Orthoptères, au contraire, naissent avec la forme qu'ils doivent toujours conserver, sauf les ailes; en outre, les ailes inférieures sont plissées longitudinalement, tandis que les supérieures sont rarement cornées et se croisent souvent à l'extrémité ; au contraire, la suture des élytres est droite chez les Coléoptères, à de très rares exceptions près.

Le corps des Coléoptères se compose, comme celui de tous les insectes, d'une tète, d'un thorax sur lequel sont insérées les pattes et les ailes, et d'un abdomen.

La tête, située à la partie antérieure du thorax, porte les yeux, les antennes et la bouche, organe assez compliqué et important à étudier parce qu'il offre des caractères très utiles pour la classification de ces insectes. La tête présente en dessus une plaque plus ou moins convexe, dont la partie antérieure, appelée chaperon (*clypeus*), présente parfois des saillies ou des cornes comme on le voit chez certains Bousiers et chez les Nasicornes ou *Oryctes*. Au-dessous et en avant de cette plaque se trouve la bouche composée d'abord d'une lèvre inférieure ou labre, puis de deux mandibules tantôt grandes et saillantes comme chez les Carabes, ou même développées en sorte de cornes chez les Cerfs-volants, tantôt courtes et trapues, en forme de cuillères; au-dessous, de deux mâchoires plus minces et moins saillantes que les mandibules et accompagnées chacune d'un palpe maxillaire, plus rarement de deux, comme chez les Carabides ; enfin plus en dessous, d'une lèvre inférieure, membraneuse, qui repose sur un menton corné et est accompagnée de deux palpes, dits palpes labiaux. Les yeux existent presque toujours et ne disparaissent que chez les insectes peu nombreux qui vivent dans les cavernes, sous les grosses pierres ou même dans la terre.

Les antennes sont insérées près des yeux et servent d'organe à un sens particulier qui participe du toucher, de l'odorat et peut-être de l'ouïe ; leur extrémité, moins cornée que leur base, est percée de pores nombreux mais très fins. Lorsqu'un insecte est surpris, ce sont les antennes qu'il dirige en avant comme pour se rendre compte du danger ; et lorsque des émanations lui annoncent l'approche des substances qui doivent servir à sa nour-

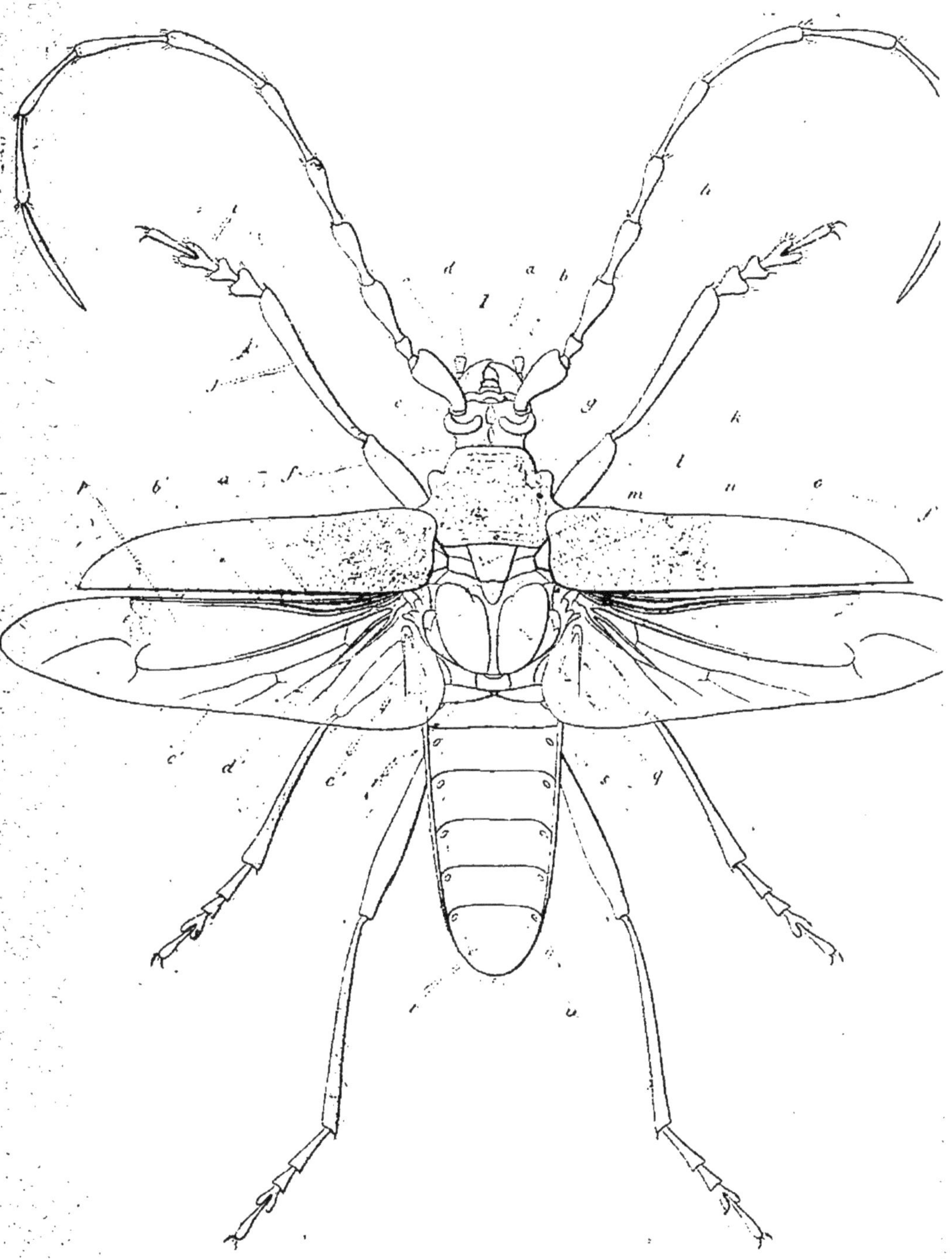

Longicorne : Hammaticherus heros; voir l'explication page 7.

NOMENCLATURE DES DIFFÉRENTES PARTIES

Composant le corps des Coléoptères

Longicorne : Hammaticherus heros Fab. — Dessus du corps.

a, labre. — *b*, mandibule. — *c*, palpe maxillaire, — *d*, épistôme. — *e*, front. — *f*, vertex. — *g*, œil. — *h*, antenne. — *i*, tarse. — *j*, jambe ou tibia. — *k*, cuisse. — *l*, pronotum ou corselet. — *m*, scutum du mésothorax. — *n*, scutellum du mésothorax ou corselet. — *o*, élytre ou aile supérieure — *p*, aile inférieure. — *q*, scutum du métathorax. — *r*, scutellum du métathorax. — *s*, abdomen. — *t*, dernier arceau abdominal supérieur apparent, ou pygidium. — *u*, l'un des stigmates (ouverture des trachées qui servent à la respiration).

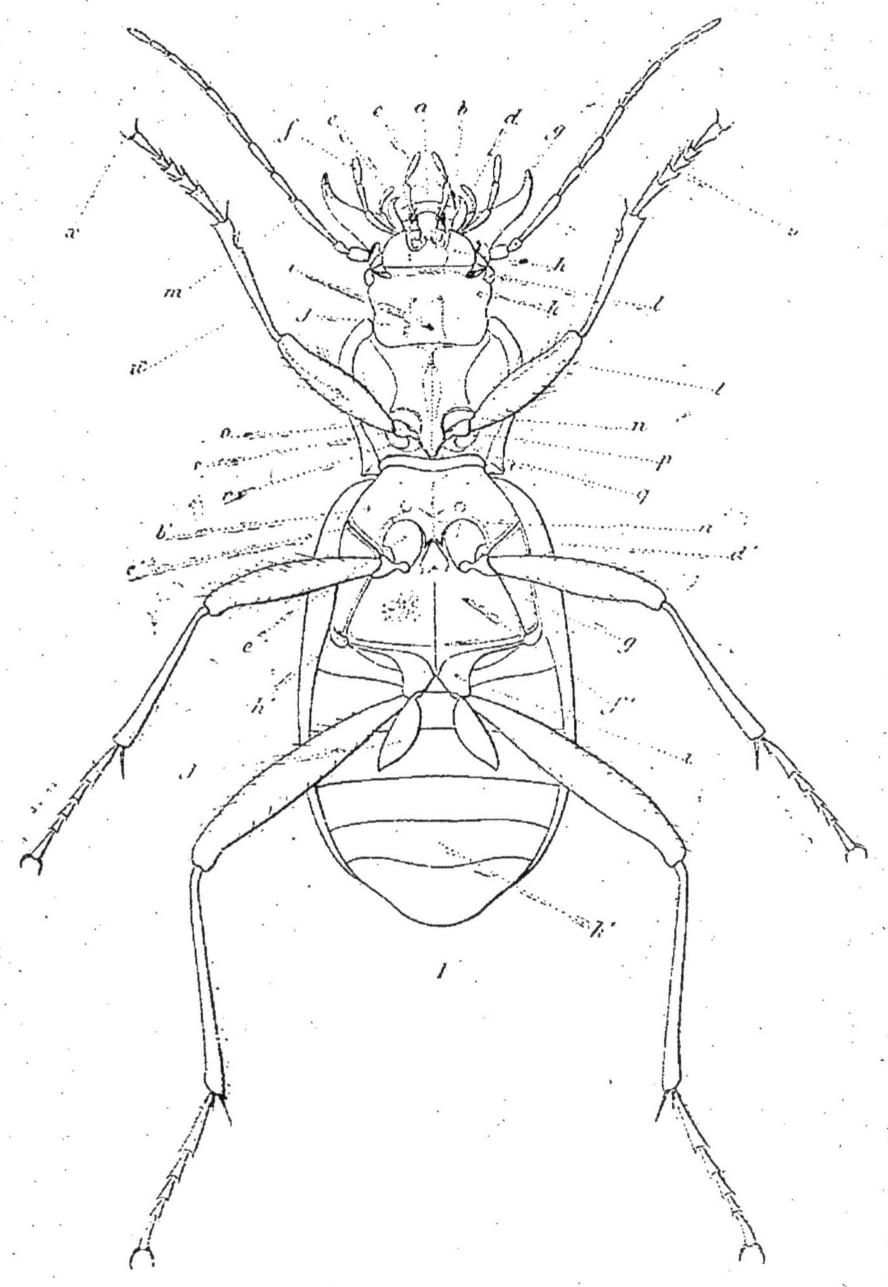

Carabique : Sphodrus leucophthalmus ; voir l'explication page 9.

NOMENCLATURE DES DIFFÉRENTES PARTIES

composant le corps des Coléoptères

Carabique : Sphodrus leucophthalmus. — Dessous du corps.

a, languette. — *b*, paraglosse. — *c*, palpe labial. — *d*, lobe interne de la mâchoire, ou palpe maxillaire interne. — *f*, palpe maxillaire, ou palpe maxillaire externe. — *g*, mandibule. — *h*, menton offrant une forte dent médiane en avant. — *i*, pièce basilaire. — *j*, tempe. — *k*, limite postérieure de la joue très réduite. — *l*, œil. — *m*, antenne filiforme. — *n*, prosternum. — *o*, bord infléchi du pronotum. — *p*, épisternum. — *q*, épimère soudée. Ces deux dernières pièces forment les propleures. — *r*, hanche antérieure. — *s*, trochanter antérieur. — *t*, cuisse. — *u*, jambe ou tibia. — *v*, tarse. — *x*, ongles ou crochets. — *a'*, mésosternum. — *b'*, épisternum. — *c'*, épimère très étroite. Ces deux dernières pièces forment les mésopleures. — *d'*, bord infléchi ou repli latéral de l'élytre. — *e'*, hanche intermédiaire. — *f'*, métasternum. — *g'*, épisternum. — *h'*, épimère. Ces deux dernières pièces constituent les métapleures. — *i'*, hanche postérieure. — *j'*, trochanter postérieur, dit *fulcrant*. — *k'*, abdomen.

riture ou recevoir sa ponte, on voit les feuillets des antennes s'écarter pour mieux recueillir ces effluves. Les formes de ces organes sont très variées ; tantôt les antennes sont grêles comme chez les Carabides, tantôt très longues comme chez les Capricornes, tantôt renflées en fuseau comme chez les Boucliers ou coudées comme chez les Charançons, ou terminées par des feuillets serrés comme chez les Hannetons, les Cétoines, les Bousiers. Le nombre de leurs articles est généralement de onze.

Le thorax, en avant duquel est insérée la tête, se compose de trois portions : le prothorax, dont la plaque supérieure, appelée *corselet*, forme avec la tête et les élytres, le dessus du corps ; le mésothorax qui ne se révèle en dessus que par une petite portion appelée *écusson* située à la base de la suture des élytres et disparaissant parfois ; et le métathorax, complètement caché sous les ailes. Ces trois portions sont représentées en dessous : 1° par le prosternum qui porte les pattes antérieures, dont les hanches sont tantôt contiguës, tantôt séparées par la saillie sternale, très variable de forme ; 2° par le mésosternum, assez court, souvent échancré pour recevoir la saillie prosternale et portant les pattes intermédiaires ; 3° par le métasternum, toujours assez développé, sur lequel sont insérées les pattes postérieures ; il est parfois, mais très rarement, prolongé postérieurement en épine, comme chez les Hydrophiles.

Les pattes se composent : 1° de la hanche qui sert de point d'insertion dans le thorax et qui est le plus souvent globuleuse et médiocrement saillante ; mais quelquefois elle devient conique, très proéminente ; elle s'articule dans une cavité appelée *cotyloïde* qui est tantôt arrondie, tantôt angulée en dehors, tantôt entièrement fermée, tantôt ouverte sur le bord du prosternum ; 2° de la cuisse ou fémur, ordinairement un peu renflée vers l'extrémité, parfois armée d'épines en dessous ; 3° de la jambe ou tibia, tantôt presque cylindrique et nue, tantôt prismatique, crénelée ou hérissée de soies ; 4° du tarse, composé d'articles variant en nombre (de trois à cinq) et terminé par deux crochets, très rarement par un seul ; ces articles sont le plus souvent oblongs et l'avant-dernier un peu élargi, cordiforme ou échancré ; dans beaucoup d'espèces ils sont élargis chez les mâles, comme on le voit chez les Carabes. Les pattes longues et assez grêles chez les insectes carnassiers et coureurs, deviennent plus courtes et épaisses chez les espèces fouisseuses, et alors les jambes antérieures sont fortement dentées et élargies, comme chez les Géotrupes et les Bousiers, les Rhinocéros ou *Oryctes*. Chez les insectes nageurs, les pattes postérieures sont plus développées et leurs tarses sont comprimés et ciliés pour faciliter la natation, mais les pattes antérieures sont plus courtes. Le contraire a lieu, il est vrai, pour les Gyrins ou Tourniquets, qui ont mérité leur nom à cause de la rapidité avec laquelle ils exécutent des courses circulaires sur les eaux tranquilles ; mais ce ne sont pas des insectes vraiment nageurs, ils restent toujours à la surface et ne s'enfoncent que lorsqu'ils y sont forcés.

L'abdomen est composé de cinq ou six segments ; les derniers sont quelquefois mobiles et peuvent se relever ou s'affaisser comme on le voit chez beaucoup de Staphylins et les Boucliers ou *Silpha* ; il prend parfois un grand développement, chez les *Meloe* par exemple et chez plusieurs Galéruques. Quelquefois il se termine, chez les femelles, par une tarière qui sert à déposer les œufs, mais il n'est jamais armé d'un aiguillon. Dans quelques groupes, les Cétonies, les *Hister*, les Bruches, etc., le dernier segment est perpendiculaire en forme d'écusson et prend le nom de *pygidium*. Quelques insectes, les Carabes surtout, lancent par l'extrémité de l'abdomen un liquide âcre qui paraît être composé d'acide butyrique, tandis que le gaz qui produit les détonations des Brachines est formé d'oxygène et d'acide carbonique avec un peu d'azote.

Les ailes sont au nombre de quatre ; les supérieures, ou élytres, sont de consistance cornée et servent plutôt de parachutes que d'organes du vol ; il y a même un certain nombre de Coléoptères qui soulèvent un peu ces élytres pour laisser les ailes se développer, comme on peut le voir chez les Citoines. Généralement les élytres, dont la ligne de jonction s'appelle suture, recouvrent tout l'abdomen, mais parfois elles sont beaucoup plus courtes, comme chez les Staphylins, les Molorques, ou bien laissent à découvert les deux ou trois derniers segments comme chez les Nécrophores. Chez les Sitaris et les Oedémères elles sont très rétrécies après la base et laissent voir une partie des ailes. Celles-ci sont membraneuses, bien plus longues que les élytres sous lesquelles elles se cachent en se repliant ; parfois elles sont atrophiées ou manquent complètement et dans ce cas les élytres sont presque toujours soudées à la suture. Ces dernières forment, le long de l'abdomen, un repli, dit *épipleural*, assez variable et donnant parfois des caractères utiles.

TABLEAU DES FAMILLES

1re DIVISION.

Cinq articles à tous les tarses (Pentamères).

1re Section.

6 palpes (4 maxillaires, 2 labiaux).

I. Pattes propres à la course. Insectes terrestres.

A, Antennes insérées sur la face de la tête . 1. CICINDÉLIDES.

B. Antennes insérées latéralement . . . 2. CARABIDES.

II. Pattes natatoires. Insectes aquatiques. . 3. DYSTICIDES.

2e Section.

4 palpes (2 maxillaires, 2 labiaux).

I. Palpes maxillaires aussi longs ou plus longs que les antennes. Celles-ci claviformes . . . . 5. HYDROPHILIDES.

II. Palpes maxillaires notablement plus courts que les antennes.

A. Pattes comprimées pour la natation, très courtes, sauf les premières, qui sont longues. Antennes courtes, épaisses . . . . . 4. GYRINIDES.

B. Pattes non comprimées pour la natation, les postérieures généralement plus longues.

a. Elytres beaucoup plus courtes que l'abdomen, dont les segments sont mobiles. Antennes filiformes ou moniliformes, grossissant rarement vers l'extrémité . . . 6. STAPHYLINIDES.

b. Elytres généralement aussi longues ou plus longues que l'abdomen, ou seulement un peu plus courtes.

α. Derniers segments de l'abdomen plus ou moins mobiles en tous sens. Corselet tranchant sur les bords. Antennes grossissant vers l'extrémité avec le 7e article plus petit, ou, plus rarement, coudées et terminées par une masse solide . . . . 8. SILPHOÏDES.

B. Derniers segments de l'abdomen non mobiles, ou, rarement, mobiles en dessous.

a. Antennes coudées. 1er article aussi long ou plus long que le reste de l'antenne.

† Prosternum saillant, massue des antennes courte, solide. . . . . 9. HISTÉRIDES.

†† Prosternum caché, massue des antennes allongée, mobile. . . . . 14. SCARABÉIDES.

b. Antennes non coudées.

† Antennes terminées en massue ou par un petit bouton.

* Les derniers segments de l'abdomen découverts. Elytres tronquées . . . . 10. NITIDULIDES.

** Abdomen entièrement recouvert par les étytres.

α. Corselet nettement rebordé, souvent denté ou denticulé latéralement. Tête et pattes non rétractiles . . . . 11. CRYPTOPHAGIDES.

β. ○ Corselet tombant sur les côtés, peu ou point rebordé. Tête et pattes rétractiles. . 13. DERMESTIDES.

†† Antennes en scie ou presque filiformes, ou terminées par 3 articles aplatis.

* Antennes en scie, parfois pectinées. Corps dur. Corselet non tranchant sur les bords et ne recouvrant pas la tête. Abdomen nullement mobile.

α. Prosternum non prolongé postérieurement en une pointe saillante. . . . . 15. BUPRESTIDES.

β Prosternum prolongé postérieurement en une pointe saillante qui sert au saut . . . 16. ÉLATÉRIDES.

** Antennes un peu en scie ou presque filiformes, rarement pectinées. Corps mou. Corselet tranchant sur les bords, cachant plus ou moins la tête . . . . 17. TÉLÉPHORIDES.

*** Antennes terminées par trois articles comprimés. Corps oblong ou allongé.

α. Tarses lamellés. Tête inclinée, mais non cachée par le corselet, qui est plus ou moins rétréci à la base . . . . 18. CLÉRIDES.

β. Tarses non lamellés. Tête cachée par le corselet, qui est souvent en capuchon. Corps presque cylindrique . . . . 20. ANOBIIDES.

**** Antennes cylindriques, assez longues. Corselet très inégal, cachant souvent la tête. Corps ovalaire . . . . 19. PTINIDES.

2e DIVISION.

4 articles aux 2 tarses postérieurs, 5 articles aux 4 antérieurs (Hétéromères) . . 21. TÉNÉBRIONIDES.

3e DIVISION.

4 articles à tous les tarses (Tétramères).

I. Tête prolongée en rostre ou en museau plus ou moins distinct. Antennes généralement coudées.

A. Pattes non crénelées . . . . 22. CURCULIONIDES.

B. Pattes crénelées . . . . 27. SCOLYTIDES.

II. Tête non prolongée en museau.

A. Antennes longues, filiformes ou un peu comprimées. Yeux presque toujours fortement échancrés . . . . 24. CÉRAMBYCIDES.

B. Antennes assez courtes, filiformes ou dentées. Yeux généralement entiers ou faiblement sinués . . . . 25. CHRYSOMÉLIDES.

4e DIVISION.

3 articles à tous les tarses. Antennes claviformes (Trimères) . . . . 26. COCCINELLIDES.

I. Elytres entières.

A. Corps hémisphérique ou ovalaire.

B. Corps oblong ou allongé. . . . . 12. LATHRIDIIDES.

II. Elytres bien plus courtes que l'abdomen. 7. PSÉLAPHIDES.

Ce tableau des familles n'est pas d'une exactitude rigoureuse en ce que, dans certains groupes, le nombre des articles des tarses a subi des variations; mais ces exceptions ne font que confirmer la règle et le système tarsal présente trop d'avantages, en ce qui concerne l'arrangement des familles, pour ne pas l'appliquer dans un ouvrage de ce genre.

FAMILLE DES CICINDÉLIDES

Un seul genre représente, en Europe, cette famille, qui ne diffère de la suivante que par l'insertion des antennes sur la face de la tête et par la présence d'un petit crochet articulé à l'extrémité des mâchoires. Ces insectes ont 6 palpes, 5 articles aux tarses et vivent dans les endroits sablonneux, découverts, sur les plages, plus rarement dans les clairières arides et les chemins au milieu des bois. Leur forme est élégante ; la tête, avec ses gros yeux, déborde le corselet, qui est plus étroit que les élytres ; les pattes sont longues et grêles ; les mandibules sont grandes, en forme de faucilles, aiguës et dentelées, et pincent bien les doigts. Ils exhalent, quand on les saisit, une odeur pénétrante assez agréable. Leur coloration est d'un vert tantôt mat, tantôt un peu bronzé ou même cuivreux, avec des bandes angulées ou des points d'un blanc parfois jaunâtre.

Cicindela *campestris*, 12 à 15 mill., d'un vert pré mat en dessus, d'un rouge cuivreux, brillant en dessous, ainsi que sur les côtés du corselet et les premiers articles des antennes ; abdomen bleuâtre au milieu ; élytres assez plates, ayant sur chacune 6 points blancs, celui du milieu accompagné d'une petite teinte noirâtre ; commune partout, surtout au printemps et à l'automne. — *C. hy-*

brida (Pl. I, fig. 1), 12 à 17 mill., plus convexe, d'un bronzé brunâtre plus rarement verdâtre et parfois presque noir, dessous et tarses bleuâtres ; pattes, suture, écusson et côtes de l'abdomen cuivreux; sur chaque élytre, une large bande médiane, angulée, s'élargissant sur le bord, une tache en lunule à l'épaule, une autre à l'extrémité, d'un blanc jaunâtre; dans les bois, au bord des eaux, de la mer, très commune. — On trouve dans les Alpes une espèce très voisine, *C. sylvicola*, mais plus grande, plus allongée, plus robuste, à tête plus grosse, à corselet rétréci en arrière, à élytres plus convexes, plus parallèles, non dentelées, commune à la Grande-Chartreuse. — *C. gallica*, un peu plus petite, d'un beau vert avec les lunules blanches, d'une forme plus étroite, moins robuste; plus rare que la précédente, plus voisine des neiges. — *C. sylvatica*, 15 à 18 mill., un peu allongée, convexe, d'un brun bronzé, veloutée en dessus, d'un noir bleuâtre en dessous, avec les côtés violacés; labre noir (il est blanc chez les autres); élytres très inégales, rugueuses, une lunule humérale, une bande médiane ondulée et un point blanc sur chacune ; dans les bois très sablonneux, pendant l'été. — *C. littoralis*, 12 à 15 mill., assez allongée, d'un brun reugeâtre ou verdâtre, avec la suture cuivreuse, élytres ayant une lunule humérale blanche, une autre apicale, et entre les deux, 4 points blancs sur 2 lignes un peu obliques; bords de la mer, très commune. — *C. flexuosa*, 11 à 14 mill., d'un bronzé plus ou moins rougeâtre, rarement verdâtre, dessous d'un vert bleuâtre brillant, élytres ayant chacune 2 taches à la base, 3 autres le long de la suture, une lunule humérale, une autre dorsale fortement angulée et un point souvent réuni à la lunule, d'un blanc un peu jaunâtre, commune dans le Midi, au bord des eaux. — *C. trisignata*, 9 à 11 mill., allongée, d'un vert bronzé, dessous très brillant, élytres triangulaires à l'extrémité, ayant le bord interne, une lunule humérale, une autre apicale, et une bande discoïdale étroite, angulée en arrière, puis arquée en dedans; avec la précédente. — *C. paludosa*, 10 à 11 mill., presque cylindrique, d'un brun bronzé, rarement verdâtre ; sur chaque élytre 3 lunules blanches presque droites, se joignant ordinairement et formant alors une bande un peu sinuée; plages sablonneuses de la Méditerranée. — *C. germanica* (Pl. I, fig. 2), 9 à 12 mill., allongée, cylindrique, d'un vert soyeux, passant au bleu et au noirâtre, presque mat ; dessous verdâtre et brillant ; élytres ayant un point apical, d'un blanc jaunâtre ; dans les champs, les prés, etc. Vole très rarement.

FAMILLE DES CARABIDES

Ces insectes se reconnaissent à leurs antennes filiformes, assez grêles, insérées latéralement, leurs palpes au nombre de six, leurs mandibules assez longues et tranchantes, peu dentées, leurs pattes allongées, à trochanters bien développés et à tarses de cinq articles, les antérieurs souvent élargis chez les mâles. Aussi carnassiers que les Cicindélides, ils sont un peu moins agiles et surtout s'envolent assez rarement; beaucoup sont privés d'ailes et ne quittent que la nuit, soit les pierres, soit les fissures du sol, soit les feuilles mortes qui leur servent d'abri. Certains groupes vivent exclusivement au bord des eaux, dans les marécages; quelques espèces même habitent sous les eaux de la mer.

I, Jambes antérieures non échancrées en dedans.
A. Epines terminales des jambes antérieures insérées l'une à l'extrémité, l'autre un peu en avant . . . . ÉLAPHRIENS,
B. Les deux épines insérées à l'extrémité. . . CARABIENS.
II. Jambes antérieures échancrées au bord interne.
A. Elytres tronquées . . . . BRACHINIENS.
B. Elytres non tronquées.
a. Tarses non dilatés, semblables dans les deux sexes. Corselet fortement étranglé à la base. SCARITIENS.
b. Tarses dilatés chez les ♂.
* Palpes non subulés.
† Les 2 ou 3 premiers articles des 2 tarses antérieurs ♂ dilatés.
α. Carrés ou arrondis . . . . CHLÆNIENS.
β. Cordiformes ou échancrés . . . . FÉRONIENS.
†† Les 4 premiers articles des 2 tarses antérieurs ♂, quelquefois des 4, dilatés . . HARPALIENS.
** Palpes subulés, 2 articles seulement dilatés aux tarses antérieurs ♂. . . . . . . BEMBIDIENS.

1re Tribu. — Élaphriens.

A. Corps oblong, bronzé.
a. Corps convexe, yeux saillants.
* Corselet globuleux . . . . ELAPHRUS.
** Corselet presque carré . . . . BLETHISA.
b. Corps déprimé, yeux non saillants . . . . NOTIOPHILUS.
B. Corps très court, d'un jaune pâle . . . . . OMOPHRON.

Ce groupe renferme des insectes vivant soit au bord des eaux, sous les pierres, enterrés dans le sable, soit sous les feuilles sèches, dans les endroits même arides; tous ont une grosse tête. Les **Elaphrus** rappellent les Cicindèles, par leur forme et par leur tête libre, aussi large ou plus large que le corselet, à yeux globuleux, très saillants, le corselet plus étroit que les élytres; tout le corps est couvert de fossettes avec des intervalles relevés et polis par places. *E. cupreus* (Pl. I, fig. 3), 7 à 9 mill., d'un brun bronzé foncé en dessus, d'un vert bronzé en dessous, corselet à 4 fossettes, élytres ayant chacune 4 séries de fossettes violettes, dont le fond est très fortement ponctué, et très rebordées; dans les marais, les fossés humides. — *E. riparius*, 6 à 7 mill., plus petit, en dessus d'un vert bronzé, en dessous d'un vert un peu cuivreux; corselet sillonné au milieu, n'ayant que des fossettes peu distinctes, celles des élytres bordées de vert, ayant au milieu un petit point élevé et luisant; une plaque miroitante le long de la suture; très commun au bord des rivières.

Le G. **Blethisa** ne diffère du précédent que par le corps plus oblong, le corselet presque carré, presque plan, sans gros points oculés; la seule espèce. *B. multipunctata* (Pl. I, fig. 4), 12 à 13 mill., est d'un bronzé foncé brillant, les élytres ont 8 ou 9 stries ponctuées, avec une double rangée de fossettes entre ces stries; dans les marécages du Nord.

Les **Notiophilus** ont, au contraire, le corps déprimé, la tête énorme, mais enchâssée dans le corselet, fortement striée, les yeux peu saillants, assez petits, le corselet en trapèze renversé, presque aussi large que les élytres; celles-ci unies, striées sur les côtés, avec une grande plaque lisse, miroitante, occupant tout le dos des élytres; on les trouve ordinairement dans les endroits humides, sous les feuilles, mais une espèce préfère les terrains sablonneux et secs; ils sont extrêmement agiles et difficiles à saisir. *N. semipunctatus* (Pl. I, fig. 5), 5 mill., d'un bronzé brillant en dessus, d'un vert bronzé en dessous; une tache d'un jaunâtre pâle à l'extrémité des élytres, base des antennes et jambes testacées; stries des élytres très ponctuées; commun partout.

Les **Omophron** ont le corps en ovale très court, presque arrondi, convexe; la tête est enchâssée dans le corselet qui est trapézoïdal et s'applique étroitement contre les élytres; l'écusson n'est pas visible, les pattes sont longues et grêles, et le prosternum recouvre le mésosternum. L'*O. limbatum* (Pl. I, fig. 6), 5 à 7 mill., est entièrement d'un jaunâtre pâle avec une tache sur la tête et le corselet, et des fasciées transversales, irrégulières sur les élytres, d'un beau vert métallique; vit enterré dans le sable, au bord des eaux courantes; il faut piétiner longtemps le sol pour le faire sortir, et alors il court très rapidement.

2e Tribu. — Carabiens.

A. Elytres non soudées, n'embrassant pas les côtés de l'abdomen.
a. Labre entier.
*. Les 3 premiers articles des tarses antérieurs ♂ dilatés, transversaux et cordiformes . . . . NEBRIA.
**. Les 3 premiers articles des tarses antérieurs ♂ plus ou moins allongés . . . . . LEISTUS.
b. Labre bilobé ou trilobé, tarses antérieurs ♂ élargis.
*. Elytres quadrangulaires . . . . CALOSOMA.
**. Elytres ovalaires ou oblongues. . . . . . CARABUS.
B. Elytres soudées, embrassant les côtés de l'abdomen, labre bifide . . . . CYCHRUS.

Les **Nebria** ont le corps peu convexe, le corselet court, plus ou moins cordiforme, les mandibules non dilatées en dehors à la base, les pattes longues, ayant les 3 premiers articles des tarses antérieurs élargis chez les mâles; ce sont des insectes très agiles, plus communs dans les montagnes et se trouvant presque toujours au bord des eaux, sous les pierres, les détritus végétaux, etc. *N. complanata* (Pl. I, fig. 7), 17 à 19 mill., d'un blanc jaunâtre. devenant plus foncé après la mort de l'insecte, avec des linéoles parfois confluentes sur les élytres; corps peu convexe, tête grosse, corselet court, stries des élytres peu profondes; au bord de la mer, sous les pierres et les débris; au Midi de la France, ne dépasse guère l'embouchure de la Loire. — *N. brevicollis*, 11 à 13 mill., d'un noir luisant, antennes, palpes, jambes et tarses fauves; corselet très court, très large, mais rétréci en arrière, ponctué sur les bords, élytres parallèles, à stries profondes, très fortement ponctuées; commune partout, sous les pierres, sous les amas de végétaux décomposés, etc. — *N. picicornis*, 15 à 16 mill., d'un brun noir luisant, tête et extrémité de l'abdomen rougeâtres, pattes, antennes et palpes d'un jaunâtre clair; corselet fortement rétréci à la base; élytres parallèles, fortement striées-ponctuées; commune dans les montagnes, au bord des torrents, sous les pierres mouillées. — *N. psammodes*, 14 mill., allongée, d'un brun noirâtre avec la tête, le corselet, les antennes et le bord externe des élytres d'un jaune testacé, corselet très cordiforme, élytres à stries profondes, effacées à l'extrémité; Fr. mér. — *N. Jockischii*, 12 à 16 mill., corps parallèle, épais, d'un noir brillant avec une petite tache rougeâtre sur le front, corselet très cordiforme, ponctué à la base et en avant, élytres à stries profondes, ponctuées; commune dans les Alpes et les Pyrénées, au bord des torrents. — *N. nivalis*, 10 à 11 mill., un peu déprimée, d'un noir brillant, corselet large, rétréci à la base, fortement arrondi en avant, avec les angles postérieurs très pointus, base rugueusement ponctuée, élytres à stries bien marquées, plus faibles sur les côtés, légèrement ponctuées; Alpes, Auvergne. Chez les autres espèces, spéciales aux montagnes, le corps est plus déprimé, les élytres sont rétrécies en avant, avec les épaules effacées et sans ailes. — *N. rubripes*, 11 à 15 mill., un peu convexe, d'un brun noir luisant, antennes rougeâtres avec les 2e, 3e et 4e articles bruns, corselet fortement et brusquement rétréci à la base, presque angulé sur les côtés en avant, à stries bien marquées, très ponctuées, pattes rougeâtres ou noires; Mont-Dore. — *N. Lafresnayi*, 12 à 14 mill., allongée, peu convexe, élargie en arrière, d'un brun noir brillant, dessous, pattes et antennes rougeâtres, ces dernières largement tachées de brun à la base, tête rougeâtre au milieu, corselet assez cordiforme, ponctué sur les bords, angles postérieurs aigus, élytres à stries-ponctuées, pattes longues et grêles; Pyr., très commune au bord des eaux. — *N. Foudrasii*, 12 mill., forme de la précédente, mais un peu plus petite, avec les antennes plus courtes et les élytres moins élargies en arrière; mont Pilat. — *N. castanea*, 8 à 11 mill., presque plane en dessus, d'un brun noir brillant passant au rougeâtre assez clair, corselet presque également rétréci en avant et en arrière, les côtés peu redressés à la base, élytres en ovale allongé, à stries assez marquées, ponctuées, effacées à l'extrémité ; Alpes. — *N. laticollis*, 8 à 9 mill., oblongue-ovaire, d'un brun noir brillant, antennes rougeâtres, corselet cordiforme, les còtés fortement redressés vers la base, angles postérieurs aigus, saillants, ligne médiane profonde, élytres ovalaires, plus courtes que chez les précédentes, et stries fortes et lisses; Alpes, près des neiges.

Les **Leistus** diffèrent surtout des *Nebria* par les mandibules fortement dilatées en dehors; leur tête est grande, arrondie, rétrécie à la base, avec les yeux saillants et les palpes assez longs, à dernier article un peu élargi; le corselet est très rétréci en arrière et les élytres sont fortement striées-ponctuées. Les uns sont d'un bleu d'acier en dessous; *L. spinibarbis* (Pl. I, fig. 8), 8 à 9 mill., d'un beau bleu, cuisses brunes, bouche, antennes et reste des pattes fauves; corselet relevé sur les bords; commun dans les endroits frais, sous les pierres, les feuilles mortes. — *L. fulvibarbis*. 8 mill., moins bleu, un peu brunâtre, bouche, antennes et pattes fauves; moins commun. D'autres sont entièrement rougeâtres, avec les élytres plus étroites, atténuées en avant. — *L. ferrugineus*, 7 1/2 mill., antennes, pattes et abdomen plus pâles, corselet très cordiforme; assez commun au bord des marais. — *L. rufescens*, 7 mill., même forme et même coloration, mais avec la tête et l'extrémité des élytres noirâtres; corselet moins relevé sur les bords; se trouve partout dans le Nord de la France.

Les **Calosoma**, aux élytres presque carrées, au corselet court, fortement arrondi sur les côtés, sont de beaux et grands insectes très carnassiers que l'on trouve surtout sur les chênes, où ils font la chasse aux chenilles. *C. sycophanta* (Pl. I, fig. 9), 24 à 30 mill., noir, avec la tête et le corselet d'un noir bleuâtre et les élytres d'un rouge cuivreux brillant, passant au vert sur les côtés; stries ponctuées, intervalles finement ridés. — *C. inquisitor*,

18 à 20 mill., d'un bronzé brillant, foncé, passant quelquefois au bleuâtre; corselet plus ridé en travers, élytres plus courtes, plus ridées et plus ponctuées; tous deux sur les chênes. — *C. auropunctatum*, 30 mill., d'un noir foncé, peu brillant, avec des points dorés sur les élytres qui sont plus allongées; vit à terre; nocturne, rare partout.

Les **Carabus** présentent presque tous les caractères des *Calosoma*, mais leurs élytres ne sont pas carrées aux épaules, leur forme est plus allongée, ovalaire ou elliptique; elles ne recouvrent pas d'ailes; leur corselet est un peu arrondi sur les côtés, à peine rétréci en arrière, avec les angles postérieurs plus ou moins saillants; les antennes sont filiformes; le dernier article des palpes maxillaires est élargi en triangle. Ce sont des insectes d'une grande taille, presque toujours de couleurs éclatantes, bronzés, cuivreux ou dorés, parfois noirs ou d'un vert foncé ; ils sont surtout crépusculaires et se cachent pendant le jour sous les pierres, les mousses, etc. Ce sont d'utiles auxiliaires en ce qu'ils détruisent des quantités d'insectes nuisibles, les limaces, les escargots, et on devrait mettre à les multiplier le même empressement qu'on apporte d'ordinaire à les écraser. On les désigne vulgairement sous les noms de : vinaigriers, jardinières. Ils sécrètent par la bouche et l'anus un liquide infect et âcre qu'ils lancent souvent à la figure, lorsqu'on les saisit.

Les uns ont, sur les élytres, des côtes longitudinales et d'autres côtes fortement interrompues, simulant une chaîne ou un collier à grains oblongs. *C. catenulatus* (Pl. I, fig. 11), 23 mill., noir en dessous, d'un noir bleuâtre en dessus, les côtés plus bleus; côtés du corselet très relevés en arrière, surface rugueuse; élytres convexes, ovalaires, à côtes serrées; très commun. — *C. monilis*, 20 à 28 mill., noir en dessous, dessus bronzé, verdâtre ou presque noir, avec les bords des élytres bleus, violets ou cuivreux; corselet à côtés arrondis, les angles postérieurs larges, saillants; élytres ayant chacune trois rangées de granulations séparées par une côte médiocrement saillante, souvent accompagnée de deux autres plus fines. — *C. arvensis*, 16 à 18 mill,, bronzé en dessus, noir en dessous, brillant; forme très analogue à celle du précédent, mais avec les élytres plus ovalaires, plus élargies en arrière, les granulations moins saillantes, les angles du corselet moins prolongées; Fr. or. et sept. — Une autre espèce de même taille, moins convexe, à sculpture des élytres plus égale, est le *C. Cristoforii*, des Pyrénées, qui varie du bronzé un peu doré au bronzé un peu verdâtre. — *C. vagans*, 24 mill., ovalaire, large, d'un bronzé plus ou moins foncé, médiocrement brillant, corselet large, non rétréci en arrière, angles postérieurs grands, peu saillants, élytres à chaînes de granulations oblongues séparées par une côte peu saillante; Provence. — *C. cancellatus*, 21 à 23 mill., ressemble beaucoup au précédent, plus ovalaire, moins brillant, élytres ayant chacune 3 côtes noires, les intervalles plus concaves, à granulations souvent effacées, cuisses rougeâtres le plus souvent; extrémité des élytres fortement échancrée chez les ♀; Fr. centr. — *C. granulatus*, 18 à 20 mill., peu convexe, d'un bronzé foncé, parfois d'un vert noirâtre, corselet en carré transversal, angles postérieurs à peine saillants, élytres ayant chacune 3 côtes saillantes et 3 rangs de granulations allongées, aussi saillantes que les côtes ; Fr. sept., Alpes.

Cette espèce conduit à un groupe de 2 Carabes ayant aussi le corselet en carré transversal, mais dont les élytres présentent une sculpture bien différente. *C. clathratus*, 25 à 29 mill., large, épais, mais peu convexe, d'un brun bronzé obscur, sur chaque élytre une rangée de profondes fossettes dorées ou cuivreuses séparées par une côte saillante; Fr. mér., rare. — *C. nodulosus*, 25 mill., très convexe, d'un noir foncé, élytres rugueusement ponctuées, ayant chacune 3 faibles côtes interrompues par de larges impressions; une rangée de fossettes le long du bord externe ; Alsace, Mont-Dore, Dauphiné, Savoie, au bord des ruisseaux, et même dans l'eau.

D'autres ont les élytres couvertes de fines côtes très serrées, parfois confondues et brisées, de telle sorte que la surface paraît simplement rugueuse; quelques-uns sont noirs et ont cette sculpture régulière non parsemée de points enfoncés, dorés. *C. convexus* (Pl. I, fig. 10), 15 mill., noir, peu brillant, côtés du corselet et les élytres bleuâtres, corselet court, angles postérieurs peu saillants, élytres ovalaires assez courtes, à lignes élevées fines, nombreuses, plus ou moins interrompues, confuses sur les côtés, avec 3 rangées peu distinctes de points fins et écartés. — *C. violaceus*, 25 mill., ovalaire, d'un bleu noir avec les bords du corselet et des élytres d'un violet bleuâtre, élytres finement et densément rugueuses; montagnes de l'Est. — *C. purpurascens* (Pl. I, fig. 11), 25 à 28 mill., peut-être variété du précédent, ordinairement plus allongé, élytres à côtes distinctes, mais très fines, très serrées, avec la bordure des élytres d'un beau rouge cuivreux passant souvent au violet. — Dans l'espèce suivante, la sculpture des élytres est tellement fine que la surface paraît lisse. *C. glabratus*, 22 à 24 mill., oblong, convexe, d'un noir foncé à peine bleuâtre, corselet ample, angles postérieurs larges, arrondis, élytres paraissant presque lisses; montagnes de l'Est, Compiègne, Normandie.

Plusieurs sont métalliques et leurs élytres présentent chacune trois rangées de points enfoncés, dorés ou cuivreux, qui interrompent régulièrement les stries. *C. nemoralis*, 20 à 22 mill., ovalaire, médiocrement convexe, bronzé en dessus, noir en dessous, angles postérieurs du corselet larges; stries des élytres confuses, peu distinctes. — *C. alpinus*, 18 à 22 mill., d'un bronzé un peu doré, élytres couvertes de petites côtes fines très serrées, régulières; Alpes, Vosges. — *C. hortensis*, 25 à 27 mill., d'un brun bronzé plus ou moins foncé assez terne, corselet finement rugueux, élytres couvertes de côtes très fines, serrées, interrompues par 3 rangées de gros points enfoncés, dorés ou cuivreux, sur chacune; Alpes.

Chez d'autres, les élytres présentent trois côtes bien marquées, sans granulations en ligne dans les intervalles. Ces côtes sont larges et arrondies chez le *C. auratus*, 23 à 25 mill., en dessus d'un vert métallique avec des teintes dorées ou bronzées, dessous noir, les premiers articles des antennes et souvent les pattes fauves; corselet large, élytres très finement chagrinées dans les intervalles; très commun partout. — Ces côtes sont étroites, tranchantes et noires chez les *C. auronitens*, 20 à 23 mill., d'un beau vert métallique, doré ou cuivreux sur la tête et le corselet, pattes et base des antennes fauves, corselet notablement rétréci en arrière, angles postérieurs saillants, intervalles des côtes ponctués; Nord et Est de la France, sous la mousse, au pied des arbres. — *C. punctato-auratus*, 20 à 22 mill., forme et coloration du précédent, plus doré, souvent moins brillant, côtes des élytres plus fines, peu saillantes, souvent interrompues par de gros points, intervalles très ponctués; Pyr. — *C. festivus*, 20 à 22 mill., ressemble beaucoup au précédent, mais bien plus brillant, souvent d'un doré presque cuivreux, les côtes des élytres moins saillantes, moins ponctuées, cuisses rougeâtres; Cévennes. — *C. Solieri*, 24 à 26 mill., oblong, un peu élargi en arrière, d'un beau vert brillant avec les côtes du corselet et des élytres d'un rouge cuivreux, corselet assez étroit, angles postérieurs aigus, élytres convexes à côtes et à sutures noires, saillantes, intervalles finement rugueux; B.-Alpes. — *C. nitens* (Pl. I, fig. 12), 14 mill., l'un des plus petits *Carabus*, tête et corselet cuivreux, élytres vertes très brillantes, très rugueuses entre les côtes, avec une bordure cuivreuse; corselet large; Nord de la France, dans les dunes.

Chez plusieurs *Carabus*, habitant surtout les montagnes, le corselet est plus petit, ses angles postérieurs moins plats, moins larges et beaucoup moins saillants. *C. intricatus*, 25 à 30 mill., allongé, un peu élargi en arrière, peu convexe, d'un beau bleu foncé, brillant, noirâtre, sur le disque du corselet et des élytres, qui sont très rugueuses, avec 3 rangées de gros points souvent peu distincts; sous la mousse, au pied des vieux arbres dans les forêts froides. — *C. rutilans*, 50 mill., magnifique insecte propre aux Pyrénées-Orientales, d'un doré cuivreux avec de gros points enfoncés sur les élytres, qui sont lisses. — *C. hispanus* (Pl. I, fig. 13), 25 à 28 mill., des Cévennes, corselet d'un beau bleu avec les élytres d'un doré cuivreux, très inégales avec des points enfoncés, disposés en lignes. — *C. splendens*, 25 mill., à élytres lisses, sans points et entièrement d'un doré brillant; Pyrénées. — Chez ces 3 espèces, les élytres sont convexes; elles sont aplaties chez le *C. depressus*, 20 mill., qui est d'un bronzé plus ou moins verdâtre, avec les élytres rétrécies à la base, couvertes de fines côtes serrées avec 3 rangées de points enfoncés, verts ou dorés; Alpes. — *C. pyrenæus*, 19 à 21 mill., très variable de forme et de coloration, variant du bronzé cuivreux au bleu foncé avec les bords cuivreux, parfois d'un verdâtre métallique, tête grosse, corselet large, élytres ovalaires, à lignes de gros points enfoncés, sur chacune 3 rangées de granulations oblongues; Pyr. — *C. irregularis*, 20 à 23 mill., d'un bronze assez brillant, 1er article des antennes rougeâtre, corselet court, un peu rétréci en arrière, élytres planes, ovalaires, acuminées, couvertes de fines lignes saillantes, finement crénelées, peu régulières, parsemées de gros points métalliques très irréguliers; Jura, Alsace.

Le g. **Procrustes** ne diffère réellement du précédent que par la forme du labre, qui est nettement trilobé au lieu d'être bilobé. La seule espèce, *P coriaceus* (Pl. II, fig. 14), 33 à 35 mill., est un grand insecte d'un noir mat en dessus, plus brillant en dessous, à corselet large, à élytres convexes, chagrinées, ayant chacune 3 rangées de gros points peu distinctes ; commun dans les champs, les vignes, sous les fagots.

Les **Cychrus** ont le corps très épais, très convexe, la tête allongée, les mandibules très saillantes, les palpes longs avec le dernier article très grand, le corselet petit, rétréci en arrière; les élytres soudées, convexes, carénées latéralement, les pattes grandes et grêles. *C. rostratus* (Pl. II, fig. 15), 16 à 18 mill., entièrement noir, plus brillant en dessous que sur le dessus qui est chagriné; vit dans les montagnes, les forêts froides et humides, sous les mousses, les bois pourris, etc. — *C. attenuatus*, 16 mill., d'un noir brillant avec les élytres bronzées, très rugueuses, à 3 rangées de tubercules lisses, jambes rousses; dans les mêmes localités, plus rare.

3e Tribu. — Brachiniens.

A. Corselet presque cylindrique.
a, 1er article des antennes ne dépassant pas les yeux. . . . . ODACANTHA.
b. 1er article des antennes presque aussi long que la tête . . . . DRYPTA.
B. Corselet cordiforme ou presque carré.
a. Corps déprimé. Corselet plus ou moins cordiforme
* Dernier article des palpes sécuriforme . . CYMINDIS.
** Dernier article non sécuriforme.
α. Pénultième article des tarses bilobé. . . . DEMETRIAS,
β. Pénultième article des tarses non bilobé . DROMIUS.
b. Corps déprimé. Corselet en carré transversal . . . . LEBIA.
c. Corps convexe. Corselet étroit . . . . . . BRACHINUS.

Deux genres à corps allongé, à corselet bien plus étroit que les élytres, rentrent dans cette section : **Odacantha**, corps étroit, lisse, brillant, tête ovalaire, antennes assez courtes, 1er article moins long que les 2 suivants réunis, élytres parallèles, 4e article des tarses à peine bilobé. *O. melanura*, (Pl. II, fig. 16), 6 mill., d'un vert bleuâtre, base des antennes, poitrine et la plus grande partie des élytres d'un fauve testacé ; dans les marais.

Drypta, corps oblong, tête triangulaire, antennes assez longues, 1er article aussi long que la tête, élytres à stries fortement ponctuées, 4e article des tarses bilobé. *D. emarginata* (Pl. II, fig. 17), 9 mill., d'un vert métallique clair, parfois bleuâtre, bouche, pattes et antennes fauves, tarses bruns, tête et corselet fortement ponctués ; dans les endroits humides ; commune dans le Midi, rare dans le Nord, et au premier printemps.

Les **Cymindis** ont le corps déprimé, très ponctué, les élytres ovalaires, à stries marquées, le dernier article des palpes labiaux sécuriforme ; le corselet est assez largement rebordé sur les côtés, qui sont un peu relevés. Ce sont des insectes propres surtout aux endroits élevés ; on les trouve sous les pierres. *C. humeralis*, (Pl. II, fig. 18), 8 à 10 mill., d'un noir brillant, antennes, bouche, pattes et une bordure marginale étroites, mais se confondant aux épaules avec une tache oblongue jaunâtre ; stries des élytres ponctuées, intervalles à peine ponctués. — *C. lineola*, 9 à 10 mill., forme et coloration de la précédente, mais moins foncée, élytres ayant la tache humérale prolongée le long du bord externe et une bande interne jaune allant de l'épaule à l'extrémité, stries presque lisses ; Fr. mér. — *C. coadunata*, plus petite, plus courte, d'un brun foncé avec le corselet, une tache humérale, les pattes et les antennes d'un rougeâtre un peu obscur, élytres à stries finement ponctués, les intervalles avec une rangée de points fins ; Pyr., Lozère. — *C. vaporariorum*, 7 à 8 mill., d'un brun noirâtre peu brillant, pattes d'un roux ferrugineux, corps très ponctué, élytres brunes avec la base rougeâtre ; commune dans les montagnes.

Les **Demetrias** ont le corps allongé, de consistance assez molle, le dernier article des palpes ovalaire, le corselet oblong, un peu rétréci en arrière, plus étroit que les élytres ; le 4e article des tarses est bilobé et les crochets sont denticulés. Ils sont d'un jaunâtre pâle avec la tête noire, et se trouvent sous les débris végétaux, sous les pierres, les écorces, etc. *D. unipunctatus* (Pl. II, fig. 19), 4 1/2 mill., élytres lisses, à stries à peine ponctuées, ayant une tache rhomboïdale noire sur la suture et plus ou moins prolongée en avant ; angles postérieurs du corselet non saillants ; très commun partout. — *D. atricapillus*, 5 à 6 mill., élytres un peu rembrunies près de l'écusson, intervalles des stries ponctués, angles postérieurs du corselet un peu saillants ; avec le précédent. — *D. imperialis*, 5 mill., élytres ayant une bande suturale noirâtre, bifurquée en avant, élargie en arrière, se réunissant souvent à une tache latérale ; rare ; dans les marais.

Les **Dromius** ont le corps plus court, un peu mou et le 4e article des tarses n'est pas bilobé. *D. linearis*, 4 mill., jaunâtre, tête et extrémité des élytres brunes, ces dernières plus allongées que les autres *Dromius*, à stries bien marquées et ponctuées. — *D. quadrimaculatus* (Pl. II, fig. 20), 5 à 6 mill., plus court, noirâtre, corselet brun, bouche, antennes, pattes et deux taches sur chaque élytre d'un roussâtre pâle ; élytres à stries fines, peu ponctuées. — *D. truncatellus*, 3 mill., noir, assez brillant, jambes et 1er article des antennes bruns, stries des élytres peu marquées. Tous les *Dromius* se trouvent sous les débris végétaux un peu humides, au bord des marais, etc.

Les **Lebia** ont le corps plus épais, un peu plus convexe, le corselet plus large, plus carré et échancré aux angles postérieurs ; leurs couleurs sont vives, souvent métalliques ; le 4e article des tarses est bilobé et les crochets sont dentelés. *L. cyanocephala*, 5 à 7 mill., tête et élytres bleues ou vertes, très ponctuées, corselet, pattes et 1er article des antennes fauves, le reste des antennes et les palpes bruns ; dessous d'un noir bleuâtre ; stries des élytres fines et finement ponctuées ; sous les écorces, sous les feuilles mortes. — *L. crux minor* (Pl. II, fig. 21), 5 mill., d'un jaune fauve, tête, dessous du corps et une croix de Malte sur la suture des élytres, noirs ; sur les fleurs. — *L. hæmorrhoïdalis*, 4 mill., d'un noir luisant, tête, corselet, pattes et bande apicale des élytres d'un jaune presque orange ; sur les bruyères en fleurs.

Les **Brachinus** ou Bombardiers ont le corps plus allongé, rétréci en avant, assez épais ; le corselet est petit, beaucoup plus étroit que les élytres, un peu rétréci en arrière ; les élytres, d'un bleu ardoisé ou noir, sont noires et ne présentent que de très faibles côtes ; le reste du corps, sauf l'abdomen, est d'un roux testacé. Ces insectes sont remarquables par la propriété qu'ils ont de lancer par l'anus une vapeur qui sort avec une petite crépitation et qui roussit un peu les doigts. On trouve les *Brachinus* le long des murs, sous les petites pierres ou enterrés à peu de profondeur, ou bien sous les petits amas de débris de végétaux. Il faut de l'attention pour percevoir chez nos petites espèces la fumée et surtout le bruit de l'explosion, mais chez un Brachine du Midi, ce bruit est assez fort et la vapeur brûle le bout des doigts. *B. humeralis*, 8 à 10 mill., d'un jaune roux avec les élytres noires, assez fortement striées, ayant une grande tache oblongue à l'épaule et une plus petite, transversale, à l'extrémité ; Fr. mér. — *B. exhalans*, 4 mill., d'un jaune roux, élytres presque carrées, bleues, ayant chacune deux taches jaunes ; Fr. mér. *B. crepitans* (Pl. II, fig. 22), 7 à 10 mill., d'un roux testacé ; élytres d'un bleu ardoisé un peu verdâtre, abdomen brun, ainsi qu'une tache sur les 3e et 4e articles des antennes ; élytres à côtes visibles. — *B. explodens*, 5 à 6 mill., plus petit, corselet moins rétréci en arrière, élytres à côtes nulles. — *B. sclopeta*, 5 à 7 mill., élytres plus brillantes, plus glabres, ayant une tache jaune à l'écusson sur la suture. — *B. displosor*, (Pl. II, fig. 23), 16 mill., corselet roux, le reste noir, élytres à côtes très marquées ; tronquées obliquement à l'extrémité ; Pyr.-Or. — *B. pyrenæus*, 7 à 10 mill., même forme, mais bien plus petit, tout noir, antennes et pattes roussâtres ; Hautes-Pyr.

4e Tribu. — Scaritiens.

A. Jambes antérieures fortement palmées.
a. Corselet échancré en avant dans toute sa largeur. . . . . SCARITES.
b. Corselet échancré seulement au milieu.
* Corselet presque carré. . . . . CLIVINA.
** Corselet presque globuleux. . . . . DYSCHIRIUS.
B. Jambes antérieures non palmées. . . . . DITOMUS.

Les **Scarites**, qui forment le type de ce groupe, sont des insectes de grande taille, noirs, propres aux bords de la Méditerranée ; leur tête énorme est aussi large que le corselet et armée de mandibules larges et fortes ; les antennes sont coudées, le 1er article étant très long, le corsolet est cupuliforme, les élytres sont arrondies à l'extrémité ; les jambes antérieures sont larges et dentelées. *S. gigas* (Pl. II, fig. 24), 28 à 40 mill., tête presque carrée, presque 2 fois aussi longue que le corselet, ce dernier très fortement rétréci en arrière ; élytres ovalaires unies, un peu élargies et arrondies en arrière, avec des lignes ponctuées très fines. — *S. lævigatus*, 14 à 16 mill., allongé, presque parallèle, presque mat, corselet presque quadrangulaire, fortement rétréci tout à fait à la base, élytres presque lisses. — *S. arenarius*, 18 à 20 mill., parallèle, élytres et stries bien marquées, ces stries assez fortement ponctuées.

Les **Clivina** ressemblent, en très petit, aux Scarites, mais leurs mandibules sont moins robustes, moins saillantes, le corselet est plus oblong, presque carré ; les antennes non coudées sont moniliformes, les jambes antérieures sont aussi dentelées ; on les trouve au bord des eaux. — *C. fossor* (Pl. II, fig. 25), 6 à 7 mill., noire ou rougeâtre, antennes et pattes plus pâles, élytres parallèles, à stries ponctuées.

Les **Dyschirius** sont plus convexes que les *Clivina* ; leur corselet est presque globuleux, très fortement rétréci à la base, et paraît joint aux élytres par un pédoncule ; les yeux sont gros, saillants ; leurs jambes antérieures sont à peine dentées ; leur couleur est bronzée, brillante. On les trouve dans les terrains humides, au bord des eaux, enterrés le plus souvent. *D. globosus*, 2 1/2 mill., très convexe, d'un bronzé obscur, bouche, base des antennes et pattes d'un brun fauve ; corselet globuleux, élytres courtes, stries fortement ponctuées ; très commun. — *D. angustatus*, 3 1/2 mill., corselet allongé, rétréci à la base, tête rugueuse ; élytres allongées, stries ponctuées. — *D. thoracicus*, 4 1/2 mill., épistome tridente, la dent médiane relevée, corselet arrondi, élytres à stries fines, finement ponctuées ; jambes antérieures à deux dents aiguës. — *D. nitidus* (Pl. II, fig. 26), 4 à 5 mill., corselet court, ovalaire, élytres à stries profondes, plus distinctement ponctuées vers la base.

Les jambes antérieures ne sont pas palmées ni dentelées chez les **Ditomus** ; leur tête est très grosse, aussi large que le corselet ; les yeux sont petits, peu saillants ; le corselet est court, en forme de croissant ; les élytres sont aplanies sur le dos, arrondies à l'extrémité, fortement striées. *D. clypeatus* (Pl. II, fig. 27), 11 à 13 mill., noir, brillant, très ponctué ; tête ayant deux impressions bien marquées ; très rare au Centre de la France, plus commun dans le Midi. — *D, sphærocephalus*, 8 à 9 mill., même forme, mais plus petit et plus étroit ; ponctuation plus fine, tête plus convexe, sans impressions distinctes ; angles antérieurs du corselet non saillants ; France mér.

5e Tribu. — Chlæniens.

A. Tête sensiblement rétrécie derrière les yeux.
a. Antennes hérissées de poils à la base . . LORICERA.
b. Antennes nues.
* Corps noir, élytres à taches rouges. . . . PANAGÆUS.
** Corps rouge, à taches noires. . . . . CALLISTUS.
B. Tête non rétrécie derrière les yeux.
a. Les 3 premiers articles des tarses antérieurs ♂ dilatés.
* Labre tronqué.
α. Une dent bifide au menton . . . . CHLÆNIUS.
β. Une dent simple au menton . . . . ODES.
** Labre bilobé. Pas de dent au menton, . . BADISTER.
b. Les 2 premiers articles des tarses antérieurs ♂ dilatés . . . . LICINUS.

Le G. **Loricera,** qui commence cette tribu, se distingue de ses congénères par les antennes hérissées de poils aux 6 premiers articles ; la tête est arrondie, rétrécie fortement à la base, le corselet est cordiforme, les élytres sont presque parallèles. *L. pilicornis* (Pl. II, fig. 28), 8 mill., d'un vert bronzé en dessus, noir en dessous, pattes brunes, élytres à stries ponctuées, le 3e intervalle marqué de 3 gros points ; assez commune au bord des eaux.

Les **Panagæus** ont de même la tête rétrécie à la base, le corselet est arrondi, mais convexe et grossement ponctué ; les élytres, assez convexes, sont parallèles, arrondies à l'extrémité et ornées chacune de deux grandes taches rouges ; le dernier article des palpes est fortement sécuriforme. *P. crux-major* (Pl. II, fig. 29), 8 à 10 mill., noir, les 2 taches postérieures des élytres atteignant le bord externe ; sous les pierres, dans les endroits humides. — *P. quadripustulatus*, plus étroit, élytres plus finement et plus densément ponctuées ; taches postérieures des élytres rondes, entourées de noir ; sous les feuilles sèches, dans les bois.

Le g. **Callistus** se compose d'une seule espèce, bien remarquable par sa coloration, le corselet est cordiforme, assez fortement rétréci vers la base, les élytres sont ovalaires, les antennes filiformes. *C. lunatus* (Pl. II, fig. 30), 6 mill., mat, d'un jaune orangé, parfois rougeâtre avec la tête d'un bleu foncé, les élytres avec une tache basilaire, une tache marginale, grande, après le milieu, se rejoignant à une tache subapicale, d'un noir foncé, tête et corselet ponctués, élytres finement striées ; sous les pierres.

Les **Chlænius** habitent presque exclusivement le bord des eaux ; ils ont la tête saillante, le labre tronqué ou légèrement sinué, le dernier article des palpes ovalaire, tronqué à l'extrémité ; leur corselet est presque carré, tantôt un peu rétréci vers la base, tantôt atténué en avant. Presque tous ont les élytres vertes, souvent avec une bordure jaune ; ils exhalent, quand on les saisit, une odeur ammoniacale très intense. 1° ÉLYTRES BORDÉES DE JAUNE : *C. vestitus*, 9 à 11 mill., d'un vert un peu bronzé, dessous brun noirâtre, abdomen bordé de jaune, bouche, antennes et pattes jaunes, la bordure jaune des élytres très élargie au bout. — *C. velutinus* (Pl. III, fig. 31), 15 mill., tête et corselet d'un vert métallique brillant, élytres d'un vert un peu obscur, très pubescentes ; bouche, antennes et pattes d'un jaune pâle ; sous les pierres, au bord des rivières. — *C. marginatus*, 10 mill., d'un vert gai ; pattes, antennes et bouche jaunes ; corselet presque carré. — *C. spoliatus*, 15 mill., d'un beau vert bronzé, glabre, bordure des élytres très pâle, antennes et pattes d'un jaune ferrugineux, élytres assez fortement striées ; Fr. mér. 2° ÉLYTRES NON BORDÉES DE JAUNE : *C. Schrankii*, 12 à 14 mill., tête d'un vert bronzé, corselet et écusson d'un vert cuivreux, élytres d'un vert un peu bleuâtre, à pubescence roussâtre, dessous d'un noir verdâtre, bouche, les 3 premiers articles des antennes et pattes d'un roux ferrugineux. — *C. tibialis*, 10 à 12 mill., diffère par les cuisses noires ou brunes et les tarses d'un brun roussâtre. — *C. fulgicollis*, 10 à 12 mill., tête, corselet et écusson d'un vert doré plus ou moins cuivreux, antennes noirâtres, avec la base roussâtre, élytres d'un beau vert presque mat, dessous et pattes noirs, tête et corselet densément, élytres finement ponctuées ; Pyr.-Or., Canigou. — *C. chrysocephalus* (Pl. III, fig. 32), 8 1/2 à 9 1/2 mill., atténué en avant, tête, corselet et écusson d'un cuivreux doré, élytres d'un beau bleu verdâtre, ovalaires, pubescentes, tête et corselet densément ponctués, ce dernier étroit, cordiforme ; Fr.

mér. — *C. holosericeus*, 12 mill., noir à pubescence brunâtre serrée ; tête bronzée, parfois verdâtre ; corselet chagriné, ainsi que les élytres qui sont assez fortement striées ; dans les marais. — *C. sulcicollis*, 12 à 15 mill., d'un brun noir, presque mat, corselet large, atténué plutôt en avant, densément ponctué à la base, marqué de 3 sillons, élytres à peine striées, les intervalles finement chagrinés ; Nord de la Fr., rare.

Le g. **Oodes**, diffère des précédents par le corps plus parallèle, à corselet ample, trapézoïdal, large, à base largement sinuée en arc, embrassant un peu les élytres, et par une dent simple au menton. *O. helopioides* (Pl. III, fig. 33), 8 à 9 mill., entièrement d'un noir assez brillant, corselet peu rétréci en avant, élytres striées, assez brusquement arrondies à l'extrémité, stries légèrement ponctuées ; presque toute la France, commun sous les détritus végétaux des marais.

Les **Licinus**, tous noirs, ont le corselet en forme de bouclier aplati et tranchant sur les côtés, arrondi aux angles postérieurs ; leur corps est assez large, déprimé au-dessus ; leur tête est grande, le dernier article des palpes est sécuriforme ; on les trouve sous les pierres, quelquefois sous la mousse ; ils paraissent au premier printemps. *L. silphoides* (Pl. III, fig. 34), 12 à 15 mill., corselet large, fortement arrondi sur les côtés qui sont rugueux ; stries des élytres bien marquées, assez fortement ponctuées ; intervalles avec une série de gros points, les 3e, 5e et 7e un peu relevés. — *L. cassideus*, 13 mill., d'un noir mat en dessus, brillant en dessous, corselet transversal, peu arrondi sur les côtés et très finement rugueux ; stries des élytres très fines, ponctuées ; intervalles plans, à peine ponctués. — *L. depressus*, 10 mill., plus petit, à corselet plus arrondi, plus ponctué, stries des élytres bien marquées, ponctuation des intervalles assez forte. — *L. æquatus*, 14 à 16 mill., noir, tête finement ponctuée, corselet un peu rétréci en arrière, densément ponctué, presque rugueux à la base et sur les bords, élytres à stries peu profondes, mais fortement ponctuées, intervalles plans, un peu inégaux, grossement ponctués ; Pyr. — *L. Hoffmannseggii*, 10 à 12 mill., d'un noir brillant, tête à peine ponctuée, corselet rétréci en arrière, largement rebordé, ligne médiane profonde, côtés ponctués, élytres ovalaires, finement et peu ponctuées ; Alpes, Lyonnais, forêt d'Eu.

Les **Badister** ont le corps allongé, très lisse, peu convexe, la tête élargie en avant, le labre bilobé, le dernier article des palpes ovalaire, les antennes assez longues et grêles, le corselet rétréci en arrière ; les 3 premiers articles des tarses sont fortement dilatés chez le mâle ; on les trouve dans les endroits très humides. *B. bipustulatus*, 6 à 7 mill., tête noire, corselet, écusson, pattes et base des antennes fauves, élytres noires avec la base et une bande suturale élargie en arrière, d'un fauve rougeâtre, corselet lisse. — *B. unipustulatus*, (Pl. III, fig. 35), 8 mill., même coloration, mais plus grand, tête beaucoup plus grosse. — *B. humeralis*, 4 mill. 1/2, d'un brun brillant, base des antennes, bouche et pattes, une fine bordure autour du corselet et des élytres, y compris la suture et une tache humérale, d'un jaune pâle, corps plus allongé.

6e Tribu. — Féroniens.

I. Les 2 premiers articles des tarses antérieurs ♂ dilatés.
II. Les 3 premiers articles des tarses antérieurs ♂ dilatés . . . . POGONUS.
A. Crochets des tarses dentelés.
a. Une dent simple au menton. . . . . . . DOLICHUS.
b Une dent bifide.
* Corselet presque carré ou trapézoïdal. . . CALATHUS.
** Corselet plus ou moins cordiforme . . . . PRISTONYCHUS.
B. Crochets des tarses non dentelés.
a. Premiers articles des tarses antérieurs ♂ garnis en dessous de squamules. Tête de grosseur ordinaire.
* 3e article des antennes aussi long que les deux suivants . . . . SPHODRUS.
** 3e article des antennes plus court.
† 3 premiers articles des tarses antérieurs ♂ légèrement triangulaires ou presque carrés . . . . ANCHOMENUS.
†† 3 premiers articles des tarses antérieurs ♂ fortement triangulaires ou cordiformes.
. Jambes antérieures terminées en dedans par une seule épine.
— Corps oblong, presque toujours déprimé. Antennes comprimées, Dernier article des palpes presque toujours cylindrique, tronqué . . . . FERONIA.
= Corps plus ou moins ovalaire, convexe. Antennes filiformes ou cylindriques. Dernier article des palpes ovalaire ou fusiforme . . . . AMARA.
.. Jambes antérieures terminées par 2 épines. ZABRUS.
b. Premiers articles des tarses antérieurs ♂ garnis en dessous de poils. Tête grosse . . BROSCUS.

Les **Pogonus**, qui vivent au bord de la mer, ont le corps bronzé, la tête fortement bisillonnée, le dernier article des palpes labiaux tronqué, les antennes assez courtes, le corselet presque carré, les élytres presque parallèles, striées. *P. chalceus*, 5 1/2 à 6 1/2 mill., d'un vert bronzé brillant, presque noir, antennes d'un brun roussâtre, base du corselet ponctuée, ayant de chaque côté une fossette bien marquée, stries ponctuées, bien marquées vers la suture, plus fines en arrière et sur les côtés ; commun sur les côtes de la Manche et de l'Océan. — *P. pallidipennis*, (Pl. III, fig. 36), 9 mill., allongé, parallèle, d'un vert bronzé, avec les élytres testacées ; bords de la Méditerranée.

Le g. **Dolichus** se distingue de ses congénères par une dent simple au milieu du menton, au lieu d'être bifide ; il se compose d'une seule espèce. *D. flavicornis*, (Pl. III, fig. 37), 14 à 18 mill., bel insecte d'un brun foncé avec une longue tache rougeâtre sur la suture, corselet d'un brun roussâtre, antennes et pattes jaunâtres ; corselet cordiforme, finement strié en travers, stries des élytres finement ponctuées ; Midi, Isère.

Les crochets des tarses sont dentelés chez les **Calathus**, genre nombreux, à corselet trapézoïdal ou quadrangulaire, toujours rétréci en avant, sans impressions postérieures bien marquées, à élytres peu convexes, en ovale allongé. Ce sont des insectes fort agiles, vivant sous les pierres comme tous les Féroniens ; ils se distinguent des *Pristonychus* par les angles postérieurs du corselet effacés, par les pattes plus courtes et la dent du menton bifide. *C. latus*, 12 mill., oblong, d'un brun foncé, antennes, palpes et pattes d'un roux ferrugineux ; corselet à peine plus large que long, rétréci en avant ; élytres à stries fines ; quelques points écartés sur les 3e et 5e stries ; commun partout ; ses pattes quelquefois sont brunes. — *C. ambiguus*, 11 mill., allongé, d'un brun noirâtre, brillant sur la tête et le corselet, un peu moins sur les élytres, antennes, palpes et pattes d'un roux ferrugineux ; corselet à peine rétréci en arrière, ayant à la base, de chaque côté, une impression lisse, bords latéraux et postérieurs rougeâtres ; dessus d'un brun foncé, un peu rougeâtre au milieu ; très commun. — *C. fulvipes*, 9 à 10 mill., allongé, presque parallèle, d'un noir luisant, antennes à pattes d'un roux ferrugineux, corselet un peu rétréci en arrière, côtés ordinairement bordés de rougeâtre, élytres à stries bien marquées, lisses ; commun. — *C. melanocephalus*, 7 mill., allongé, tête noire, corselet d'un rougeâtre clair, presque carré, faiblement rétréci en avant, élytres d'un brun rougeâtre plus ou moins foncé, parfois noirâtres ; antennes et pattes d'un testacé clair ; très commun. — *C. circumseptus* (Pl. III, fig. 38), 9 mill., oblong-allongé, brun avec une bordure roussâtre au corselet et aux élytres ; corselet un peu rétréci en arrière, élytres à stries lisses, bien marquées, pattes rougeâtres ; France méridionale.

Les **Pristonychus** ont le corps oblong, le corselet un peu cordiforme mais faiblement rétréci en arrière, la tête grande, ovalaire, les élytres ovalaires, les crochets des tarses dentelés à la base ; ils vivent sous les pierres, dans les haies, dans les caves. *P. terricola* (Pl. III, fig. 39), 15 à 17 millim., oblong, aptère, dessus d'un noir plus ou moins bleuâtre ; dessous et pattes d'un brun foncé ; corselet assez cordiforme, ayant à la base, de chaque côté, une assez large impression ; élytres à stries finement ponctuées ; jambes intermédiaires légèrement arquées ; dans les caves, les celliers, les haies, etc. Les jambes intermédiaires sont droites chez les suivantes : *P. alpinus*, 20 à 22 mill., oblong, très peu convexe, d'un bleu noir peu brillant, dessous et pattes d'un brun noir, corselet large, impressions postérieures peu marquées, stries des élytres peu profondes, indistinctement crénelées; mont. du Var. — *P. complanatus*, 14 mill., ailé, oblong, déprimé, d'un brun noir brillant, bleuâtre sur les élytres, dessous et pattes d'un brun rougeâtre, corselet presque carré, un peu atténué en arrière, impressions bien marquées, élytres à stries fines et finement ponctuées; Midi, Bretagne. — *P. Pyrenæus*, 15 mill., oblong, assez convexe, d'un brun marron ou noirâtre assez brillant, antennes et pattes d'un rougeâtre obscur, corselet oblong, rétréci à la base avec les côtés sinués, angles postérieurs pointus, élytres à stries fines, lisses; Pyrénées.

Les **Sphodrus** ne diffèrent que par les crochets des tarses lisses, le corps plus épais, plus parallèle. — *S. leucophthalmus* (Pl. III, fig. 40), 25 mill., ailé, d'un noir assez brillant, plus terne sur les élytres; tête et corselet finement ridés en travers; élytres à stries fines, très légèrement ponctuées; ne se trouve guère que dans les caves.

Les **Anchomenus**, comme les genres suivants, ont aussi les crochets des tarses lisses; ce sont des insectes d'une taille assez médiocre, oblongs, à antennes assez longues, composées d'articles presque égaux, sauf le deuxième qui est petit; le corselet est tantôt presque arrondi, tantôt presque cordiforme; ils sont vifs et se trouvent dans les endroits humides ou sous les feuilles mortes. *A. angusticollis*, 12 mill., d'un noir brilant, corselet court, cordiforme, à bords relevés, surtout en arrière, élytres ovalaires, un peu élargies en arrière, à stries bien marquées; dessous et pattes bruns, tarses plus clairs; dans les bois, sous la mousse ou au bord des eaux. — *A. prasinus*, 8 mill., tête et corselet d'un vert bronzé, ce dernier cordiforme, élytres d'un roux ferrugineux, avec une grande tache bleuâtre ou verdâtre, occupant la moitié postérieure ; très commun au bord des eaux. — *A. sexpunctatus* (Pl. III, fig. 41), 8 à 10 mill., corselet presque arrondi, d'un beau vert métallique, ainsi que la tête ; élytres d'un beau rouge cuivreux, à bordure verte, avec 6 ou 7 points sur le 3e intervalle ; commun dans les endroits humides. — *A. marginatus*, 10 mill., d'un beau vert clair brillant, côtés des élytres d'un jaune pâle, dessous plus foncé, corselet finement bordé de jaunâtre ; élytres planes, à stries très fines, peu enfoncées, suture un peu cuivreuse ; 3 points sur le troisième intervalle. — *A. parumpunctatus*, 8 à 9 mill., d'un vert bronzé et brillant, passant parfois presque au noirâtre, corselet transversal, angles postérieurs obtus, presque arrondis ; élytres assez larges, à stries fines. — *A. mæstus*, 9 mill., corselet arrondi, tout noir, brillant ; élytres assez courtes à stries finement ponctuées.

Le g. **Feronia**, type du présent groupe, renferme un grand nombre d'espèces, de faciès très variés ; leurs mandibules sont médiocrement saillantes, les jambes antérieures terminées par une seule épine ; leur corps oblong est presque toujours déprimé en dessus, les antennes sont comprimées, le dernier article des palpes est presque toujours cylindrique et tronqué. Ce sont des insectes vivant à terre, sous les pierres, plus nombreux dans les montagnes.

Les uns ont les premiers articles des antennes carénés ; ce sont les **Pœcilus** : *F. cuprea*, 10 à 12 mill., oblong, passant du vert bronzé au cuivreux, au bleu obscur et au noir ; les deux premiers articles des antennes toujours testacés : corselet presque carré, arrondi sur les côtés ; base finement ponctuée, ayant de chaque côté deux impressions oblongues ; élytres un peu plus larges que le corselet, presque parallèles, à stries finement ponctuées ; très commun partout. — *F. dimidiata* (Pl. III, fig. 42), 14 mill., tête, corselet d'un rouge cuivreux, élytres d'un beau vert métallique ; dessous et pattes d'un brun noir un peu bronzé. — *F. Koyi*, 14 mill., allongée, parallèle, d'un bleu plus ou moins violet, rarement d'un vert métallique, corselet grand, plus étroit à la base qu'en avant, à côtés régulièrement arqués, impressions externes de la base plus marquees que les internes ; élytres pas plus larges que le corselet.

Les autres espèces n'ont pas les premiers articles des antennes carénés. Chez les unes, le corselet est presque arrondi. *F. madida* (Pl. III, fig. 43), 15 mill., oblongue, aptère, assez convexe, d'un noir brillant ; corselet fortement arrondi aux angles postérieurs, avec une large fossette ronde ; élytres ovalaires, à stries plus enfoncées, lisses ; cuisses souvent rouges ; dernier segment abdominal des mâles offrant une impression arrondie, bordée en avant par un bourrelet transversal ; très commune. — Chez toutes les autres espèces, les angles postérieurs du corselet sont marqués. *F. terricola* (Pl. III, fig. 44), 13 mill., corps épais, assez court, convexe, d'un brun noir brillant, antennes et pattes rougeâtres, tête grosse, corselet cordiforme, très rétréci à la base, avec les angles pointus et saillants ; élytres courtes, ovalaires, arrondies, tronquées à l'extrémité, stries bien marquées ; commune dans les bois un peu frais. — *F. melanaria*, 18 mill., aptère, oblongue, d'un noir brillant ; tête assez forte, corselet faiblement rétréci en arrière, légèrement arrondi sur les côtés, qui forment aux angles postérieurs une très petite dent; de chaque côté de la base, deux fortes impressions réunies, très ponctuées, élytres oblongues, à stries lisses; sur la 2e, deux points enfoncés; c'est l'espèce la plus commune du genre, sous les pierres, les débris végétaux. — *F. nigrita*, 12 mill., même forme, mais taille plus petite, stries ponctuées. — *F. anthracina*, 11 mill,, très semblable à la précédente, mais corselet à côtés presque droits, légèrement redressés à la base, les angles postérieurs droits, pointus; commune partout. — *F. minor*, 7 à 8 mill., même forme, mais taille bien plus petite, côtés du corselet ponctués en dessous; assez commune au bord des étangs. — *F. vernalis*, 7 à 9 mill., d'un noir luisant, pattes et 1er article des antennes d'un brun rougeâtre; corselet presque carré, angles postérieurs presque obtus, élytres parallèles à stries bien marquées. — *F. Salzmanni*, 5 à 6 mill., d'un bleu foncé métallique, brillant, pattes palpes à base des antennes d'un roux ferrugigineux; corselet cordiforme, élytres courtes, fortement striées; Fr. mér., Pyr., au bord des ruisseaux. — *F. abacoïdes*. 10 mill., corselet aussi large que les élytres, base ponctuée, bi-impressionnée de chaque côté, élytres obtuses à l'extrémité, peu convexes, stries très finement ponctuées, intervalles pleins; Pyr. — *F. amaroïdes*, 7 à 9 mill., forme et coloration de la précédente, corselet plus court, non rétréci et lisse à la base, fossettes postérieures plus profondes, moins ponctuées, élytres plus courtes; Pyr.-Or.; Mont-Dore. — *F. oblongopunctata*, 11 mill,, oblongue, déprimée, d'un bronze brillant foncé, parfois noirâtre, corselet un peu codiforme, ayant à la base deux fortes impressions très ponctuées; élytres élargies en arrière, à stries lisses; sur les 2e et 3e stries, 5 ou 6 gros points ou fossettes; dans les bois, sous les feuilles. — *F. nigra*, 18 mill., d'un noir médiocrement brillant, corselet presque carré, à peine rétréci en arrière; angles postérieurs droits, formant une très petite dent obtuse; de chaque côté, une large fossette ponctuée; élytres longues, presque parallèles, fortement striées, intervalles couverts; dernier segment de l'abdomen caréné chez les mâles; assez commune dans les pays un peu élevés et un peu froids. — *F. parumpunctata*, 14 à 15 mill., d'un noir très brillant, parfois à reflets irisés, corselet grand, médiocrement rétréci en arrière; de chaque côté, à la base, une profonde fossette non ponctuée, élytres assez courtes, à stries lisses, assez profondes; commune dans les bois. — *F. Honnoratii*, 16 à 17 mill., plus allongée, plus déprimée que la précédente, pattes d'un brun rougeâtre; Savoie, Isère. — *F. femorata*, 16 mill., même forme, mais plus étroite, corselet plus rétréci à la base, cuisses d'un roux testacé; Alpes, Mont-Dore. — *F. Dufourii*, 17 mill., très déprimée en dessus, plus large que les précédentes, corselet grand, notablement rétréci en arrière, élytres presque parallèles, presque tronquées; dernier segment abdominal ayant une carène arquée ou fer à cheval chez les mâles; commune dans les Pyrénées. — *F. Boisgiraudii*, même taille, même forme, mais les élytres plus tronquées à l'extrémité avec l'angle interne un peu épineux; H.-Pyr. — *F. truncata*, 14 à 15 mill., même forme générale, un peu plus courte, tête grosse, corselet large, dernier segment ♀ ayant 2 tubercules aplatis; H.-Alp., M.-Cenis.

4

— *F. externepunctata*, 13 mill., dessus d'un beau cuivreux brillant, parfois un peu verdâtre, surtout sur le fond, corselet large, médiocrement rétréci en arrière, élytres brusquement arrondies à l'extrémité; stries ponctuées, intervalles marqués alternativement d'une rangée de points peu réguliers; Alpes. — *F. metallica*, 16 mill., ovalaire, courte, peu convexe, d'un cuivreux brillant, corselet presque carré, un peu rétréci en avant, mais non à la base, qui présente de chaque côté 2 fossettes un peu rugueuses; élytres courtes, stries presque effacées; commune dans les montagnes; descend jusqu'en Lorraine et à Dijon. Cette espèce amène à un groupe qu'on a voulu distinguer sous le nom d'**Abax** et qui renferme les *Feronia* d'assez grande taille, à corselet carré, aussi large que les élytres, nullement rétréci en arrière, ayant de chaque côté de profondes fossettes basilaires; tous sont d'un noir brillant. — *F. frigida*, 13 mill., ovalaire, courte, large, corselet court, rétréci en avant; rebords latéraux épais; élytres ovalaires tronquées à la base, à stries fines et ponctuées, pattes d'un brun rougeâtre; dans les bois un peu frais, dès le premier printemps. — *F. striola* (Pl. III, fig. 45), 19 mill:, oblong, large ; assez parallèle, déprimé au-dessus, corselet à peine rétréci en avant, angles postérieurs marqués d'un gros point; élytres à stries à peine ponctuées, intervalle un peu convexe chez les mâles, plans et presque mats chez les femelles, dernier intervalle externe, caréné à la base, formant une petite dent à l'épaule; dans les bois humides, sous les feuilles mortes. — *F. parallela*, 15 mill., plus petite et plus étroite, corselet non rétréci en avant, mais côtés un peu sinués vers la base; élytres plus convexes, à stries profondes, intervalles peu convexes, également brillants chez les deux sexes; dans les bois.

Les **Amara** ont le corps ovalaire, toujours convexe, métallique, les antennes filiformes ou cylindriques, le dernier article des palpes ovalaire ou fusiforme moins nettement tronqué que chez les *Feronia;* le corselet varie de formes. mais les élytres sont presque toujours ovalaires, rarement parallèles, Ce sont des insectes très agiles qui paraissent les premiers; on les voit courir au moindre rayon de soleil jusque dans les rues et sur les places publiques. *A. similata*, 10 mill., ovalaire-oblongue, d'un bronzé foncé assez brillant, les 3 premiers articles des antennes rougeâtres; corselet grand, se rétrécissant peu à peu en avant; impressions postérieures presque nulles, élytres à stries lisses, peu profondes, plus enfoncées en arrière; commune partout. — *A. trivialis* (Pl. III, fig. 46), 6 à 7 mill., presque elliptique, d'un bronzé un peu doré, très brillant, variant jusqu'au brun métallique, les 3 premiers articles des antennes rougeâtres; corselet notablement rétréci en avant; impression basilaire interne en forme de strie, l'externe effacée; élytres à stries fines, très finement ponctuées, strie suturale fortement déprimée en avant, suture relevée en arrière; jambes roussâtres; c'est l'espèce la plus commune. — *A. picea*, 11 à 15 mill., d'un noirâtre brillant, tête grosse et corselet un peu rétréci, brun à la base. angles postérieurs saillants, aigus; base ponctuée, ainsi que les impressions latérales; élytres à stries profondes et ponctuées; assez commune.

Les **Zabrus** peuvent être regardés comme d'énormes *Amara*, très convexes, à grosse tête et ayant les jambes antérieures terminées par une double épine. *Z. gibbus*,

15 mill., oblong, parallèle, d'un brun noirâtre brillant; labre et antennes roussâtres; corselet à côtés presque droits, légèrement arrondis en avant; base densément ponctuée; élytres longues, à stries ponctuées, intervalles finement ridés; commun partout. On accuse sa larve de ronger les racines des céréales et d'occasionner parfois des ravages sérieux. Les autres *Zabrus* sont ovalaires et assez courts. — *Z. inflatus*, 15 mill., d'un brun noir brillant; corselet un peu en arrière; dans les sables des Landes, au bord de la mer. — *Z. obesus* (Pl. IV, fig. 47), 16 mill., même forme, mais dessus d'un bronzé verdâtre ou doré brillant; commun dans les Pyrénées.

Le G. **Broscus** rappelle les Scarites par la forme du corselet étranglé à la base et sa tète grande; mais ses antennes sont filiformes et les 3 premiers articles des tarces antérieurs sont dilatés chez les mâles et garnis en dessous de poils au lieu des squamules qu'on observe chez les genres précédents. *B. cephalotes* (Pl. IV, fig. 48), 20 mill., oblong, convexe, d'un noir assez brillant; tête assez fortement ponctuée et ridée; corselet ponctué en avant à sa base; élytres à stries peu visibles, formées de très petits points et s'effaçant en arrière; dans les terrains sablonneux, ordinairement enterré ou sous les pierres.

7e Tribu. — Harpaliens.

I.	Tête très grosse, non rétrécie en arrière .	ACINOPUS.
II.	Tête ordinaire, plus ou moins rétrécie en arrière.	
A.	Tarses antérieurs ♂ revêtus de poils en dessous.	
a.	1er article des tarses antérieurs pas plus petit que les suivants	ANISODACTYLUS.
b.	1er article des tarses antérieurs plus petit que les suivants	DIACHROMUS.

B. Tarses antérieurs ♂ revêtus en dessous de squamules.
a. Dernier article des palpes fusiforme presque tronqué.
*. 1er article des tarses antérieurs ♀ dilaté . GYNANDROMORPHUS.
**. 1er article des tarses antérieurs ♀ non dilaté. . . . . HARPALUS.
b. Dernier article des palpes fusiforme, acuminé . . . . STÉNOLOPHUS.

Les **Acinopus** se séparent nettement des autres genres du même groupe par les tarses antérieurs dilatés dans les 2 sexes, par la tête grosse, non rétrécie en arrière, aussi large que le corselet, et par le corps presque cylindrique ; le corselet, presque carré, est à peine rétréci à la base. *A. tenebrioides* (Pl. IV, fig. 49), **15** mill., d'un noir brillant en dessus, mat en dessous ; tête très convexe, antennes courtes et grêles, élytres striées, intervalles plans, jambes antérieures et intermédiaires élargies à l'extrémité, rugueuses et épineuses ; sous les pierres, dans les endroits secs, calcaires.

Les **Anisodactylus** ressemblent aux Harpales, mais les tarses antérieurs sont revêtue de poils, au lieu de squamules ; le **1er** article des tarses antérieurs n'est pas plus petit que les suivants. *A. binotatus*, **11** mill., oblong, parallèle, d'un noir luisant, front vaguement taché de rougeâtre, **1er** article des antennes roux, pattes parfois roussâtres, corselet ayant en arrière, de chaque côté, deux impressions rugueusement ponctuées, angles postérieurs presque arrondis, mais formant une très petite dent ; commun partout.

Le g. **Diachromus** se distingue du précédent par le **1er** article des tarses antérieurs plus petit que le suivant ; le corps très ponctué le fait ressembler à un certain groupe de Harpales, mais il s'en distingue facilement par l'épine double qui termine les jambes antérieures. *D. germanus* (Pl. IV, fig. 50), 9 mill., noir, tête d'un testacé rougeâtre, ainsi que les pattes et les élytres qui ont une grande tache commune postérieure, d'un bleu noirâtre comme le corselet ; dans toute la France, plus commun dans le Midi.

Le g. **Gynandromorphus** rappelle, pour la coloration, le genre *Diachromus*, mais le corps est plus allonge et les tarses antérieurs des ♂ sont revêtus de squamules. *G. etruscus* (Pl. IV, fig. 51), 10 mill., presque parallèle, entièrement ponctué, putrescent; tête d'un brun noir, corselet d'un bleu noirâtre, élytres d'un bleu violet obscur avec la base d'un testacé rougeâtre ; pattes fauves ; Midi, commun autour de Bordeaux et de Rochefort.

Les **Harpalus** ont les tarses antérieurs des mâles revêtus au-dessous de squamules et non de poils, le dernier article des palpes fusiforme, presque tronqué. Ce sont des insectes très nombreux, difficiles à distinguer, plus communs dans les terrains arides et calcaires ; quelques-uns, comme les *Amara*, paraissent au premier printemps. Les uns ont le dessus du corps finement et légèrement ponctué. *H. sabulicola*, 14 mill., oblong, d'un brun bleuâtre ou verdâtre, avec une fine pubescence roussâtre, corselet presque arrondi. — *H. azureus*, 7 à 9 mill., en dessus bleu ou vert métallique, corselet légèrement cordiforme, angles postérieurs presque droits, émoussés. — *H. oblongiusculus*, 13 mill., oblong allongé, d'un brun rougeâtre, souvent foncé, pubescent, antennes et pattes plus claires; corselet un peu rétréci à la base, angles postérieurs arrondis. — *H. rupicola*. 8 mill., parallèle d'un brun foncé, souvent rougeâtre sur la tête et le corselet; ce dernier rétréci en arrière ; angles postérieurs à peine droits. — *H. ruficornis*, 15 mill., le plus grand des Harpales et l'un des plus communs, à ponctuation extrêmement fine, tête lisse, d'un brun noir assez luisant, antennes, palpes et pattes d'un testacé roussâtre, corselet quadrangulaire, angles postérieurs droits non émoussés, densément ponctué à la base ; élytres à pubescence rousse-dorée, courte, serrée, stries fines.

Les espèces suivantes sont lisses en dessus : *H. æneus*, 10 à 11 mill., oblong, presque parallèle, d'un vert métallique passant au bronzé obscur, antennes, palpes et pattes d'un testacé roussâtre ; corselet un peu arrondi sur les côtés qui se redressent légèrement à la base ; angles postérieurs droits, mais émoussés ; de chaque côté de la base une impression assez large, peu profonde, finement ponctuée ; élytres à stries fines, lisses, les 2 ou 3 intervalles externes couverts d'une ponctuation fine, serrée. — *H. distinguendus*, même forme et même coloration ; angles postérieurs du corselet plus droits, stries des élytres plus marquées, pas de ponctuation le long du bord externe ; communs tous deux ; pattes souvent noirâtres dans ces deux espèces. — *H. calceatus*, 14 mill., oblong allongé, d'un brun noir assez luisant, antennes, palpes et tarses roussâtres ; corselet à peine plus étroit en arrière, rugueusement ponctué à la base, sans impressions, angles postérieurs droits ; élytres à stries lisses, finement ponctuées le long du bord externe ; se prend souvent le soir dans les appartements, attiré par la lumière. — *H. fulvipes*, 10 mill., assez court, d'un brun noir luisant, pattes et antennes d'un roux clair ; corselet à côtés presque parallèles, angles postérieurs presque droits, base densément ponctuée, élytres courtes, légèrement sinuées à l'extrémité, à stries lisses, assez fortes ; dans les forêts sous les feuilles, les mousses. — *H. semiviolaceus* (Pl. IV, fig. 52), 12 mill., oblong, d'un brun noir luisant, corselet d'un bleu foncé, un peu plus large au milieu que les élytres, base finement ponctuée, impressions presque nulles; élytres fortement striées. — *H. tardus*, 10 mill., court, peu convexe, d'un brun noir foncé, antennes roussâtres, corselet légèrement rétréci en avant, côtés faiblement sinués, angles postérieurs droits, impressions assez profondes, un peu obliques ; élytres ovalaires à stries bien marquées. — *H. serripes*, 10 mill., ovalaire, convexe, d'un noir médiocrement brillant, antennes roussâtres, tachées de brun sur les 2e, 3e et 4e articles, corselet convexe, rétréci en avant, impressions postérieures étroites, peu profondes marquées par quelques points ; élytres courtes, ovalaires, un peu plus large que le corselet, à stries lisses, plus profondes en arrière, extrémité un peu sinuée; pattes courtes, cuisses épaisses. — *H. anxius*, 7 à 8 mill., oblong allongé, presque parallèles, d'un noir médiocrement luisant, antennes brunâtres, 1er article roussâtre ; corselet un peu rétréci en avant, bord postérieur arqué, impressions postérieures assez étroites, rugueuses, côtés et angles postérieurs marginés de roussâtre, élytres à stries fines et lisses. — *H. picipennis*, 5 à 6 mill., le plus petit des Harpales, ovalaire brun, souvent rougeâtre, pattes rousses ; corselet très court, finement rebordé sur les côtés, angles postérieurs arrondis, impressions linéaires assez bien marquées ; extrémité des élytres sinuée, stries fines, lisses bien marquées.

Les **Stenolophus** diffèrent par le dernier article des palpes fusiforme, acuminé, et l'échancrure du menton dépourvue de dent médiane; ce sont des insectes lisses et luisants, vivant au bord des eaux ou sous les feuilles humides ; leur coloration est assez variée. *S. vaporariorum*, 6 mill., d'un noir luisant, corselet rougeâtre, pattes, antennes et élytres d'un roux testacé clair, ces dernières ayant une grande tache noire occupant les 2/3 postérieurs sans toucher les bords ; très commun. — *S. consputus*, 5 mill., allongé, noir ; bouche, base des antennes et pattes jaunâtres: corselet rougeâtre, à angles postérieurs droits élytres d'un roux testacé, ayant une grande tache brune, ovalaire, séparée en deux par la suture. — *S. meridianus* (Pl. IV, fig. 53), 4 mill., tête et corselet noirs, ce dernier notablement rétréci en arrière avec les angles obtus, bord postérieur assez fortement ponctué: élytres d'un brun noir luisant, avec la base, la suture et une étroite bordure marginale d'un jaune testacé; très commun.

8e Tribu. — Bembidiens.

A. Dernier article des palpes aussi grand ou presque aussi grand que l'avant-dernier.
a. Des yeux . . . . TRECHUS.
b. Pas d'yeux . . . . ANOPHTHALMUS.
B. Dernier article des palpes beaucoup plus petit, aciculaire. . . . . BEMBIDIUM.

Presque tous ces insectes sont de petite taille et vivent soit au bord des eaux, soit dans les montagnes sous les pierres, au bord des neiges ; quelques-uns sont privés d'yeux et n'habitent que les grottes.

Les **Trechus** sont oblongs ou ovalaires, peu convexes, leur tête est creusée de 2 sillons profonds, le dernier article de leurs palpes est bien visible, aussi grand que l'avant-dernier et en cône allongé, très aigu ; leurs élytres ont quelques stries, visibles seulement vers la suture ; presque tous ne se trouvent que dans les montagnes, quelques-uns seulement vivent aux bords de nos eaux. *T. minutus.* 3 1/2 mill., oblong, un peu déprimé, d'un brun rougeâtre brillant, pattes et antennes testacées, élytres presque parallèles, à stries finement ponctuées, les 4 premières seules visibles ; très commun partout. — *T. areolatus* (Pl. IV, fig. 54), 2 1/2 mill., allongé, très déprimé, d'un brun foncé, élytres striées, d'un roux testacé, avec la base autour de l'écusson, à angles postérieurs pointus ; au bord des eaux courantes, surtout dans le Midi.

Les **Anophthalmus** sont des Trechus privés d'yeux ; ils sont tous d'une coloration pâle, roussâtre, et n'ont été encore trouvés que dans les cavernes des Pyrénées, des Alpes et de la Provence.

Les **Bembidium** forment un genre nombreux, habitant toujours les bords des eaux et les endroits humides ; leurs couleurs sont métalliques, avec des taches ou des dessins rougeâtres ; leur tête est souvent bisillonnée, le dernier article de leurs palpes est extrêmement petit et aigu, tandis que l'avant-dernier est grand et un peu renflé à l'extrémité ; les stries des élytres sont ordinairement ponctuées et presque toujours bien marquées. Les uns ont le corselet large, à peine rétréci en arrière : *B. nanum*, 2 1/2 mill., déprimé, noir, base des antennes et pattes d'un brun roussâtre, corselet court, transversal, fossettes postérieures bien marquées, élytres à 4 stries internes bien distinctes, les externes effacées. — *B. guttula*, 3 mill., noir, un peu bronzé, une tache arrondie, roussâtre, aux 3/4 postérieurs des élytres, base des antennes et pattes d'un roux testacé; corselet court, transversal, un peu échancré derrière les angles postérieurs qui sont obtus, presque arrondis. Les autres ont le corselet presque cordiforme : *B. fasciolatum*, 5 à 7 mill., oblong, déprimé en dessus, d'un vert bronzé obscur, parfois bleuâtre, avec une large bande brune, parfois peu apparente sur les élytres, 1er article des antennes, jambes et tarses roussâtres; corselet court, ridé en travers, à angles postérieurs droits, élytres parallèles, fortement striées ; Fr. mér. — *B. tricolor*, 4 1/2 à 5 mill., d'un vert bleuâtre brillant, avec la moitié basilaire des élytres rouges ; Fr. mér.— *B. pustulatum*. 5 1/2 mill., d'un vert bronzé, élytres ayant chacune 2 taches rougeâtres, la 1re à la base, la 2e oblongue, oblique, un peu avant l'extrémité, base des antennes et pattes d'un testacé roussâtre; stries des élytres profondes, ponctuées, effacées à l'extrémité ; commun partout. — *B. quadripustulatum*, 4 mill., d'un noir verdâtre bronzé, très luisant, élytres ayant chacune 2 taches d'un jaunâtre presque blanc, la 1re aux épaules, la 2e arrondie, aux 2/3 postérieurs, élytres assez courtes à stries ponctuées presque entières. — *B. bipunctatum*, 4 à 5 mill., d'un bronzé luisant, antennes et pattes d'un noir bronzé, corselet ponctué, élytres ovalaires, à stries fines, ponctuées; sur le 3e intervalle, 2 fossettes arrondies; plus commun dans les montagnes. — *B. paludosum* (Pl. IV. fig. 55), 5 à 6 mill., assez convexe, bronzé, avec des teintes cuivreuses, corselet presque carré, ayant une strie en fossette aux angles postérieurs; sur le 3e intervalle, 2 grandes fossettes carrées, d'un vert argenté; au bord des rivières. — *B. punctulatum*, 4 1/2 à 5 1/2 mill., d'un bronzé luisant en dessus, d'un vert bronzé en dessous, tête et corselet ponctués, ce dernier cordiforme, très rétréci en arrière, ligne médiane assez profonde; élytres larges, un peu convexes, stries assez fortement ponctuées, surtout à la base; une faible impression transversale au tiers des élytres ; très commun.

FAMILLE DES DYTISCIDES

OU HYDROCANTHARES

Ces insectes sont, à proprement dire, des Carabiques aquatiques ; ils ont, comme ces derniers, six palpes, des antennes filiformes et des tarses de cinq articles (le 4e parfois atrophié), élargis aux pattes antérieures chez les mâles ; seulement leurs pattes postérieures sont allongées et généralement aplaties et propres à la natation. Lorsqu'on les saisit, ils répandent un liquide laiteux, d'une odeur désagréable , et quand ils veulent respirer , ils s'élèvent à la surface de l'eau et émergent la partie postérieure de leur corps en soulevant un peu leurs élytres, de manière à faire arriver une provision d'air aux stigmates placés sur le dernier segment abdominal.

I. Tête enfoncée dans le corselet. Prosternum droit.
A. Ecusson apparent.
a. Taille très grande.

* Un crochet aux tarses postérieurs . . . . . CYBISTER.
** Deux crochets à tous les tarses . . . . . . DYTISCUS.
b. Taille moyenne.
* Elytres ♀ à 4 sillons velus . . . . ACILIUS.
** Elytres ♀ unies.
† Crochets des tarses postérieurs inégaux.
α. Corps peu convexe, prosternum arrondi. Crochets postérieurs simplement inégaux. HYDATICUS.
β. Corps médiocrement convexe, prosternum pointu. Crochet supérieur presque 3 fois aussi long que l'autre . . . . COLYMBETES.
α. Corps très convexe, prosternum pointu. Crochet supérieur plus court . . . . ILYBIUS.
†† Crochets postérieurs égaux . . . . AGABUS.
B. Ecusson caché.
a. Tarses de 5 articles bien distincts. Abdomen découvert.
* Antennes ♂ dilatées. Prosternum pointu. NOTERUS.
** Antennes filiformes ♂ ♀. Prosternum en spatule. . . . . LACCOPHILUS.
b. Les 4 tarses antérieurs de 4 articles apparents. Adomen découvert.
* Crochets des tarses postérieurs inégaux. . HYPHYDRUS.
** Crochets des tarses postérieurs égaux. . . HYDROPORUS.
c. Abdomen caché en grande partie par un prolongement lamelleux des hanches postérieures . . . . HALIPLUS.
II. Tête non enfoncée. Prosternum arqué. . . PELOBIUS.

Le genre **Cybister** est représenté en France par une seule espèce. *C. Rœselii* (Pl. IV, fig. 56), 30 mill., grand insecte ovalaire, élargi en arrière, déprimé, jaunâtre en dessous, d'un vert olivâtre en dessus, avec le labre, les côtés du corselet et une bande le long du bord externe des élytres jaunes; le dernier article des palpes est plus long que les autres.

Deux crochets égaux aux tarses postérieurs distinguent facilement les **Dytiscus** du genre précédent ; ils sont moins ovalaires, plus oblongs, plus convexes, le dernier article des palpes est égal aux autres ; les élytres des femelles sont fortement sillonnées ; tous ont une bande jaune sur les côtés du corselet et des élytres et une fascie nébuleuse vers l'extrémité de ces dernières. Les uns ont le corselet entièrement bordé de jaune. *D. latissimus* (Pl. IV, fig. 57), 40 mill., ovale, peu convexe, élytres élargies au milieu, tranchantes sur les côtés, d'un brun foncé un peu verdâtre en dessus, d'un brun ferrugineux en dessous ; rare, Vosges, Épernay. — *D. marginalis*, 30 à 35 mill., oblong, un peu élargi en arrière, convexe, d'un noir olivâtre brillant en dessus, dessous et pattes d'un jaune testacé, bord antérieur des segments abdominaux étroitement bordé de noir ; commun dans toutes les mares. — *D. circumflexus*, 30 mill., diffère du précédent par sa forme plus elliptique, l'écusson jaune au milieu et toutes les sutures de la poitrine et de l'abdomen noirâtres; moins commun. Chez d'autres, la bande postérieure du corselet n'existe pas et l'antérieure est à peine indiquée. — *D. punctulatus*, 28 mill., noir en dessus et en dessous, quelques taches rougeâtres sur les côtés de l'abdomen, pattes noirâtres; très commun.

Le g. **Acilius** a le corps déprimé, ovalaire, élargi en arrière, le prosternum arrondi en arrière et le dernier article des palpes plus long que le précédent; en outre, les femelles ont sur les élytres de larges sillons couverts de poils. *A. sulcatus* (Pl. IV, fig. 58), 16 mill., noir en dessous, d'un brun cendré en dessus, limbe et une bande transversale du corselet roux, élytres roussâtres, ponctuées de noir, abdomen tacheté de jaune, cuisses postérieures noires à la base. — *A. canaliculatus*, diffère du précédent par l'abdomen roussâtre et les cuisses postérieures sans taches.

Les **Hydaticus** ont le corps plus oblong, plus convexe, à peine ou non élargi en arrière, le dernier article des palpes n'est pas plus long que le précédent, les femelles n'ont pas les élytres sillonnées. *H. Hybneri*, 7 1/2 mill., convexe, noir, corselet d'un roux testacé avec une grande tache postérieure noire, élytres largement bordées de roux. — *H. transversalis* (Pl. IV, fig. 59), 13 mill., oblong, ovalaire, assez convexe, corselet d'un roux testacé, largement bordé de noir à la base, élytres noires avec une bande basilaire transversale et une bande marginale d'un roux testacé, dessous brunâtre. — *H. cinereus*, 14 mill., ovalaire, convexe, d'un brun cendré en dessus, roux en dessous, corselet jaune avec une bande antérieure et une postérieure noires, n'atteignant pas les côtés, élytres noirâtres, parsemées de nombreuses petites taches jaunâtres, suture et bord externe jaunâtres ; très commun partout. — *H. bilineatus*, 15 mill., ressemble extrêmement au précédent, en diffère par la forme plus aplatie, plus élargie en arrière, le dessous est plus jaune, le liseré noir du corselet est plus étroit ; Nord. — *H. zonatus*, 14 à 15 mill., diffère du précédent par la taille un peu plus petite, le dessous jaune et corselet bordé de jaune, tout autour avec 2 bandes noires parallèles ; Nord, Alsace. — *H. Leander*, 10 à 11 mill., ovale, un peu convexe, d'un roux brillant, sommet de la tête et milieu du bord antérieur du corselet noirs, écusson obscur, élytres parsemées de nombreuses taches noirâtres, petites, serrées, confluentes sur le disque, ayant chacune 3 lignes de points, bords latéraux sans taches ; Midi, — *H. grammicus*, 11 mill., convexe, finement ponctué, dessus noir, dessous roussâtre, tête et corselet testacés, sommet de la tête noir, élytres ayant chacune le bord externe et 3 ou 4 lignes longitudinales testacées ; Alsace.

Les **Colymbetes** ressemblent un peu aux *Dytiscus*, mais ils sont moins grands, plus allongés, plus elliptiques, l'avant-dernier article des palpes labiaux est plus long que le dernier et les crochets des tarses postérieurs sont très inégaux ; leur corps, médiocrement convexe, est rarement tout noir, et presque toujours d'un brun foncé en dessus avec le corselet roussâtre ; les élytres des femelles sont presque toujours finement striées en travers. Corps entièrement noir en dessus : *C. coriaceus*, 20 mill., à peine élargi en arrière, tête ridée en arrière, ayant deux petites taches rouges sur le front, dessous et pattes d'un brun ferrugineux ; commun dans le Midi. Corps brun et roussâtre en dessus : *C. fuscus*, 17 mill., ovalaire, non élargi en arrière, noir en dessous, corselet roux avec une tache noire au milieu, élytres d'un brun clair, passant au jaunâtre le long du bord externe, ayant chacune 3 lignes de points écartés, peu visibles, pattes d'un brun ferrugineux, les antérieurs plus clairs ; extrêmement commun partout. — *C. pulverosus*, 11 mill., oblong, ovalaire, noir en dessous, corselet d'un jaunâtre pâle avec une tache médiane noire, élytres déprimées en arrière, jaunâtres, couvertes de petites taches noires très nombreuses, confluentes, qui les font paraître d'un gris verdâtre, suture et bord externe d'un jaunâtre clair ; pattes roussâtres ; très commun. — *C. collaris*, 11 mill., jaunâtre en dessus et en dessous, corselet ayant une bordure noire très étroite à la base et au bord antérieur, élytres entièrement couvertes de petites taches noires serrées, qui les font paraître d'un brun clair avec la suture et le bord externe jaunâtre. — *C. adspersus*, 9 mill., ovalaire, jaunâtre en dessus, noirâtre en dessous, avec le prosternum et le bord des segments abdominaux jaunâtres, tête noire avec des taches jaunes, corselet sans tache médiane, avec le milieu des bords antérieur et postérieur noir, élytres couvertes de petites taches noires serrées, suture et bord jaunâtres.

Les **Hybius** ont le corps ovalaire, atténué en arrière et très convexe, les derniers articles des palpes labiaux et les crochets des tarses postérieurs sont presque égaux. *I. ater*, 13 mill., noir, bords du corselet et des élytres vaguement roussâtres, ces dernières ayant deux petites taches linéaires rougeâtres, l'une près du bord externe, après le milieu, l'autre en arrière, pattes plus ou moins noirâtres. — *I. fuliginosus* (Pl. IV, fig. 60), 12 mill., d'un brun noirâtre avec un très faible reflet métallique, bord externe des élytres assez largement bordé de roux. — *I. obscurus*, 11 mill., entièrement noir, bouche et antennes roux, élytres ayant une petite tache linéaire au milieu du bord externe et une petite tache arrondie, près de l'extrémité, d'un roux ferrugineux. — *I. fenestratus*, 11 1/2 à 12, d'un brun plus ou moins roussâtre avec un reflet bronzé, bouche et vertex rougeâtres, corselet et élytres roussâtres sur les bords, une petite tache linéaire et une autre petite, arrondie, apicale roussâtre, cette dernière souvent indistincte. — *I. meridionalis*, 11 à 12 mill., médiocrement convexe, d'un brun de poix, légèrement métallique, dessous d'un brun ferrugineux, bouche, côtés du corselet et des élytres roussâtres ; Midi.

Les **Agabus**, beaucoup plus petits que les *Dytiscus*, s'en distinguent par le corps moins tranchant sur les côtés, le prosternum caréné, le dernier article des palpes plus long et la coloration généralement sombre. Ils diffèrent des 3 genres précédents par les crochets des tarses postérieurs égaux. Les uns sont entièrement noirs ou avec une très petite tache testacée vers l'extrémité des élytres : *A. melas*, 10 mill., ovalaire, déprimé, d'un noir mat, antennes rousses, très finement striolées ; commun dans les montagnes. — *A. bipustulatus*, 10 mill., même forme, mais moins étroit, moins déprimé, côtés du corselet moins arrondis vers l'extrémité des élytres, une tache rousse ordinairement peu distincte ; très commun partout. — *A. guttatus*, 8 mill., présente deux taches sur chaque élytre ; les bords du corselet sont étroitement roussâtres, les pattes d'un ferrugineux obscur. D'autres sont roussâtres ou brunâtres en dessous : *A. bipunctatus*, 9 mill., corselet avec 2 taches noires, élytres couvertes de petites taches noires irrégulières. — *A. paludosus*, 6 mill., corselet, noir avec les côtés largement ferrugineux, élytres brunes, plus claires à la base, le long de la suture et du bord externe, pattes antérieures rougeâtres. Enfin, chez d'autres, les élytres sont brunes ou noires avec des taches ou bandes jaunes : *A. maculatus* (Pl. IV, fig. 61), 8 mill., ovalaire, noir, corselet jaunâtre avec une bande noire sur les bords antérieur et postérieur, élytres ayant à la base une bande transversale d'un jaune pâle et deux bandes longitudinales de même couleur, très variables et interrompues. — *A. femoralis*, 6 mill., d'un brun noir, bords latéraux du corselet et des élytres, antennes et pattes d'un roux ferrugineux.

Les **Noterus** à corps très convexe, très rétréci en arrière, très lisse, ont des antennes courtes, épaisses, comprimées, les 4 premiers articles très petits ; dernier article des palpes maxillaires presque aussi long que les autres réunis, et des labiaux grands, larges, échancrés. *N. crassicornis*, 4 mill., d'un roux clair, très brillant, élytres d'un brun clair, très légèrement irisées, à lignes peu régulières d'assez gros points. — *N. semipunctatus*, 5 mill., d'un testacé brillant, élytres d'un brun clair, très légèrement irisées, couvertes de points enfoncés, à peine en ligne à la base, irrégulières en arrière. — *N. lævis* (Pl. IV, fig. 62), 4 1/2 mill., d'un testacé brillant, élytres d'un brun assez clair, à peine irisées, n'ayant que quelques points écartés, petits, irréguliers.

Les **Laccophilus** sont bien moins convexes, moins atténués en arrière, les antennes sont grêles, et le dernier article des palpes labiaux est allongé, aciculaire. *L. interruptus*, 5 mill., d'un roux testacé, élytres d'un roux un peu verdâtre, avec le bord externe et quelques taches très pâles. — *L. minutus* (Pl. IV, fig. 63), 4 3/4, tête et corselet d'un testacé verdâtre, le dernier fortement prolongé en pointe au milieu du bord postérieur, élytres d'un brun verdâtre, avec quelques taches et lignes interrompues, irrégulières, très pâles. — *L. testaceus*, 5 mill., assez largemeut arrondi en arrière, testacé, milieu du bord postérieur du corselet à peine prolongé en pointe mousse, élytres couvertes de taches noirâtres très rapprochées. — *L. variegatus*, 4 mill., oblong, atténué en arrière, d'un roux testacé, élytres couvertes de taches irrégulières noirâtres, serrées, bord externe et 2 taches roussâtres ; moins commun que les précédents.

Le g. **Hydroporus**, le plus nombreux de la famille, renferme des insectes généralement de petite taille, de forme et de coloration très variées et qui se distinguent des genres voisins par les crochets des tarses postérieurs égaux. Les uns sont courts avec la tête rebordée en avant: *H. reticulatus*, 3 mill., ovalaire, très ponctué, d'un roux testacé, corselet bordé étroitement de noir en avant et en arrière, élytres ayant chacune, outre la suture, 4 lignes noires plus ou moins confluentes.— *H. inæqualis*, 3 mill., d'un roux ferrugineux, brillant, très ponctué, et postérieur du corselet noir au milieu, côté interne de la base des élytres, une large bande suturale sinuée et une tache arquée en dedans du bord externe noir. — *H. decoratus*, 2 1/2 mill., d'un roux ferrugineux, brillant, ponctué, corselet obscurci en avant et en arrière, élytres brunâtres ayant le bord externe et 2 taches transversales testacées ; Nord. D'autres ont deux carènes tranchantes sur les élytres : *H. bicarinatus*, 2 1/2 mill., oblong, un peu déprimé en dessus, d'un jaunâtre très clair, corselet marginé de noir en avant et en arrière, ayant de chaque côté un petit pli oblique ; élytres courtes, base, sutures et deux bandes transversales noires. D'autres présentent, à la base du corselet, de chaque côté, une strie qui se prolonge sur les élytres : *H. geminus*. 2 1/2 mill., oblong, un peu déprimé, noir, corselet rougeâtre au milieu, élytres pâles, avec la base, la suture et une large bande transversale dentelée, noire ; très commun. — *H. minutissimus*, 2 millim,. oblong, un peu parallèle, finement ponctué, d'un jaune testacé, corselet un peu obscurci en avant et en arrière, base des élytres, suture et 2 bandes transversales ondulées noirâtres, atteignant la suture et non les bords ; Midi, Pyr. — *H. unistriatus*, 2 mill., ovalaire, convexe, tête noire, corselet roux, noirâtre en avant et en arrière, élytres d'un brun noirâtre marbrée de roux, fortement et densément ponctuées, dessous noir, pattes rousses. La strie du corselet est entière, mais ne se prolonge pas chez : *H. pictus*, 2 1/2 mill., ovalaire, très convexe, finement pointillé, tête roussâtre, corselet d'un brun noir largement rougeâtre sur les côtés, élytres brunes avec le bord externe et une large bande arrondie d'un testacé pâle, dessous et pattes d'un roux clair. — *A. varius*, 2 1/2 mill., oblong, un peu convexe, légèrement pubescent, très finiment et lâchement ponctué, noir, corselet, largement bordé de roux, élytres testacées avec la suture, une tache humérale, une autre sur le disque et une ligne étroite le long du bord externe, noires ; commun partout. — *H. flavipes*, 2 3/4 mill., allongé, atténué en arrière, presque noir, élytres ayant le bord externe et 4 lignes testacées, ainsi que les côtés du corselet ; commun. — *H. meridionalis* plus petit, plus convexe, élytres coloriées de la même manière, corselet rougeâtre, rembruni en avant et en arrière ; Midi. — *H. granularis*, 2 1/2 mill., oblong, noir, pattes et bordure du corselet roux, élytres à peine atténuées en arrière, ayant chacune 2 lignes longitudinales rousses, la 2e contournant l'élytre et se terminant en arrière par une dilatation ; une 3e courte, étroite, le long du bord externe. La strie du corselet est courte chez les espèces suivantes, propres aux montagnes, ayant le corps jaunâtre ou fauve avec des lignes noires sur les élytres : *H. Davisii*, 4 1/2 mill., d'un roussâtre pâle, dessous noir, sommet de la tête et un chevron bord antérieur du corselet et une bande ondulée à la base noirs, ainsi que la suture des élytres et 6 lignes n'atteignant ni la base ni l'extrémité, les externes souvent réunies en arrière ; H.-Pyr. — *H. septentrionalis*, 3 1/2 mill., ovalaire, tête ayant 3 taches brunes, 4 taches noires sur le corselet, plus ou moins confluentes élytres ayant la suture et 7 lignes noires n'atteignant ni la base ni l'extrémité, s'élargissant plus ou moins; Grande-Chartreuse, Pyr. —*H. Sanmarkii,* 3 mill., ovale, court, jaunâtre, dessous noir, tête à peine brune au sommet, ainsi que le milieu du corselet, élytres ayant la suture et 5 lignes noires n'atteignant ni la base ni l'extrémité, souvent confluentes; Grande-Chartreuse, Pyr. Chez les autres, plus nombreux, il n'y a ni carènes, ni stries communes au corselet et aux élytres: *H. duodecimpustulatus* (Pl. V, fig. 64), 6 mill., le plus grand du genre, oblong, d'un roux testacé, corselet noir à la base et au bord antérieur, élytres noires, ayant chacune 6 taches testacées. — *H. halensis*, 4 1/2 mill., ovalaire, d'un gris testacé, corselet étroitement bordé de noir en avant et en arrière, 2 taches au milieu; élytres ayant, outre la suture, 5 ou 6 lignes noires, réunies de place en place par des taches.— *A. picipes*, 5 mill., oblong, couvexe, ponctué, d'un roux testacé foncé, dessous noir, corselet noir à la base, élytres d'un brun roussâtre, ayant chacune 4 lignes noires peu visibles et 4 lignes ponctuées assez courtes. — *H. palustris*, 4 mill., ovalaire, peu convexe, pubescent à peine brillant, brun, tête rougeâtre, corselet largement bordé de roux, élytres ayant 3 taches rousses, parfois réunies en partie, pattes ferrugineuses.— *H. lineatus,* 3 4/5 mill., oblong, convexe, pubescent, d'un roux testacé à peine brillant, élytres ayant, outre la suture, 4 lignes brunes entières et une externe courte.

Les **Hyphydrus** sont presque globuleux et diffèrent en outre du genre précédent par les crochets des tarses postérieurs égaux; ils sont très bombés en dessous et leur métasternum est extrêmement développé. *H. ovatus*, 4 à 5 mill., d'un testacé un peu rougeâtre, presque mat ; dessous du corps et pattes beaucoup plus clairs ; densément et irrégulièrement ponctué ; élytres plus foncées à la base. — *H. variegatus* (Pl. V, fig. 65), 4 1/2 mill., même forme, très ponctué, assez brillant, d'un brun foncé, tacheté de roux ; se trouve dans le Midi.

Dans le genre suivant, **Haliplus**, le corps est assez courts, très épais, très convexe en dessous ; l'abdomen est recouvert en grande partie par les hanches postérieures élargies en lames ; le dessous du corps est percé de gros points cerclés de noir, les yeux sont gros, la coloration est d'un jaune pâle avec des linéoles ou des facies noirâtres. *H. elevatus* (Pl. V, fig. 66), 4 mill., oblong, corselet ayant 2 sillons, élytres à stries profondes, très ponctuées, ayant chacune une forte côte saillante ; dans les ruisseaux, sous les pierres.— *H. obliquus*, 3 1/2 mill., tête noirâtre au sommet, corselet noirâtre à la base, élytres à stries sinueuses, à peine ponctuées, ayant des bandes obliquement transversales, formées par des lignes noires.— *H. impressus*, 2 1/2 mill., d'un roux ferrugineux, sommet de la tête et bord antérieur du corselet noirâtres, ce dernier ayant de chaque côté une strie trè courte ; élytres à stries fortement ponctuées, avec des taches ou bandes interrompues noirâtres.

Le g. **Pelobius** est remarquable par la forme épaisse du corps qui est extrêmement convexe en dessus et surtout en dessous, et par la tête complètement dégagée du corselet. *P. Hermanni* (Pl. V, fig. 67), 10 mill., ovalaire, d'un fauve plus ou moins roussâtre, peu brillant, avec les bords antérieur et postérieur du corselet noirs, et une grande tache noirâtre, s'étendant sur la majeure partie des élytres en s'effaçant en arrière; dans les eaux stagnantes, souvent sous la vase desséchée des marais; fait entendre une petite stridulation bien distincte produite par le frottement de l'abdomen contre l'extrémité des élytres.

FAMILLE DES GYRINIDES

OU TOURNIQUETS

Corps ovalaire, plat en dessous, pattes antérieures très grandes ; les intermédiaires et les postérieures très courtes, très comprimées, les premières notablement écartées des antérieures, yeux coupés en 2 parties nettement séparées. Antennes très courtes, 3e article élargi en oreillette, les suivants très serrés. Palpes au nombre de 4 seulement.

Ces insectes vivent dans l'eau, comme les Dytiscides, mais ils se tiennent presque toujours à la surface, où ils décrivent mille détours avec une prodigieuse rapidité. Lorsqu'on les saisit, ils exsudent un liquide laiteux extrêmement fétide.

Le type de cette famille est le g. **Gyrinus** ; l'espèce la plus commune est le *G. natator* (Pl. V, fig. 68), 6 mill., ovalaire, convexe, d'un noir vernissé, un peu bleuâtre avec le labre et l'épistome d'un bronzé obscur, les élytres à lignes ponctuées, avec les bords latéraux bronzés, le bord réfléchi, la bouche, les pattes et l'extrémité de l'abdomen d'un roux testacé. — *G. marinus*, 6 à 7 mill., ressemble beaucoup au précédent, mais le bord réfléchi des élytres et l'extrémité de l'abdomen sont d'un noir brillant. — *G. bicolor*, 8 mill., allongé, subparallèle, convexe, même coloration que le *natator*. — *G. striatus*, 6 1/2 mill., oblong, ovalaire, peu convexe, d'un brun olivâtre, largement bordé de roux testacé, élytres à suture bronzée et à stries d'un gris glauque ; bouche, poitrine, pattes et dernier segment de l'abdomen d'un roux testacé ; Centre et Midi de la France.

FAMILLE DES HYDROPHILIDES

OU PALPICORNES

Insectes de faciès et de mœurs très différents, mais ayant tous pour caractères les palpes maxillaires aussi longs ou plus longs que les antennes, celles-ci de 6 à 9 articles, les premiers en massue de 3 à 5 articles ; ils ont 4 palpes, des pattes parfois comprimées et natatoires, souvent robustes et épineuses, et des tarses de 5 articles. Plusieurs sont aquatiques et nageurs ; d'autres rampent dans la vase et la boue ou s'accrochent aux pierres submergées ; d'autres, enfin, moins nombreux, vivent dans les matières excrémentielles, dans les champignons et dans les détritus végétaux.

I. 1er article des tarses postérieurs très court. Insectes aquatiques.
A. 2e article des tarses postérieurs le plus long. Corps lisse. Corselet aussi large à la base que les élytres . . . . HYDROPHILIENS.
B. Dernier article des tarses postérieurs le plus long. Corps rugueux. Corselet plus étroit à la base que les élytres . . . . . . HÉLOPHORIENS.
II. 1er article des tarses postérieurs le plus long. Insectes terrestres. . . . . SPHÉRIDIENS.

1re Tribu. — Hydrophiliens.

A. Tarses postérieurs comprimés pour la natation. Sternum prolongé postérieurement en épine.
a. Corps de grande taille, atténué en arrière. Epine sternale dépassant fortement les hanches postérieures. . . . . HYDROPHILUS.
b. Corps assez petit, arrondi en arrière. Epine sternale ne dépassant pas les hanches postérieures . . . . HYDROUS.
B. Tarses postérieurs non comprimés. Pas d'épine sternale.
a. Antennes de 9 articles. Ecusson triangulaire.
* Dernier article des palpes maxillaires plus long que le 3e . . . . HYDROBIUS.
** Dernier article des palpes maxillaires plus court. . . . . PHILHYDRUS.
b. Antennes de 8 articles. Ecusson en triangle allongé . . . . BEROSUS.

Les **Hydrophilus** sont au nombre des plus grands coléoptères de nos pays ; ils sont ovalaires, convexes en dessus, plats en dessous, leur tête large est un peu inclinée, leur corselet trapézoïdal ou largement échancré en avant ; leurs élytres sont un peu acuminées en arrière ;

leur prosternum est vertical, sillonné ; la pointe sternale, très aiguë, dépasse les trochanters postérieurs ; leurs tarses postérieurs sont, comme dans le genre suivant, comprimés pour la natation. *H. piceus* (Pl. V, fig. 69), 40 mill., d'un brun très foncé, un peu olivâtre, très brillant en dessus, presque mat en dessous ; élytres ayant des stries fines, mais plus fortes et profondes à l'extrémité, les intervalles alternativement un peu convexes en arrière ; abdomen caréné ; commun dans les mares et les rivières. — *H. aterrimus*, 35 mill., diffère par la taille plus petite et l'abdomen caréné seulement à l'extrémité ; Alsace.

Les **Hydrous**, plus courts et plus convexes, ne sont pas atténués en arrière, le prosternum est en carène tranchante, la carène sternale s'arrête au milieu des hanches intérieures, la pointe ne dépasse pas les hanches postérieures. *H. caraboides* (Pl. V, fig. 70), 15 mill., d'un noir à peine verdâtre, brillant, corselet ponctué sur les côtes et aux angles antérieurs ; élytres arrondies en arrière, à stries très ponctuées ; très commun. — *H. flavipes*, 12 mill., ne diffère guère que par les pattes rousses, base des cuisses et genoux noirâtres ; Fr. mér.

Les insectes suivants sont de petite taille, ovalaires, vivant dans l'eau, où ils se traînent, la forme des pattes les rendant mauvais nageurs.

Les **Hydrobius** ont le corps ovalaire convexe, les palpes maxiliaires longs et grêles, le mésosterum étroitement caréné, les 4 tarses postérieurs à peine comprimés, ciliés. *H. fuscipes* (Pl. V, fig. 71), 6 à 7 mill., d'un brun noir, parfois olivâtre, billant; corselet fortement ponctué sur les côtés ; écusson ponctué, élytres à stries fortement ponctuées, intervalles finement et densément ponctuées, ayant alternativement une rangée de plus gros points ; pattes rousses ; très commun. — *H. bicolor*, 5 mill., finement ponctué, d'un jaune testacé, tête noire avec une tache jaune ; élytres à lignes ponctuées à peine visibles à la base, ayant parfois une tache brune aux épaules ; abdomen et pattes bruns. — *H. æneus*, 2 1/2 mill., très convexe, densément ponctué, d'un brun verdâtre brillant, élytres sans stries, la suturale même effacée en avant.

Les **Philhydrus** ont le corps plus oblong, médiocrement convexe, et le dernier article des palpes maxillaires est plus court que le précédent. *P. marginellus*, 3 mill., densément et finement ponctué, d'un brun noir, corselet fauve sur les côtés, élytres à strie suturale effacée en avant, fauves sur les côtés. — *P. lividus*, 4 à 6 mill., à peine convexe, densément ponctué, d'un brun testacé, front noir, corselet tacheté, élytres ayant chacune 3 lignes de points à peine marqués.

Les **Berosus** ont le corps ovalaire, extrêmement convexe, les jambes postérieures sont ciliées en dessous ; l'écusson est long et pointu. *B. æriceps*, 5 mill., d'un roux grisâtre, tête d'un vert bronzé, corselet très ponctué, ayant deux larges bandes d'un vert bronzé, élytres ponctuées et striées ; très commun dans toutes les mares.

2e Tribu. — Hélophoriens.

A. Abdomen de 5 segments.
a. Corselet large, sillonné longitudinalement. Antennes de 9 articles. . . . . HELOPHORUS.
b. Corselet aussi long ou plus long que

large, creusé de fossettes. Antennes de 7 articles . . . . HYDROCHUS.
B. Abdomen de 6 segments.
a. Palpes maxillaires médiocrement longs, dernier article plus court et plus grêle que l'avant-dernier. . . . . OCHTHEBIUS.
b. Palpes maxillaires très longs et très grêles, dernier article plus long et moins grêle que l'avant-dernier . . . . HYDRÆNA.

Ces insectes sont remarquables par la forme du corselet, qui est un peu rétréci en arrière, creusé de fossettes ou sillonné ; les uns, peu nombreux, vivent dans la terre humide, les autres se traînent dans les eaux stagnantes, beaucoup restent accrochés aux pierres ou aux morceaux de bois submergés.

Les **Helophorus** sont peu convexes, le dernier article des palpes maxillaires est plus long que l'avant-dernier, leur abdomen est de 5 segments ; leur corselet, creusé de sillons sinueux, est transversal et plus large que la tête, les élytres ont souvent des côtes. *H. rugosus*, 5 mill., d'un testacé pâle, tête d'un brun rouge, corselet finement granuleux, avec 4 côtes élevées, réunies en avant, les médianes interrompues au milieu ; élytres marbrées de taches noirâtres, fortement carénées. — *H. grandis* (Pl. V, fig. 72), 6 mill., d'un vert ou d'un gris bronzé, corselet à 6 côtes pubescentes, ponctuées, élytres d'un testacé grisâtre, marbrées de taches noires, à stries ponctuées, intervalles alternativement un peu convexes. — *H. aquaticus*, 2 1/2 mill., tête et corselet d'un vert bronzé, élytres d'un testacé obscur, ordinairement à reflets métalliques, corselet à 6 côtes granuleuses, élytres à profondes stries ponctuées, intervalles un peu relevés alternativement.

Les **Hydrochus** ont le corps allongé, métallique, la tête un peu plus large que le corselet, celui-ci oblong, à fossettes, les élytres sont oblongues, plus larges que le corselet ; leurs pattes sont courtes et grêles. *H. elongatus* (Pl. V, fig. 73), 4 1/2 mill., d'un noir bronzé ou d'un vert métallique, corselet à 5 fossettes, élytres à stries ponctuées et crénelées, les intervalles relevés alternativement en côtes. — *H. angustatus*, 2 à 3 mill., même coloration, corselet à 7 fossettes, élytres à stries crénelées, intervalles plans ; assez commun dans les mares.

Les **Ochthebius** ont le corps épais, métallique, ovalaire, assez court, la tête fovéolée, le labre faiblement sinué, le corselet presque cordiforme, sillonné ou fovéolé. *O. pygmæus* (Pl. V, fig. 74), 1/2 mill., d'un brun verdâtre foncé, antennes, palpes et pattes roussâtres, corselet simplement rugueux, cordiforme, ayant un sillon médian et un autre oblique de chaque côté, derrière les yeux ; élytres peu convexes, à stries ponctuées, intervalles convexes et ridés ; dans les eaux stagnantes. — *O. exaratus*, 1 mill., d'un noir brunâtre, élytres rougeâtres, tête à 2 fossettes, corselet fortement rétréci en arrière, surface lisse, avec 2 sillons transversaux unis par un sillon longitudinal, élytres peu convexes, à stries ponctuées.

Les **Hydræna** ont le corps oblong ou allongé, peu convexe, la tête saillante, presque horizontale, le labre échancré, les palpes maxillaires très longs, le corselet plus ou moins hexagonal, obtus sur les côtés, élytres à lignes ponctuées, généralement régulières, extrémité formant une petite pointe. *H. testacea*, 1 1/2 mill., tête et dessous noirs, le reste testacé, corselet rugueusement ponctué, ayant à la base une impression transversale. —

H. riparia (Pl. V, fig. 75), 2 1/5 mill., noire, élytres plus claires, antennes, palpes et pattes roussâtres, corselet plus clair sur les côtés, assez fortement ponctué, élytres à lignes de points presque carrées.

3e Tribu. — Sphéridiens.

A. Métasternum avancé en lame entre les hanches intermédiaires	CYCLONOTUM.
B. Métasternum simplement angulé en avant.	
a. Antennes de 8 articles, massue peu serrée.	SPHOERIDIUM.
b. Antennes de 9 articles, massue serrée . .	CERCYON.

Ce sont, sauf une exception, des insectes terrestres, à corps brièvement ovalaire ou presque hémisphérique, le corselet est aussi large à la base que les élytres et se rétrécit en avant, les antennes ont 8 ou 9 articles, le 2e article des palpes maxillaires est renflé ou ovalaire.

Les **Cyclonotum** seuls vivent dans l'eau ; leur corps est court, arrondi ou presque tronqué en arrière, le mésosternum est saillant entre les hanches intermédiaires. *C. orbiculare* (Pl. V, fig. 76), 3 à 5 mill., très convexe ; d'un noir brillant, densément ponctué, élytres à strie suturale effacée en avant.

Les **Sphœridium** ont une forme presque semblable, mais moins convexe ; leur mésosternum n'est pas saillant en arrière, leurs antennes ont 8 articles, et le 1er article des tarses postérieurs est aussi long que les suivants réunis ; ils vivent dans les bouses et sont noirs, tachetés de rouge ou de jaune. *S. scarabœoide* (Pl. V, fig. 77), 5 à 6 mill., d'un noir brillant, densément et finement ponctué, élytres aussi larges que le corselet, obtuses à l'extrémité, ayant chacune une grande tache rouge aux épaules et une tache lunulée jaune en arrière ; très commun. — *S. bipustulatum*, plus petit, à corselet bordé de jaune, ainsi que les élytres qui ont en outre, à l'extrémité, une tache lunulée, jaune, et souvent une tache humérale rouge.

Les **Cercyon**, plus petits, sont plus ovalaires et plus convexes, leurs antennes ont 9 articles, le 1er article des tarses postérieurs est à peine aussi long que les 3 suivants réunis. On les trouve dans les bouses, dans les détritus végétaux, sous les feuilles humides, etc. *C. hæmorrhoidale*, 2 1/2 à 3 1/2 mill., densément et finement ponctué, noir, extrémité des élytres d'un rouge brun, remontant parfois vers la base, stries parallèles, intervalles larges ; pattes brunes, cuisses noires. — *C. pygmæum*, 1 1/2 mill., ovale, oblong, noir, brillant, élytres un peu plus larges que le corselet, ponctuées, à 11 stries ponctuées, intervalles déprimés, extrémité et une partie des côtés d'un rouge testacé. — *C. melanocephalum*, 2 à 3 mill., convexe, brillant, densément ponctué, noir, élytres d'un rouge clair, une tache noire, triangulaire, près de l'écusson, se prolongeant sur la suture. — *C. quisquilium*, 2 mill., noir, densément ponctué, élytres jaunes, suture brune. — *C. unipunctatum*, 2 à 3 mill., ovale, noir, ponctué, corselet largement bordé de jaune, élytres d'un jaune rougeâtre, avec une tache commune, cordiforme, noir, pattes jaunes.

FAMILLE DES STAPHYLINIDES

OU BRACHÉLYTRES

Cette famille, très naturelle, est caractérisée par la brièveté des élytres, qui laissent à découvert la plus grande partie de l'abdomen ; ce dernier, à segments très mobiles, cornés et bien distincts les uns des autres, est relevé généralement quand l'insecte marche ; les palpes ne sont plus qu'au nombre de 4, les tarses sont composés généralement de 5 articles ; les antennes sont filiformes et assez courtes. Ces insectes, extrêmement nombreux et le plus souvent de petite taille, vivent de proie vivante ou de matières décomposées ; aussi les trouve-t-on dans les fumiers, les matières excrémentitielles, les cadavres en putréfaction ; beaucoup vivent sous les écorces des arbres, où ils font la chasse aux larves d'autres coléoptères ; quelques-uns enfin sont enterrés dans les sables et les terrains humides, ou se réfugient sous les pierres, ou sont confinés dans les fourmilières et même au milieu des frêlons.

I. Antennes insérées sur le front, au bord interne des yeux.

A. 1er article des tarses postérieurs bien plus long que les suivants. Antennes robustes, grossissant vers l'extrémité . . . . MYRMEDONIA.

B 1er article des tarses postérieurs pas plus long que le 2e. Antennes assez grêles. . . HOMALOTA.
II. Antennes insérées sur le bord antérieur de la tête.
A. Antennes filiformes ou moniliformes, parfois un peu épaissies, mais non en massue. Dernier article des palpes bien visible.
* Corselet nullement rebordé sur les côtés. Antennes insérées sous le rebord latéral du front . . . . QUEDIUS.
** Corselet rebordé latéralement. Antennes insérées en dedans de la base des mandibules.
† Antennes moniliformes. Corps pubescent, languette échancrée . . . . STAPHYLINUS
†† Antennes à articles obconiques. Corps rarement pubescent, languette entière . . PHILONTHUS.
B. Antennes grossissant en massue . . . . . STENUS.
III. Antennes insérées sous les bords latéraux du front.
A. Pas d'ocelles. Elytres très courtes.
a. Dernier article des palpes acuminé.
* Corps cylindrique, bleu et rouge. . . . . POEDERUS.
** Corps déprimé. Corselet et élytres finement striolés. . . . . OXYTELUS.
b. Dernier article des palpes luniforme. Corps épais. OXYPORUS.
B. Des ocelles, élytres longues.
a. Ocelles un peu en arrière des yeux. Jambes très finement épineuses . . . . OMALIUM.
b. Ocelles un peu en avant des yeux. Jambes pubescentes ou ciliées. . . . . ANTHOBIUM.

Le g. **Myrmedonia** se compose uniquement d'espèces ayant ces dernières habitudes ; leurs antennes sont assez fortes, épaissies vers l'extrémité, le corselet est presque toujours sillonné au milieu, l'abdomen est fortement rebordé sur les côtés. *M. canaliculata* (Pl. V, fig. 78), 4 mill., allongée, atténuée en avant, très ponctuée, d'un jaune roussâtre assez brillant, surtout sur l'abdomen, qui présente à l'extrémité une large bande brune ; élytres plus courtes que le corselet ; vit avec les fourmis rouges ; très commune dans les prairies, sous les feuilles, dans les bois. — *M. humeralis*, 5 mill., plus large, parallèle, d'un brun noir luisant, corselet roux avec le disque brun, élytres ayant une tache humérale rousse, pattes rousses, une impression sur le front et le milieu du corselet ; commune dans les nids des fourmis rousses et noires, dans les bois.

Les **Homalota**, genre extrêmement nombreux, diffèrent par leurs antennes moins fortes et le 1er article des tarses postérieurs pas plus long que le 2e ; le corselet est plus atténué en arrière, l'abdomen est généralement un peu rétréci à l'extrémité ; leurs mœurs sont extrêmement variées. *H. lividipennis*, 2 1/2 mill., d'un noir mat, densément et finement ponctuée, à pubescence soyeuse, antennes épaisses, plus longues que la tête et le corselet, ce dernier arrondi à la base et sur les côtés, élytres à peine plus longues que le corselet, d'un roussâtre clair avec une tache brunâtre triangulaire autour de l'écusson ; très commune dans les fumiers et les champignons.

Quand on renverse sur une nappe un de ces cryptogames, on en voit sortir une fourmilière de petits coléoptères de la famille des Staphylins ; les plus petits, roux, avec une tache brune transversale sur l'abdomen, sont les **Gyrophœna**, leurs yeux sont assez saillants, leurs antennes grêles ; les moyens sont des **Aleochara**, au corps brun ou noir, épais, aux antennes courtes, épaisses, à l'abdomen fortement rebordé, très convexe en dessous ; on les trouve aussi très fréquemment sur les cadavres à moitié désséchés. A ces insectes se joignent les **Tachyporus**, au corps convexe, très brillant, au corselet un peu plus large que les élytres, à l'abdomen rétréci assez fortement vers l'extrémité et à coloration noire avec les élytres d'un rouge brique ; les **Boletobius**, d'un jaune paille, avec les élytres noires, à tache humérale blanchâtre et une bande noire transversale sur l'abdomen ; les **Mycetoporus**, de même forme, d'un noir brillant, avec les élytres d'un rouge foncé.

Dans les 3 derniers genres, l'abdomen ne se relève pas.

Les **Quedius** se distinguent des genres suivants par leur abdomen plus atténué à l'extrémité et traînant à terre quand l'insecte marche ; leur corselet est plus arrondi, la tête est moins rétrécie à la base. *Q. dilatatus* (Pl. VI, fig. 79), 15 mill., large, d'un noir peu brillant, corselet et abdomen à reflets soyeux, élytres mates ; antennes courtes et larges, dentées en scie. Cet insecte exhale une odeur musquée assez forte et ne vit qu'au milieu des frêlons. — *Q. lateralis*, 10 à 12 mill., assez large, noir, tête, corselet et écusson très brillants, antennes grêles, 1er article roux, bord réfléchi des élytres roux ; commun dans les champignons.

Le g. **Staphylinus** renferme les plus grands insectes de la famille ; ce sont aussi les plus carnassiers ; leur grande tête, aussi large ou plus large que le corselet, est armée de fortes mandibules en forme de faucilles ; les antennes sont écartées à la base et rapprochées des yeux qui sont petits et peu saillants, leur corps est allongé, plus ou moins parallèle, leur abdomen, fortement rebordé, se relève lorsqu'on menace l'insecte, et alors il fait sortir du dernier segment deux petites vessies arquées, blanchâtres, qui exhalent une odeur forte, un peu acide. *S. hirtus*, appelé, par Geoffroy, le Staphylin bourdon, 20 mill., noir, très velu, avec la tête, le corselet, sauf le bord postérieur et les 3 derniers segments de l'abdomen, d'un jaune doré, moitié postérieure des élytres d'un cendré obscur, dessous d'un noir violet; sur les fumiers. — *S. maxillosus* (Pl. VI, fig. 80), 13 mill., d'un noir luisant, élytres ayant une large bande transversale dentelée, d'un gris cotonneux avec quelques points noirs, abdomen tacheté de gris; commun dans les fientes et les cadavres en putréfaction; répand une odeur un peu musquée. — *S. nebulosus*, 12 à 15 mill., noir, couvert d'une pubescence cendrée, couchée, serrée, avec des fascies nébuleuses rousses; angles intérieurs du corselet pointus, écusson ayant une grande tache d'un noir velouté; à la base de chaque segment abdominal une fascie soyeuse, argentée. — *S. cæsareus*, 15 à 20 mill,, d'un noir mat, tête densément et finement ponctuée, antennes rousses, corselet arrondi à la base, finement caréné au milieu, écusson velouté, élytres rousses; abdomen avant le bord postérieur du 1er segment et une tache latérale sur les 4 suivants, d'un velouté doré; très commun partout. — *S. chalcocephalus*, 13 mill., noir, tête et corselet bronzés, densément ponctués, tête presque triangulaire, corselet un peu rétréci en avant, ayant à la base, au milieu, une petite carène lisse, écusson d'un noir velouté; élytres rousses, abdomen ayant sur la base des 4 premiers segments 2 taches et sur les 2 derniers une fascie d'un blanc velouté. — *S. olens*, 18 à 27 mill., appelé *le Diable* dans les campagnes, entièrement d'un noir mat, avec l'extrémité des antennes roussâtres; tête plus large que le corselet, en carré arrondi; très commun partout. — *S. cyaneus*, 15 à 20 mill., d'un noir presque mat, bleuâtre sur la tête, le corselet et les élytres, tête presque orbiculaire, souvent plus large que le corselet, écusson d'un noir velouté; très commun. — *S. morio*, 12 mill,, allongé, d'un noir mat, tête densément et finement ponctuée, avec une petite ligne lisse au milieu; corselet finement ponctué, avec une ligne élevée, lisse.

Les **Philonthus** sont des Staphylins à la tête plus petite, lisse, ainsi que le corselet, et ce dernier a presque toujours des séries de points assez gros; ils sont très nombreux et vivent sous les feuilles mortes, sous les déjections des ruminants, dans les fumiers, etc. *P. æneus*, 8 à 10 mill., noir, tête et corselet arrondi à la base, rétréci en avant, avant au milieu deux séries de 3 gros points; élytres densément ponctuées, abdomen très finement ponctué. — *P. cyanipennis* (Pl. VI, fig. 81), 9 à 10 mill., noir brillant, élytres d'un beau bleu d'acier ou violettes, émission densément ponctué; dans les gros champignons en décomposition.

Les **Stenus** sont de petits insectes cylindriques, courant avec vivacité au bord des eaux; leur tête, munie de gros yeux et débordant le corselet, rappelle celle des Cicindèles; leurs antennes sont courtes et très grêles, grossissant à l'extrémité; leurs corps est fortement et densément ponctué, d'un noir plus ou moins plombé; quelques-uns vivent dans les fourmillières, d'autres sous les feuilles humides, sous les mousses, etc. — *S. biguttatus*, 4 1/2 mill., d'un noir bronzé brillant, élytres ayant chacune au milieu une tache jaune, ronde. — *S. Juno*, 4 à 5 mill., d'un noir mat; abdomen brillant, base de chaque segment carénée longitudinalement.

Les **Pæderus** rappellent les *Stenus* pour la forme cylindrique, les mœurs et la rapidité des mouvements; mais leurs antennes sont bien plus longues et filiformes, le corselet est presque globuleux, la tête n'est pas creusée entre les yeux, qui sont moins saillants; enfin, leur coloration est d'un jaune rouge et bleu d'acier. *P. littoralis* (Pl. VI, fig. 82), 7 à 9 mill., d'un bleu noir, corselet, base de l'abdomen et antennes d'un testacé rougeâtre, ces dernières tachées de brun au milieu, pattes testacées, extrémité des cuisses noirâtre. *P. ruficollis*, 7 mill., entièrement d'un bleu d'acier, avec le corselet d'un jaune rougeâtre.

C'est dans les champignons qu'on trouve les **Oxyporus**, à corps épais, à grosse tête et à mandibules saillantes, aiguës; ils se distinguent par le dernier article des palpes labiaux en forme de croissant et leurs mandibules robustes, saillantes. *O. rufus* (Pl. VI, fig. 83), 7 mill., noir, corselet et abdomen d'un rouge jaune, extrémité de ce dernier noire, élytres ayant une grande tache humérale rousse. — *O. maxillosus*, 7 mill., testacé, tête, corselet et poitrine d'un brun noir, élytres ayant une grande tache noire à l'angle externe; abdomen rougeâtre, parfois noirâtre; dans le Nord et l'Est de la France.

Les **Oxytelus** ont le corps déprimé, le corselet creusé de sillons, dentelé sur les côtés, la tête ridée, rétrécie à la base, les antennes un peu coudées, les élytres aplaties, très finement striolées en long, les jambes épineuses. On les trouve soit dans les excréments, soit dans les matières végétales en décomposition; ils volent souvent le soir, au coucher du soleil, et quand un petit insecte vous tombe dans l'œil, vous pouvez être sûr que, 9 fois sur 10, c'est un petit *Oxytelus*. *O. rugosus* (Pl. VI, fig. 84), 4 1/2 mill., noir, brillant, tête sillonnée de chaque côté, corselet finement denticulé sur les côtés, pattes d'un brun roux. — *O. complanatus*, 2 mill., d'un noir mat, tête très finement striolée, corselet non dentelé latéralement, très finement et densément strié; pattes testacées.

Les **Omalium** et les **Anthobium** vivent, en général, sur les fleurs, les premiers moins que les seconds, et se distinguent de tous les groupes précédents par la présence des deux yeux lisses, ou points brillants, au milieu du front; mais, en outre, les élytres sont bien plus longues et ne laissent plus à découvert que l'extrémité de l'abdomen, qui ne peut plus se relever; leurs tarses postérieurs ont les 4 premiers articles courts et à peu près égaux. Les **Omalium** ont les jambes très finement épineuses et les 4 premiers articles des tarses postérieurs simples; les ocelles sont, en outre, placés un peu en arrière des yeux. *O. rivulare* (Pl. VI, fig. 85), 2 à 3 mill., d'un noir brillant, tête ponctuée, avec 4 fossettes, corselet arrondi, moins large que les élytres, marqué de 2 fossettes; élytres 2 fois aussi longues que le corselet, fortement ponctuées, déprimées sur la suture, d'un brun noir; pattes testacées; se trouve sur les fleurs. — *O. striatum*, 2 mill., ovalaire, noir, brillant, pattes testacées, tête peu ponctuée, avec 2 faibles impressions, corselet à angles postérieurs droits, disque à peine impressionné, élytres densément ponctuées, striées noires ou brunes. — *O. florale*, 3 1/2 mill., noir brillant; pattes rousses, antennes courtes, épaisses, tête ayant à la base 2 petites stries et en avant 2 fossettes, corselet densément ponctué, à fossettes peu visibles; élytres assez déprimées, à peine 2 fois aussi longues que le corselet, densément et rugueusement ponctuées; dans les bouses, les matières animales en putréfaction; se prend assez souvent dans les maisons.

Les **Anthobium**, plus spéciaux aux fleurs, ont les jambes simplement pubescentes ou ciliées, les tarses postérieurs élargis et les ocelles placés un peu plus en avant; ils sont beaucoup plus nombreux dans les montagnes. *A. florale*, 2 à 3 mill., noir, brillant, antennes et pattes testacées, tête à 4 fossettes, corselet sans impressions dorsales, presque arrondi, finement ponctué, 2 impressions sur les côtés. — *A. sorbi* (Pl. VI, fig. 86), 1 1/2 mill., d'un jaune roussâtre pâle, un peu brillant, élytres et pattes plus claires, tête ayant 2 fossettes, corselet à peine ponctué, élytres arrondies à l'extrémité, densément ponctuées.

A la suite des Staphylinides se place la famille des Psélaphides, qui ont également les élytres beaucoup plus courtes que l'abdomen; mais ce dernier est entièrement corné, composé seulement de 5 segments et ne peut se relever, leurs palpes sont longs, présentent souvent des dilatations singulières, les tarses n'ont plus que 3 articles et leurs crochets sont souvent uniques.

Ce sont des insectes de très petite taille, vivant sous les feuilles mortes, dans les mousses, au bord des mares, très souvent dans les fourmillières; leur démarche est assez lente.

Le g. **Pselaphus** a le corps assez grêle, atténué en avant, les antennes assez longues, épaissies à l'extrémité, les palpes presque aussi longs que les antennes, le dernier article renflé en masse. *P. Heisei* (Pl. VI, fig. 87), 2 mill., d'un roussâtre brillant, corselet étroit, uni, élytres s'élargissant de la base à l'extrémité, ayant une strie saturale et une autre, assez courte, vers les épaules ; assez commun dans les détritus végétaux, au bord des mares.

Les **Bryaxis** sont plus ovalaires, plus courtes, très convexes, leurs antennes, insérées sous le rebord du front, grossissent vers l'extrémité, le dernier article est gros, les palpes sont aussi longs que la tête, le dernier article est ovalaire ; presque tous vivent dans les endroits humides, sous les feuilles mortes. *B. sanguinea*, 2 mill., d'un noir brillant, élytres rouges, corselet fortement arrondi sur les côtés, ayant vers la base 3 fossettes réunies par une strie. — *B. impressa*, 2 mill., d'un noir brillant, élytres d'un rouge sombre, corselet presque globuleux, ayant à la base deux fossettes, et un point entre les deux, élytres très élargies en arrière.

Les **Claviger** sont très remarquables par leur tête cylindrique, privée d'yeux, à antennes courtes, épaisses, cylindriques, de 6 articles, et par leurs élytres très courtes, terminées par un pinceau de poils; ils vivent en societé avec les fourmis. *C. testaceus* (Pl. VI, fig. 88), 2 mill., d'un roux brillant, antennes pas plus longues que la tête, 3e, 4e et 5e articles beaucoup plus larges que longs; abdomen ayant à la base une large et profonde impression, les 3 premiers segments soudés; dans les fourmillières placées sous les pierres poreuses; assez rare dans le Centre de la France, plus commun sur les côteaux, près de Vernon et dans le Midi. Les fourmis paraissent prendre beaucoup de soin de ces insectes; elles lèchent le faisceau de poil qui termine les élytres et qui exsude sans doute une liqueur sucrée.

FAMILLE DES SILPHOIDES

OU BOUCLIERS

Cette famille est caractérisée par la forme des hanches antérieures rapprochées, très saillantes, et des antennes qui grossissent vers l'extrémité, présentant l'aspect soit d'une massue allongée, soit d'une courte branche coudée terminée par un bouton ovalaire ou presque arrondi, composée de lamelles serrées et réunies par une tige centrale, au lieu de se tenir par le bord, comme on le voit chez les Lamellicornes; presque toujours l'abdomen est mobile à l'extrémité et dépasse un peu les élytres, les mandibules sont robustes, assez saillantes; enfin il est à remarquer que très souvent le 7e article des antennes est plus petit que ceux qui l'avoisinent. Leurs tarses sont de 5 articles et les antérieurs sont presque toujours élargis chez les mâles.

I. Trochanters postérieurs saillants en dedans des cuisses.
A. Jambes plus ou moins épineuses.
a. Antennes de 10 articles apparents . . . . NECROPHORUS.
b. Antennes de 11 articles.
* Elytres plus ou moins fortement rebordées . . . . SILPHA.
* Elytres légèrement rebordées. . . . . . . AGYRTES.
B. Jambes non épineuses. . . . . CHOLEVA.
II. Trochanters postérieurs situés dans l'axe des cuisses.
A. Corps oblong ou ovalaire, non contractile. . . . . ANISOTOMA.
B. Corps globuleux contractile en boule. . . LIODES.

Presque tous les insectes de cette famille vivent dans les matières animales et végétales, soit décomposées, soit simplement fermentées ou même desséchées, et remplissent une véritable mission hygiénique en faisant disparaître les cadavres et les substances putréfiées dont les exhalaisons infecteraient l'air.

Il faut citer au premier rang de ces honnêtes croque-morts les **Nécrophores,** grands insectes robustes, au corselet presque carré, tranchant sur les bords, un peu bosselé au milieu; leurs mandibules sont grandes et fortes, leurs antennes coudées et terminées par un bouton lamellé; leurs pattes robustes sont propres à fouir et leurs élytres sont notamment plus courtes que l'abdomen. Les uns sont entièrement noirs avec la bordure renversée des élytres rousses; tels sont les *Necrophorus germanicus* et *humator* : le premier, plus grand, atteint 32 mill.; ses antennes sont entièrement noires; le second ne dépasse pas 20 mill., et la massue de ses antennes est rousse. Les autres ont les élytres d'un rouge testacé avec des bandes noires dentelées, avec la massue des antennes rouge; ce sont les — *N. vespillo*, 15 à 22 mill., dont le corselet est garni en avant de poils veloutés dorés et dont les jambes postérieures sont arquées; le — *N. vestigator* (Pl. VI, fig. 89), 15 à 20 mill., dont le corselet est également velouté et dont les jambes postérieures sont droites. Ce dernier caractère se retrouve chez les *N. fossor* et *sepultor*, dont le corselet est tout a fait lisse. — Enfin le *N. mortuorum*, 14 mill., a la massue des antennes noirâtre et la bande rouge transversale postérieure des élytres est réduite à une tache presque arrondie; plus commun dans les champignons gâtés.

Ces insectes se trouvent dans les cadavres d'animaux et parviennent à enterrer les taupes, mulots, etc., lorsque le terrain n'est pas trop dur; ils déploient dans ce travail une ardeur et une persévérance très remarquables.

Les Boucliers (**Silpha**) sont moins habiles et se trouvent en général dans les mêmes conditions; ils ont les antennes plus longues, droites, grossissant peu à peu vers l'extrémité; leur tête, plus petite, peut rentrer également en partie sous l'abri du corselet, qui est assez grand, souvent inégal au milieu; les élytres, souvent garnies de côtes, laissent également à découvert l'extrémité de l'abdomen; leurs pattes, moins robustes, ne sont pas propres à fouir. Enfin, ces insectes rendent par la bouche, lorsqu'on les saisit, un liquide généralement d'une odeur infecte. La plus grande espèce est le *Silpha littoralis*, 15 à 25 mill., qui se trouve dans les cadavres de chiens, de chevaux, etc., et qui est facilement reconnaissable à ses élytres tronquées, assez longues, presque plates, à fortes côtes saillantes et à ses cuisses souvent très renflées. Les espèces les plus communes sont les suivantes : *S. sinuata*, 10 mill., plane en dessus, d'un noir mat un peu cendré, élytres faiblement carénées, avec l'extrémité tantôt entière, tantôt échancrée. — *S. rugosa*, 10 mill., même forme, mais couverts de petites élévations rondes, lisses, assez serrées. — *S. thoracica* (Pl. VI, fig. 90), 12 à 15 mill., large, à corselet d'un jaune velouté, avec les élytres d'un noir mat, velouté, carénées. — *S. opaca*, 10 mill., d'un brun noir recouvert d'une pubescence soyeuse, d'un gris roussâtre; cette espèce, particulière aux bords de la mer, attaque parfois les betteraves dans le Nord de la France, et le liquide verdâtre qu'elle rend par la bouche n'a pas une odeur infecte. — *S. quadripunctata.* 12 mill., noire, corselet bordé de jaune, élytres jaunes avec 2 gros points noirs sur chacune; cette espèce se trouve dans les taillis de chênes, où elle fait la chasse aux chenilles processionnaires. — *S. tristis* et *obscura*, 14 mill., noirs, presque mats, très ponctués, élytres carénées, la carène externe plus courte chez le second, les intervalles râpeux chez le premier. — *S. nigrita*, 11 à 13 mill., forme et couleur des précédents, en diffère par les élytres, dont les côtés sont à peine saillantes et les intervalles rugueusement ponctués, parsemés de plus gros points; toute la France; on trouve dans les montagnes une variété à élytres d'un marron plus ou moins foncé. — *S. reticulata*, 12 mill., plus court et d'un noir plus foncé, tète et corselet couverts d'une ponctuation extrêmement serrée, élytres à côtes avec des rides transversales. — *S. granulata*, 17 mill., grande espèce propre au Midi, d'un noir assez brillant, corselet presque lisse au milieu, ponctué sur les bords, élytres à carènes presque effacées, l'externe plus saillante, les intervalles finement ponctués, avec de plus gros points écartés.

Deux autres espèces se distinguent par le corselet arrondi en avant et par les antennes à peine épaissies; ce sont : *S. atrata*, 12 mill., d'un noir luisant, assez déprimé, presque rugueusement ponctué, élytres fortement rebordées sur les côtes et à carènes saillantes. — *S. lævigata*, 12 mill., d'un beau noir, très convexe, à ponctuation assez fine et serrée.

Les **Agyrtes** se distinguent par le corps plus étroit, plus convexe, les élytres sans côtes, à peine rebordées, et à stries ponctuées; les antennes sont courtes, épaissies vers l'extrémité ; les pattes sont robustes et les jambes finement épineuses. Des deux espèces, qui ne dépassent pas 4 ou 5 mill., l'une est d'un brun foncé avec les élytres rougeâtres, *A. castaneus*, et l'autre est noire avec les pattes rougeâtres, *A. bicolor*.

Les **Choleva** ou *Catops* sont de petits insectes à antennes longues et grêles, à dernier article des palpes très aigu ; ils sont extrêmement agiles, et on les trouve ordinairement sous les feuilles mortes, sous les mousses, dans les champignons ou même sous les cadavres des petits animaux. Leurs espèces, assez nombreuses, sont difficiles à distinguer ; leur coloration ne varie que du roux foncé au brun noir et leur corps est souvent couvert d'une prumosité légère qui disparaît rapidement. Nous citerons parmi les espèces à corps allongé : *C. angustata* (Pl. IV, fig. 9), 4 à 5 mill., d'un brun foncé avec les pattes et les antennes d'un brun roux, le corselet un peu rétréci en arrière, les élytres légèrement striées, très finement ponctuées ; — *C. cisteloïdes*, plus brun, antennes rembrunies à l'extrémité, corselet également rétréci en avant et en arrière.

Les espèces à corps ovalaire, à antennes plus courtes et plus épaisses, à mésosternum non caréné, sont plus nombreuses. *C. picipes*, 5 mill. convexe, noir, densément et finement ponctué, corselet large, très arrondi sur les côtés, élytres à stries faibles en avant, plus profondes en arrière ; abdomen et pattes bruns, jambes d'un brun roux. — *C. fusca*, 4 mill., en ovale court, d'un brun foncé, densément ponctué, corselet pas plus large au milieu qu'à la base, angles postérieurs pointus, élytres un peu acuminées, à stries visibles en arrière, très faibles en avant. — *C. sericea*, 2 mill., ovalaire, un peu déprimé en dessus, d'un brun fonceé, très soyeux, corselet un peu plus large que long, à peine rétréci en avant, finement striolé en travers, angles postérieurs pointus, saillants en arrière; très commun.

Les **Anisotoma** sont des insectes qui vivent aux dépens de diverses productions cryptogamiques ; tous sont d'une couleur fauve jaunâtre, assez brillants, leurs élytres présentent des stries fortement ponctuées ; chez les ♂ les cuisses sont souvent épineuses en dessous. On trouve assez souvent dans les truffes en décomposition l'*A. cinnamomea*, 5 à 7 mill., remarquable par ses jambes postérieures fortement arquées chez le ♂.

Enfin, le g. **Liodes** présente un facies très différent de celui des autres Silphoïdes ; le corps est globuleux, la tête est large et se renverse en dessous quand l'animal se contracte, les antennes se terminent par une massue allongée de 5 articles, le 2e très petit ; les pattes sont courtes, les jambes finement épineuses et les tarses postérieurs n'ont que 4 articles. Ces insectes sont très brillants et vivent soit sous les écorces soulevées, soit dans les vieux fagots, soit dans des champignons ligneux, au milieu desquels ils paraissent comme de petits globules animés, *L. humeralis* (Pl. VI, fig. 92), 3 mill.. noir, dessous, pattes et côtés du corselet brunâtres, une grande tache rouge à chaque épaule ; élytres finement ponctuées, a stries géminées. — *L. orbicularis*, 2 mill., moins court et plus convexe, entièrement noir, stries des élytres non géminées.

On peut ranger ici les **Scaphidium**, insectes à corps

épais, lisse, à abdomen conique, dépassant les élytres, à antennes en massue, à pattes assez grandes, inermes, avec les jambes postérieures arquées, qui vivent dans les champignons et qui servent de type à une famille spéciale. *S. immaculatum*, 5 mill., entièrement d'un noir luisant. — *S. quadrimaculatum* (Pl. VI, fig. 93), noir brillant, avec 2 taches rouges sur chaque élytre.

FAMILLE DES HISTÉRIDES

Ce sont des insectes courts, presque carrés, épais, de consistance très dure, à coloration d'un noir brillant, parfois bronzée ; leur tête, armée de mandibules robustes et saillantes, est rétractile, ainsi que les antennes, qui sont courtes, coudées, avec le 1er article allongé et la massue courte, solide ; leur corselet, aussi large que les élytres, s'applique étroitement contre elles ; ces dernières, ordinairement striées, laissent à découvert les 2 derniers segments de l'abdomen ; le pygidium est perpendiculaire, le prosternum est large, saillant, les pattes sont contractiles, les jambes antérieures sont dentées, les tarses sont de 5 articles.

Ces insectes, connus vulgairement sous le nom d'Escarbots, vivent dans les matières animales en putréfaction ; quelques-uns sont carnassiers et vivent sous les écorces, où ils font la chasse aux *Acarus* et à d'autres insectes plus petits qu'eux.

I. Prosternum muni en avant d'un lobe saillant, séparé par une suture plus ou moins distincte.
A. Fossettes antennaires situées en avant vers les angles antérieurs du prothorax.
a. Corps plus ou moins oblongo-parallèle déprimé en dessus. . . . . PLATYSOMA.
b. Corps épais, plus ou moins quadrangulaire . . . . HISTER.
B. Fossettes antennaires situées vers le milieu des bords latéraux du thorax . . . . . . DENDROPHILUS.
II. Prosternum sans lobe saillant . . . . . . SAPRINUS.

Les **Platysoma** ont le corps parallèle, oblong, déprimé en dessus, et leurs jambes postérieures n'offrent au dehors qu'une seule rangée de denticules ; ils vivent sous les écorces des chênes et des pins, parfois en familles assez nombreuses. *P. oblongum*, 4 mill., d'un noir luisant, deux fois aussi long que large, élytres striées, les 2 stries dorsales atteignant presque le milieu ; commun sur les pins, dans la forêt de Fontainebleau, les Landes, les Alpes, etc. — *P. depressum* (Pl. IV, fig. 94), de 3 1/2 mill., de moitié seulement plus long que large, strie suturale nulle ; la seconde nulle ou très courte ; sous les écorces des chênes morts.

Les **Hister** ont le corps carré ou ovalaire, court, convexe, et leurs jambes postérieures ont un double rang d'épines en dehors ; leurs espèces sont assez nombreuses, mais se reconnaissent assez facilement à la disposition des stries des élytres et d'une ou deux stries qui longent les bords latéraux du corselet. Les uns ont 2 stries latérales au corselet et des taches d'un rouge obscur sur les élytres : *H. quadrinotatus*, 8 mill., ovalaire, court, stries du corselet atteignant la base, élytres à 3 stries externes, les 3 internes manquent ; une tache à l'épaule rejoignant souvent celle du disque. — *H. quadrimaculatus*, 9 à 12 mill., oblong, presque parallèle, strie externe du corselet atteignant à peine le milieu, élytres ayant une grande tache rouge en lunule, formant parfois 2 taches séparées ; labre entier, mandibules rapprochées à la base. D'autres ont les élytres sans taches : *H. major* (Pl. VII, fig. 95), 10 à 13 mill., stries latérales du corselet entières, côtés garnis de poils fauves serrés, stries des élytres fines, les dorsales courtes ou nulles ; front large, mandibules écartées à la base ; commun dans le Midi. — *H. unicolor*, 8 à 10 mill., ovalaire, court, front impressionné, labre entier, corselet fortement rétréci en avant, strie latérale externe très courte, l'interne presque entière, stries des élytres crénelées, les 3 externes entières, les autres courtes ; propygidium ayant 2 impressions. — *H. cadaverinus*, 6 à 9 mill., ovalaire, labre entier, front plan, les 4 stries externes des élytres entières, les 2 autres courtes, jambes antérieures à 5 dents.

Les autres n'ont qu'une strie latérale au corselet : *H. sinuatus*, 7 mill., ressemble au *quadrimaculatus*, mais moins carré, a également sur chaque élytre une grande tache rouge en forme de lunule. — *H. carbonarius*, 5 mill., ovalaire, labre entier, front plan, les 4 stries externes des élytres entières, la 5e très courte, la suturale un peu plus longue ; jambes antérieures à 5 dents. — *H. purpurascens*, 5 mill., élytres ayant au milieu une tache d'un rouge obscur qui envahit parfois tout le disque les 3 stries externes entières, la 4e atteignant presque la base, les 2 autres plus courtes. — *H. stercorarius*, 5 mill., entièrement noir, pattes brunes, élytres à 3 stries externes entières, ainsi que la suturale, les 2e et 3e très courtes. — *H. bimaculatus*, 6 mill., presque parallèle, élytres profondément striées, la suturale courte, angle externe-apical occupé par une grande tache rouge; jambes antérieures à dents.

Les **Dendrophilus** ont le corps ovalaire, bombé, noir ou brun, très ponctué ; le corselet, rétréci en avant, n'offre qu'une strie latérale ; les élytres sont rebordées, larges, plus longues que chez les *Hister*, et leurs stries sont légèrement arquées, les jambes sont larges, angulées au milieu et denticulées. *D. punctatus*, 3 mill., d'un brun assez brillant, densément ponctué, élytres ayant les 2 premières stries dorsales entières, les 3e et 4e très fines; dans les pigeonniers, les fourmilières. — *D. pygmæus* (Pl. VII, fig. 96), 2 1/2 mill., d'un brun de poix, parfois roussâtre, mat, stries des élytres fines, les 4 premières bien marquées, mais effacées en arrière, accompagnées d'une petite ligne saillante, visible seulement à un certain jour ; commun dans les fourmilières.

Chez les autres, cette mentonnière n'existe pas. Les **Saprinus** diffèrent en outre des *Hister* par leur corps plus épais, presque toujours d'un bronzé métallique et presque toujours densément ponctué avec des espaces lisses ; les stries de leurs élytres sont courtes et obliques, leurs jambes antérieures sont plus finement denticulées et souvent seulement épineuses; ils vivent comme les *Hister*, dans les matières animales, mais on les trouve aussi enterrés dans les sables, au bord de la mer, sous les algues, dans les plaies des arbres dans les fourmilières. Le front est uni, sans carène transversale, chez les espèces suivantes : *S. maculatus* (Pl. VII, fig. 97), 7 mill., d'un noir luisant, front rugueusement ponctué, ainsi que les côtés du corselet, élytres ponctuées au milieu, rouges, avec le pourtour, une tache humérale et une subscutellaire bilobée, noirs ; Fr. mér. — *S. semipunctatus*, 8 mill., d'un vert bleuâtre très brillant, corselet rugueux sur les bords, élytres peu densément ponctuées en arrière et sur les côtés ; Fr, mér. — *S. nitidulus*, 6 mill., d'un noir métallique brillant, finement ponctué, corselet ayant une fossette derrière les yeux, élytres lisses au milieu et à la base, à stries ponctuées, la suturale presque nulle ; très commun partout. La strie suturale, chez les espèces précédentes, n'est pas réunie à la 4ᵉ dorsale par un arc basilaire, comme on le voit chez les suivantes : *S. æneus*, 4 mill., noir métallique, corselet ponctué rugueusement et largement sur les côtés, élytres largement ponctuées en arrière et sur les côtés, avec une plaque lisse subscutellaire, stries bien marquées ; commun dans les bouses, les charognes, etc. — *S. chalcites*, 2 à 1/2 mill., d'un brun bronzé, métallique, antennes, pattes et extrémité des élytres roussâtres, corselet fortement ponctué à la base et sur les côtés, élytres moins densément ponctuées en arrière et sur les côtés, 1ᵉʳ intervalle des stries dorsales ponctué et ridé ; Fr. mér. — *S. rotundatus*, 3 1/2 mill., d'un brun noir luisant, corselet ponctué, plus fortement sur les bords, élytres à ponctuation couvrant les 2/3 postérieurs, strie suturale courte ; sous les écorces, dans les plaies des arbres, quelquefois aussi dans les excréments.

Le front est séparé de l'épistome par une carène transversale chez le *S. rugifrons*, 4 mill., d'un vert métallique, brillant, parfois noir, front bordé en avant par une strie et une ligne élevée, ayant au milieu deux plis bien marqués, corselet rugueusement ponctué, lisse sur la partie postérieure du disque ; élytres assez fortement ponctuées sur la moitié postérieure, jambes antérieures à 6 denticules ; dans le sable, au bord de la mer. — *S. conjungens*, 3 mill., d'un noir très brillant, corselet ayant un petit espace ponctué près des angles antérieurs, élytres ayant en dehors 5 stries entières, la 4e réunie à la base avec la suturale, la 5e réduite à un petit trait ponctué ; commun partout.

FAMILLE DES NITIDULIDES

Les Nitidulides sont des Histérides moins épais, moins courts, à mandibules moins saillantes et à hanches antérieures moins proéminentes ; leurs antennes sont de 11 articles et non de 12 comme chez les Histérides ; leur tête est un peu en forme de museau, presque toujours à moitié enfoncée dans le corselet, qui est à peu près aussi large que les élytres ; enfin l'abdomen est plus allongé, plus mobile. Une partie de cette famille vit aussi dans les matières animales en décomposition, mais le plus grand nombre habite les fleurs, où l'on voit souvent ces petits insectes, roux ou bronzés, réunis en familles nombreuses, notamment sur les sureaux, les ombellifères, les labiées, les spirées ; quelques autres vivent sous les écorces d'arbres.

I. 4e article des tarses nodiforme, très petit.
A. Tête presque enfoncée dans le corselet. Corps plus ou moins ovalaire et convexe.
a. Les 3 ou 3 derniers segments de l'abdomen découverts.
* Corps assez court et convexe, 2 lobes aux mâchoires. . . . . CERCUS.
** Corps peu convexe, 1 lobe aux mâchoires. CARPOPHILUS.
b. Elytres ne laissant à découvert que le pygidium.
* Prosternum élargi et arrondi ou tronqué en arrière.
† Corps oblong, peu convexe. Massue des antennes allongée, assez lâche. . . . . . EPUROEA.
†† Corps assez court, assez convexe. Massue des antennes arrondie, serrée . . . . . . NITIDULA..
B. Tête saillante. Corps allongé, antennes paraissant de 10 articles . . . . RHIZOPHAGUS.
II. 4e article des tarses égal au 3e.
A. 1er article des tarses très petit. Corselet et élytres unis. . . . . TROGOSITA.
B. 2e article des tarses subégal au 2e. Corselet et élytres finement costulés . . . . . BITOMA.

Les élytres laissent à découvert l'extrémité de l'abdomen chez les genres suivants : **Cercus**, corps ovalaire, antennes à 1er article assez gros, les 3 derniers formant une massue oblongue, corselet transversal, à angles postérieurs arrondis, obtus ou droits ; 2e et 3e segments de l'abdomen très petits, jambes à épines terminales très petites. *C. pedicularius* (Pl. VII, fig. 98), 2 mill., d'un roux assez clair, une tache scutellaire obscure, densément ponctué, antennes assez longues, les 2 premiers articles grands et élargis chez les mâles, angles postérieurs du corselet arrondis. — *C. sambuci*, 2 mill., d'un fauve clair, finement ponctué, corselet à angles postérieurs droits, yeux, poitrine et abdomen noirs ; commun sur les sureaux. — *C. rufilabris*, 1 1/2 mill., densément ponctué, d'un brun foncé brillant, parfois rougeâtre, antennes, pattes, bouche et bord apical des élytres d'un fauve rougeâtre ; corselet rétréci en avant ; angles postérieurs obtus ; commun sur les joncs, au bord des mares.

Carpophilus, corps carré ou oblong, médiocrement convexe, élytres tronquées, laissant à découvert 2 segments de l'abdomen. *C. hemipterus*, 3 mill., presque carré, d'un brun noir très ponctué, avec les pattes, une petite tache humérale et une grande tache à l'extrémité des élytres, sur la suture, d'un jaune roussâtre ; dans les figues sèches, où l'on trouve souvent les excréments laissés par sa larve ; quelquefois dans les pelleteries, les os secs. — *C. sexpustulatus* (Pl. VII, fig. 99), allongé, parallèle, déprimé, finement ponctué, d'un brun noir, brillant, chaque élytre ayant 3 taches roussâtres, mal arrêtées, qui souvent se rejoignent ; commun sous les écorces de chêne.

Epuræa, corps oblong, très peu convexe, assez rebordé sur les côtés, labre presque bilobé, élytres ne laissant à découvert que l'extrémité de l'abdomen, les 3 premiers articles des tarses élargis ; vivent presque tous sur les fleurs ; leur coloration est d'un fauve uniforme, rarement taché. *E. florea*, 2 mill., d'un jaune clair, finement ponctuée, bord antérieur du corselet non échancré ; très commune. — *E. decemguttata* (Pl. VII, fig. 100), 4 mill., brune, avec 5 taches fauves sur chaque élytre ; sous les écorces des arbres. — *E. melanocephala*, 2 1/2 mill., courte, bords latéraux du corselet non marginés, d'un brun roussâtre, plus clair sur les élytres, quelquefois entièrement roussâtre avec la tête noirâtre.

Nitidula, corps assez court, assez convexe, antennes à massue courte, corselet rebordé, rétréci en avant, labre à peine sinué au bord antérieur, jambes ciliées en dehors; ces insectes vivent dans les matières animales à moitié desséchées, dans les vieux os, les vieux cuirs. *N. obscura*, 3 à 4 mill., noir presque mat, à ponctuation extrêmement fine, base des antennes et pattes rousses. — *N. bipustulata* (Pl. VII, fig. 101), 4 1/2 mill., noire ou d'un brun noir, mate, avec une grande tache jaune d'ocre au milieu de chaque élytre, pattes et bords latéraux du corselet roussâtres. — *N. quadripustulata*, 2 1/2 mill., plus oblongue, plus parallèle, presque rugueusement ponctuée, d'un brun noir, élytres ayant chacune 2 taches d'un jaune d'ocre.

Meligethes, corps oblong, ovalaire, médiocrement convexe, tête en forme de museau très court, antennes courtes, terminées par une massue presque arrondie, corselet et élytres finement rebordés, unis, les dernières presque arrondies à l'extrémité; ces insectes vivent en famille sur les fleurs de diverses plantes; leurs espèces, très nombreuses, sont difficiles à distinguer. *M. æneus*, 2 mill., d'un vert bronzé ou bleuâtre, pattes d'un brun foncé, corselet à peine rétréci en avant, jambes antérieures à dents égales; très commun partout. — *M. rufipes*, 3 mill., plus court et plus convexe, d'un brun noir, à pubescence grise, pattes rousses.

Pocadius, corps brièvement ovalaire, très convexe, antennes courtes, à massue ovalaire, un peu comprimée, corselet et élytres rebordés notablement, ces dernières arrondies à l'extrémité, striées et ponctuées. *P. ferrugineus* (Pl. VII, fig. 102), 4 à 5 mill., roussâtre ou d'un brun jaunâtre, assez brillant, à villosité fauve assez fine, élytres à stries ponctuées, s'effaçant vers l'extrémité, qui est ordinairement plus foncée ; dans les Lycoperdons ou vesses-de-loup, et souvent aussi dans les autres champignons.

Cychramus, même forme, plus convexe, tête plus large, plus inclinée en dessous, surface unie, très finement ponctuée, antennes à massue oblongue, peu serrée, comprimée. Ces insectes ont le corps roussâtre, très finement ponctué, et se trouvent aussi sur les champignons, plus rarement sur les fleurs. *C. luteus*, 4 à 5 mill., d'un jaune roussâtre assez pâle, à pubescence jaune très fine ; très commun. — *C. quadripunctatus* (Pl. VII, fig. 103), 5 à 6 mill., d'un brun rougeâtre ou roussâtre, à pubescence grise, 4 points noirs sur le corselet et une bande noire le long du bord externe des élytres ; dans l'Est de la France.

Les **Rhizophagus** ont le corps étroit, presque parallèle, déprimé en dessus, les antennes courtes terminées par une petite massue de 2 articles, le corselet presque carré, l'extrémité de l'abdomen découverte ; ils vivent sous les écorces, où ils font une guerre acharnée à plusieurs espèces de Bostriches. *R. depressus*, 4 mill., roussâtre, brillant, corselet à peine rétréci en arrière, finement ponctué, élytres ayant le 1er intervalle des stries, vers la suture, avec une rangée de points fins, le 2e élargi en avant et irrégulièrement ponctué ; très commun. — *R. bipustulatus* (Pl. VII, fig. 104), 3 mill., d'un brun foncé, brillant, une tache rouge à l'extrémité de chaque élytre ; commun.

Le g. **Trogosita** a le corps très aplati ; la tête grande, presque carrée, les antennes courtes, grossissant peu à peu vers l'extrémité, le corselet rétréci à la base, les élytres recouvrant tout l'abdomen. *T. mauritanica* (Pl. VII, fig. 105), 8 à 10 mill., d'un brun noir brillant, finement ponctuée, élytres à stries ponctuées ; la larve de cet insecte vit dans les greniers à blés, et on l'accuse, sous le nom de *Cadelle*, de faire des ravages dans les provisions de céréales ; il est probable, au contraire, que cette larve fait la guerre aux autres insectes, comme les Teignes ou Alucites, les Calandres qui attaquent nos blés. L'insecte parfait, plus commun dans le Midi, se trouve dans les magasins, les greniers, et quelquefois sous les écorces d'arbres.

Les **Bitoma** ont le corps allongé, parallèle, un peu déprimé en dessus, les antennes terminées par une massue de 2 articles, le corselet presque carré, ayant de chaque côté 2 lignes élevées, les élytres sont arrondies à l'extrémité. *B. crenata* (Pl. VII, fig. 106), 3 mill., noir, pattes et antennes rousses, 2 taches d'un rouge foncé sur les élytres, qui ont des stries fortement ponctuées avec les intervalles relevés ; très commun sous les écorces de chênes.

FAMILLE DES CRYPTOPHAGIDES

Cette famille ne renferme que des coléoptères de très petite taille, recherchant l'obscurité généralement et répandus dans les caves, les celliers, sous les débris végétaux, dans l'intérieur des champignons. Leur tête est en forme de museau court, obtus, leurs antennes, de 11 articles, sont terminées par une massue de 3, leur corselet, aussi large que les élytres, est souvent angulé sur les côtés, leurs élytres recouvrent entièrement l'abdomen, leurs tarses sont de 5 articles ; mais les postérieurs ne présentent souvent que 4 articles chez les mâles.

A. Corselet denté ou épineux latéralement.
a. Corps allongé, déprimé. Corselet finement denté . . . . SILVANUS.
b. Corps oblong, assez convexe. Corselet à dents courtes, larges. . . . . CRYPTOPHAGUS.
B. Corselet inerme.
a. Antennes insérées entre les yeux.
* Corps lisse et très finement pubescent . . ATOMARIA.
** Corps hérissé de poils courts . . . . MYCETOEA.
b. Antennes insérées en avant des yeux. Corps plus ou moins ovalaire. Mandibules cachées par le labre. . . . . TRIPLAX.
** Corps parallèle. Mandibules visibles en dessus. . . . . ENGIS.

Les **Silvanus** sont allongés, déprimés, presque parallèles, leur tête est assez saillante, plus ou moins rétrécie en arrière, le corselet est oblong, armé presque toujours d'une ou plusieurs épines, ou seulement finement crénelé, les élytres sont longues, parallèles, arrondies à l'extrémité, le 1er article des tarses est presque aussi long que les 2 suivants réunis. *S. frumentarius* (Pl. VII, fig. 107), 3 mill., brun, finement pubescent, corselet ayant 6 petites dents de chaque côté, corselet très densément ponctué avec 2 sillons profonds, élytres à stries ponctuées régulières, les intervalles relevés alternativement ; commun dans les magasins, les greniers. — *S. unidentatus*, 2 1/2 mill., roussâtre, corselet rétréci à la base, uni, n'ayant qu'une épine aux angles antérieurs, élytres à stries ponctuées, les intervalles un peu convexes alternativement ; dans les vieux fagots, sous les écorces, assez commun.

Les **Cryptophagus** sont oblongs, assez épais et assez convexes, leur tête est assez large et obtuse, les antennes sont assez courtes, assez robustes, terminées par une massue de 2 ou 3 articles ; le corselet, un peu transversal, présente sur le milieu des côtés un angle saillant et aux angles antérieurs une dent plus ou moins aiguë. Ces nsectes, nombreux en espèces, vivent dans les celliers, les caves, les matières végétales en décomposition, les champignons, etc. *C. lycoperdi* (Pl. VII, fig. 108), 3 mill., d'un roussâtre foncé, couvert de poils grisâtres, fortement ponctué, corselet ayant 4 petites élévations ; commun dans les lycoperdons ou vesses-de-loups. — *C. acutangulus*, 3 mill., d'un roussâtre clair, peu convexe, finement ponctué, corselet court un peu plissé au devant de l'écusson, avec les angles antérieurs prolongés en une forte dent très aiguë, arquée en arrière. — *C. cellaris*, 2 à 2 1/2 mill., d'un roussâtre obscur, finement ponctué, corselet velu, à angles antérieurs peu saillants, élytres ayant des rangées de longs poils ; commun dans les caves, sur les tonneaux,

Les **Atomaria** ont le corps oblong ou ovalaire, plus ou moins convexe, leurs antennes sont insérées entre les yeux, plus rapprochées à la base, terminées également par une massue de 2 ou 3 articles, le corselet est rétréci en avant, non denté sur les côtés, mais ayant une impression transversale à la base ; elles vivent dans les débris végétaux, sous les bois humides, dans les caves. On trouve souvent sur les tonneaux, en compagnie du *Cryptophagus cellaris*, l'*A. mesomelas* (Pl. VII, fig. 109), 1 1/2 mill., ovalaire, rétrécie en arrière, convexe, d'un brun foncé très brillant, avec la moitié postérieure des élytres d'un jaune clair.

On trouve dans les mêmes conditions la **Mycetæa** *hirta* (Pl. VIII, fig. 110), qui ressemble à une *Atomaria* fauve, hérissée de petits poils raides ; les antennes sont terminées par une massue lâche, de 3 articles ; le corselet, rétréci en avant, présente à sa base une impression transversale limitée de chaque côté par une ligne longitudinale; les élytres sont rétrécies en arrière, à lignes de points bien marquées ; cet insecte, de 1 1/2 mill., vit surtout dans les petites moisissures des murs et des tonneaux, dans les caves.

Dans les genres suivants, dont on fait une famille sous le nom d'**Erotylides**, le corps est oblong, assez convexe ; leurs antennes de 11 articles, sont terminées par une massue comprimée de 3 articles et sont insérées en avant des yeux, les élytres recouvrent complètement l'abdomen, le prosternum et le mésosternum sont larges ;

les tarses sont épais, composés en apparence de 4 articles, mais en réalité de 5, le 4e souvent peu visible et parfois nodiforme. Ces insectes vivent exclusivement dans les champignons ou autres productions cryptogamiques.

Les **Triplax** ont le corps oblong, parfois ovalaire, médiocrement convexe, très lisse, la tête, en forme de museau obtus, est unie, assez large, enfoncée presque jusqu'aux yeux, qui sont globuleux; les mandibules sont cachées par le labre, le dernier article des palpes maxillaires est très-grand, cupuliforme; les antennes sont assez courtes, assez épaisses, le corselet est trapézoïdal, finement rebordé, l'écusson est large, presque pentagonal, les élytres ont de faibles stries ponctuées, les pattes sont assez courtes, le 4e article des tarses est à peine distinct et est reçu dans une échancrure du 3e. Les uns ont le corps oblong ou oblong ovalaire : *T. rustica*, 6 mill., oblong, brillant, un peu allongé, élytres, poitrine, antennes et écusson noirs, corselet et abdomen d'un roux testacé; commun. — *T. ruficollis*, 3 à 5 mill., plus parallèle, même coloration, sauf la tête qui est rouge; France méridionale. — *T. collaris*, 5 mill., parallèle, même coloration, mais tête noire, antennes courtes, épaisses, à articles transversaux; France méridionale. — *T. bicolor* (Pl. VIII, fig. 111), 6 mill., oblong-ovalaire, entièrement d'un jaune roux, brillant, avec les élytres noires, antennes grêles, jaunes à la base. — *T. rufipes*, 4 mill., même forme, même coloration, mais abdomen noir, élytres à stries à peine distinctes, avec les intervalles à ponctuation excessivement fines.

Les autres sont brièvement ovalaires et très convexes, avec le prosternum très large : *T. bipustulata*, 4 mill., entièrement d'un noir très brillant, sur chaque épaule une grande tache rouge qui, parfois, recouvre toute la base de l'élytre, corselet fortement rétréci en avant, finement ponctué, élytres à fines stries finement ponctuées.

Les **Engis** ont le corps oblong, assez convexe, les mandibules sont visibles en dessus, le dernier article des palpes maxillaires est presque aussi long que les 3 précédents, ovoïde, atténué à l'extrémité, les antennes sont plus courtes, plus grêles, le corselet est à peine atténué en avant, l'écusson est court, transversal, les élytres sont arrondies à l'extrémité, non striées; le 1er et le 5e segments de l'abdomen sont plus grands que les autres, les pattes sont courtes, comprimées; le 4e article des tarses est seulement un peu plus court que le 3e; le 8e est allongé. Comme les *Triplax*, les *Engis* vivent dans les productions cryptogamiques, mais surtout dans les bolets ligneux qui se développent sur les vieilles souches et sous les écorces. *E. humeralis* (Pl. VIII, fig. 112), 3 mill., tête, corselet, un point sur chaque épaule, antennes et pattes d'un roux testacé; tout le corps très finement et densément ponctué; les 4 premiers articles des tarses de grandeur égale; très commun. — *E. bipustulata*, 3 mill., noir, brillant, une grande tache sur chaque épaule; antennes et pattes d'un roux testacé. — *E. rufifrons*, 3 mill., noir, brillant, une petite tache humérale, tête, antennes et pattes d'un roux testacé.

On peut classer à la suite des Cryptophagides le groupe des **Lathridius**, qui ne présente que 3 articles aux tarses. Ce sont des insectes de très petite taille, au corps oblong, parfois assez convexe, aux élytres percées de séries de gros points et offrant souvent des côtes très saillantes ou des nodosités ; la tête est assez grosse ; les antennes, assez grêles, ont le 1er article gros et les 3 derniers formant une massue allongée ; le corselet est presque carré ou codiforme, rebordé sur les côtés ; les tarses sont étroits et composés seulement de 3 articles. Ces petits insectes se trouvent dans les débris végétaux et souvent dans les productions cryptogamiques, les vieux bois, etc. ; on en rencontre fréquemment dans les celliers et les caves, vivant en compagnie d'autres petits insectes fungicoles, sur les moisissures qui recouvrent les tonneaux et les poutres, — *L. angusticollis* (Pl. VIII, fig. 113), 2 mill., oblong, convexe, d'un brun rougeâtre assez brillant, antennes et pattes fauves, corselet rétréci en arrière, ondulé sur les côtés, caréné sur le dos, élytres ovalaires, ayant plusieurs fortes côtes. — *L. exilis*, presque de moitié plus petit, roux avec les élytres parfois brunâtres, à séries de grandes fossettes, sans carènes saillantes ; corselet très ponctué, sans côtes ; ces deux insectes sont communs partout, surtout dans les habitations.

FAMILLE DES DERMESTIDES

Comme dans les familles précédentes, les Dermestides ont des antennes terminées par une masse tantôt oblongue, tantôt arrondie ; mais ici les élytres enveloppent les côtés de l'abdomen, la tête, à peine saillante, rentre dans le corselet à la moindre alerte, et en même temps les pattes s'appliquent contre le corps, de sorte que l'insecte paraît contrefaire le mort. Les uns vivent aux dépens des matières animales soit conservées, soit en putréfaction; les autres vivent sous les mousses, dans les sables, etc.

I. Hanches antérieures saillantes. Pattes non comprimées. Insectes vivant dans les matières animales . . . . DERMESTES.
A. Pas d'ocelle frontal. Corps oblong.
B. Un ocelle frontal. Corps ovalaire.
a. Mésosternum étroit . . . . , ... ATTAGENUS.
b. Mésosternum large . . . . ANTHRENUS.
II. Hanches antérieures transversales non saillantes. Pattes comprimées contractiles au plus haut degré. Insectes vivant sous les pierres ou au pied des arbres.
A. Corps hérissé de petites touffes de poils. . NOSODENDRON.
B. Corps lisse ou très finement pubescent. . BYRRHUS.
III. Hanches antérieures coniques, saillantes Corps très court, très convexe. Insectes vivant dans la vase. . . . . GEORYSSUS.
IV. Hanches antérieures transversales non saillantes. Corps oblong, pattes grêles non contractiles. Antennes courtes, en fuseau épais. Insectes aquatiques. . . . . PARNUS.
V. Hanches antérieures subglobuleuses. Corps oblong à tarses très développées, antennes à peine épaissies vers l'extrémité. Insectes aquatiques
A. Antennes minces, un peu allongées, de 11 articles . . . . ELMIS.
B. Antennes très courtes, de 6 articles apparents. . . . . MACRONYCHUS.

Les **Dermestes** sont bien connus pour les dégâts qu'ils causent à nos pelleteries, à nos provisions de viandes salées, à nos collections d'histoire naturelle, lorsqu'ils sont à l'état de larves; ces dernières sont remarquables par les longues touffes de poils qui terminent l'abdomen. Leur corps est oblong, très convexe; leur tête est perpendiculaire et ne présente pas, au milieu du front, un ocelle ou point brillant qu'on remarque chez les genres suivants ; leur corps est couvert, en dessous, d'un duvet soyeux, très serré, blanc ou cendré, tacheté de brun, rarement roussâtre. *D. lardarius*, 7 mill., noir, avec quelques poils cendrés sur le disque du corselet, moitié antérieure des élytres d'un roussâtre clair, avec 3 points noirs sur chacun; trop commun dans nos maisons; la larve attaque le lard et les collections. — *D. Frischii*, 7 mill., noir, à poils roussâtres sur la tête, côtés du corselet d'un gris cendré, écusson d'un gris roussâtre, élytres à pubescence cendrée très rare, pattes noires avec un anneau de poils blancs à la base des cuisses ; très commun. — *D. vulpinus* (Pl. VIII, fig. 114), 7 mill., même forme et même coloration que le précédent, mais élytres terminées par une petite épine à la suture ; beaucoup plus rare. — *D. laniarius*, 7 mill., noir, à très fine pubescence grise, écusson à poils blanchâtres, dessous blanc avec 4 rangées de points noirs, corselet plus convexe que chez les autres; très commun. — *D. undulatus*, 6 mill., noir, parsemé de taches pubescentes rousses sur le corselet, grises sur les élytres, dernier segment de l'abdomen noir, avec 2 points blancs ; dans les petits cadavres à moitié desséchés. — *D. murinus*, 6 à 8 mill., épais, noir, couvert d'une fine pubescence formant de petites taches d'un gris un peu bleuâtre, écusson d'un brun roux; dessous d'un gris blanc satiné, avac des points noirs sur les côtés, dernier segment noir, avec 3 points blancs ; assez rare.

Les **Attagenus**, comme les genres suivants, ont un ocelle au milieu du front; le corps est moins convexe, le dernier article des antennes est très allongé; les mœurs sont à peu près les mêmes, en ce qui concerne les larves, mais l'insecte parfait se trouve presque toujours sur les fleurs. *A. pellio*, 5 mill., d'un brun noir brillant, corselet ayant une très petite tache blanchâtre aux angles postérieurs, un point blanc au milieu de chaque élytre; très commun dans les maisons, au premier printemps et sur les fleurs; sa larve fait beaucoup de tort aux pelleteries; elle est allongée, d'un brun roussâtre soyeux, atténuée en arrière, hérissée de quelques poils roux et terminée par 2 faisceaux allongés; elle est très agile quand on la touche. — *A. vigintiguttatus*, 4 mill., d'un noir profond, parsemé de petits points blancs nombreux; sur les aubépines. — *A. undatus* (Pl. VIII, fig. 115), 4 mill., noir, pubescent, corselet ayant une petite tache blanche aux angles postérieurs et au milieu de la base, élytres ayant deux bandes blanches ondulées, transversales; sous les écorces d'arbres, sur les fleurs; rare dans les maisons.

Les **Anthrenus**, non moins dangereux que les Dermestes et les Attagènes, en diffèrent par le corps en ovale, très court, assez épais, mais déprimé en dessus, par le corselet ayant une fossette aux angles antérieurs et le bord postérieur prolongé au milieu, de manière à recouvrir à peu près complètement l'écusson; leur coloration est due à de petites écailles farineuses, qui s'effacent très facilement. Les anthrènes, à l'état parfait, se tiennent sur les fleurs, mais à l'état de larve elles habitent nos maisons et ravagent les draps, les pelleteries et les collections d'histoire naturelle, dont elles sont le véritable fléau. Ces larves sont ovalaires, assez molles, brunâtres en dessus, d'un blanc sale en dessous, et hérissées de poils érectiles qui forment des bandes transversales sur le dos et deux faisceaux courts, obliques, à l'extrémité. *A. musæorum*, 2 1/2 à 3 mill., noir, couvert d'écailles d'un jaune roussâtre, avec trois bandes transversales d'un blanc grisâtre sur les élytres, la première interrompue en 3 taches, la deuxième en zig-zag, la troisième en croissant, quelques taches grisâtres sur les côtés du corselet; trop commun dans les maisons. — *A, pimpinellæ,* 3 1/2 mill.. noir, avec la tête et le corselet tachetés de roux et de blanc; élytres ayant à la base une large bande transversale blanche, puis 2 points de même couleur, suture rouge à l'extrémité, ainsi que la base des élytres; dessous d'un blanc grisâtre, tacheté de blanc; commun sur les fleurs d'ombellifères,

Le g. **Nosodendron** est facile à reconnaître à son corps très convexe, en ovale très court et couvert de petites touffes de poils hérissés; la tête est un peu avancée, les antennes sont terminées par une brusque massue de 3 articles, les jambes antérieures sont sinuées et les tarses antérieurs sont seuls rétractiles. *N. fasciculare* (Pl. VIII, fig. **116**), 4 mill., d'un noir assez brillant, presque lisse sur la tête et le corselet, élytres fortement ponctuées, ayant chacune 5 rangées de faisceaux de poils roussâtres; dans les plaies des marronniers, des chênes et des ormes.

Les **Byrrhus** sont ovalaires, courts, très bombés en dessus, presque plats en dessous, leur tête est penchée, enfoncée jusqu'aux yeux dans le corselet, et quand elle se retracte, on ne peut la voir en regardant l'insecte par dessus, le prosternum forme en avant une large lame presque arrondie; les antennes sont courtes, terminées par une massue allongée de 5 articles, les pattes sont courtes, larges, comprimées, les tarses sont courts et tous rétractiles. Ces insectes, très timides, vivent dans des endroits sablonneux, à terre, sous les pierres et les mousses. *B. pilula*, 8 à 9 mill., noir ou brun, couvert d'un duvet soyeux, serré, écusson noir, élytres finement striées, ayant chacune trois bandes de taches d'un velouté noirâtre; très commun sur les routes, dans les sables. — *B. dorsalis* (Pl. VIII, fig. 117), 7 mill., plus court, plus atténué aux extrémités, pubescence du corselet variée de fauve et de noir, celle des élytres brune avec des taches noires sur les intervalles alternes et une large tache transversale sur le milieu de la suture, d'un jaune roux ou grisâtre, avec un petit liséré blanchâtre. — *B. pyrenæus*, 14 mill., ovalaire, très convexe, entièrement d'un brun noir assez brillant, élytres couvertes de reliefs peu saillants, vermiculés avec 2 ou 3 stries le long du bord externe; commune dans les Pyr. — *B. bigorrensis*, 9 mill., plus petit, plus court, élytres plus convexes, plus courtes, couvertes d'une fine pubescence soyeuse d'un fauve terreux, avec quelques taches veloutées plus foncées; Pyr. — *B. varius*, 4 mill., presque globuleux, d'un noir bronzé, pubescent, corselet d'un brun roussâtre, l'écusson noir, élytres vertes ou bronzées, ayant chacune 4 ou 5 bandes d'un vert brillant, souvent interrompues par des taches d'un noir velouté; dans les endroits sablonneux.

A la suite des *Byrrhus*, on peut ranger quelques insectes vivant sous l'eau ou enterrés dans la vase, dont les antennes s'épaississent plus ou moins à l'extrémité, et dont la tête est aussi eourte et presque reñtrée dans le corselet ; leurs pattes sont bien moins contractiles et sont remarquables par la longueur des tarses terminés par deux forts crochets. On en a fait plusieurs familles qui nous paraissent trop peu importantes, sous le rapport du nombre des espèces, pour les adopter ici.

Les **Georyssus** se rapprochent assez des *Byrrhus* par leur forme courte, presque globuleuse ; mais leurs antennes n'ont que 9 articles, sont terminées par une massue globuleuse, le corselet est très rétréci en avant ; les élytres sont courtes, convexes, marquées de gros points ou de côtes ; ils vivent enterrés dans le sable ou dans la vase humide et ne sortent que lorsqu'on piétine fortement le sol ; aussi apparaissent-ils souvent avec une petite motte de terre sur le dos. *G. pygmæus* (Pl. VIII, fig. 118), 2 mill., d'un noir médiocrement brillant, antennes et pattes brunes, 3 ou 4 lignes de très gros points enfoncés sur chaque élytre ; commun au bord des eaux courantes ou stagnantes. — *G. læsicollis*, 1 1/2 mill., plus petit que le précédent, 3 grandes fossettes sur le corselet.

Les **Elmis** ont le corselet plus étroit que les élytres, leurs antennes grossissent faiblement vers l'extrémité, le corselet est rebordé, souvent strié sur les côtés, les élytres sont striées-ponctuées, les pattes sont grandes, le dernier article des tarses est aussi long que les précédents et armé de forts crochets. Leur coloration est presque toujours d'un bronzé foncé ou noirâtre. Ces insectes, de petite taille, vivent accrochés aux pierres submergées, auxquelles ils peuvent se tenir fortement attachés, à raison de la conformation de leurs tarses. Quand on retire de l'eau d'un ruisseau une pierre ayant quelques cavités, et qu'on la laisse égoutter un instant, on voit d'abord les petites sangsues se retirer rapidement, ainsi que les crevettes d'eau douce ; puis quelques Palpicornes se traînent plus ou moins péniblement, et après eux les *Elmis* se risquent à remuer un peu ; mais ce n'est que lorsque la pierre commence à sécher que ces insectes prennent leur parti et se décident à quitter leur retraite. *E. Volkmari* (Pl. VIII, fig. 119), 5 1/2 mill., d'un noir bronzé assez brillant, corselet uni, ayant de chaque côté une ligne élevée un peu arquée, élytres à stries fortement ponctuées, tarses roussâtres. — *E. tuberculatus*, 2 mill., même forme, mais moins convexe, plus parallèle, corselet uni, ayant également 2 lignes latérales, élytres à lignes ponctuées, ayant à la base 2 petits tubercules arrondis. — *E. æneus*, 2 mill., noir, un peu bronzé, antennes et pattes un peu rougeâtres, corselet ayant 2 lignes latérales avec une impression transversale à la base, disque convexe, élytres à stries fortement ponctuées, intervalle externe relevé en côte ; très commun partout.

Les **Macronychus** ne diffèrent guère des *Elmis* que par les antennes qui sont très courtes, de 6 articles seulement au lieu de 11 ; leurs pattes sont encore plus longues et plus robustes. *M. quadrituberculatus*, (Pl. VIII, fig. 120), 3 1/2 mill., oblong, d'un noir fortement bronzé, corselet ayant à la base de petits tubercules placés transversalement, élytres à stries ponctuées, carénées sur le bord, ayant à la base 2 tubercules arrondis près de l'écusson ; commun dans le Sud-Ouest de la France, dans les plis des écorces des troncs d'arbres roulés par les torrents ; plus rare dans le Centre.

FAMILLE DES LAMELLICORNES

Cette famille renferme les plus grands coléoptères de nos pays ; elle est caractérisée par la forme des antennes qui sont assez courtes, coudées et terminées par une massue de lamelles plus ou moins serrées ; elle se partage très naturellement en deux groupes, les Lucanides et les Scarabéides ; tous ont cinq articles aux tarses.

I. Antennes fortement coudées, les derniers articles fixes, prolongés en dedans et formant une massue aplatie. Mandibules souvent très développées chez les ♂ . . . . LUCANIDES.
B. Antennes courtes, terminées par une massue formée de feuillets comprimés, mobiles. Mandibules peu développées . . . SCARABEIDES.

1er Groupe. — Lucanides.

A. Mandibules ♂ très grandes. Tête des ♂ sans corne. Menton large, cachant les mâchoires.
a. Yeux divisés en partie par un prolongement des bords de la tête. . . . . LUCANUS.
b. Yeux divisés presque complètement. . . . DORCUS.
c. Yeux entiers . . . . PLATYCERUS.
B. Mandibules dépassant à peine le bord antérieur de la tête ♂ ♀. Epistome muni d'une corne saillante ♂ . . . . SINODENDRON.

Les Lucanides ont les antennes plus longues, à 1er article très développé, les derniers formant une massue très lâche ; leur tête est proportionnellement très grande et leurs mandibules prennent d'ordinaire chez les mâles un grand développement. Malgré cet appareil un peu effrayant, ces insectes sont fort innocents et se contentent de sucer les liquides qui suintent des arbres ; leur languette allongée en forme de pinceau soyeux leur facilite ce genre de vie.

Le type de ce groupe est le genre Lucane ; tout le monde connaît le cerf-volant, **Lucanus** *cervus* (Pl. IX, fig. 121), grand insecte dont la taille varie de 30 à 50 mill. ; la tête des mâles, armée d'énormes mandibules, est aussi large ou même plus large que le corselet, relevée sur les côtés ; les yeux sont petits et coupés en deux par les joues ; la tête et les mandibules des mâles varient extrêmement selon la taille ; chez les femelles la tête est beaucoup plus petite, très rugueuse, les mandibules sont petites et pointues.

Chez le **Dorcus** *parallelipipedus* (Pl. IX, fig. 122), 20 mill., la tête est carrée et aussi large que le corselet dans les deux sexes, et les mandibules sont seulement un peu plus développées chez les mâles ; cet insecte est parallèle, assez déprimé, d'un noir peu brillant et fortement ponctué.

Le g. **Platycerus** a la tête assez petite, les mandibules courtes et épaisses, le corselet transversal arrondi sur les côtés ; le *P. caraboïdes* (Pl. IX, fig. 123), 10 à 15 mill., est d'un bleu d'acier passant au verdâtre ; finement ponctué, avec les élytres un peu rugueuses ; les pattes sont parfois rougeâtres.

Le g. **Sinodendron** diffère beaucoup des autres Lucanides ; son corps est cylindrique, ses mandibules à peine saillantes ; les yeux sont entiers et les mâles sont armés sur la tête d'une petite corne arquée ; l'unique espèce, *S. cylindricum* (Pl. IX, fig. 124), 12 mill., est d'un noir brillant, avec les élytres striées et un peu rugueuses. Il se trouve dans les vieux arbres, dans le Nord et dans les montagnes.

2e Groupe. — Scarabéides.

Les Scarabéides ont les antennes courtes, insérées, comme chez les Lucanides, sous les côtés de la tête ou sous ses bords latéraux, et terminées par une massue à feuillets beaucoup plus serrés ; le dernier segment de l'abdomen forme une sorte d'écusson perpendiculaire appelé pygidium, qui est presque toujours entièrement à découvert ; les hanches antérieures sont rapprochées ou contiguës, les jambes sont généralement dentées et propres à fouir.

I. Pattes intermédiaires écartées à la base, Écusson indistinct. Mandibules membraneuses recouvertes par le chaperon. Antennes de 10 articles. Pygidium découvert . . . . COPRIDIENS.

II. Pattes intermédiaires rapprochées à la base. Écusson toujours distinct.

A. Pygidium caché.

a. Antennes de 9 articles. Mandibules membraneuses, cachées presque toujours par le chaperon. . . . . APHODIENS.

b. Antennes de 10 articles. Mandibules cornées dépassant le chaperon. Abdomen de 5 segments. Yeux à peine entamés . . TROGIDIENS.

c. Antennes de 11 articles. Mandibules dé-

passant le chaperon. Abdomen de 6 segments. Yeux coupés à moitié ou en entier. . . . . GÉOTRUPIENS.
B. Pygidium découvert.
a. Prosternum relevé en arrière et velu. Mandibules cornées, saillantes en dehors. Tête des ♂ munie de cornes ou de tubercules . . . . ORYCTIENS.
b. Prosternum non relevé en arrière. Tête des ♂ inerme.
Mandibules cornées. Epistome transversal. Crochets de tarses dentés, bifides ou inégaux. Dessus du corps convexe. . . . MÉLOLONTHIENS.
** Mandibules membraneuses. Epistome carré. Crochets simples, égaux. Corps déprimé en dessus . . . . CÉTONIENS.

1re Tribu. — Copridiens.

I. Pattes postérieures allongées, jambes étroites, faiblement élargies vers l'extrémité.
A. Tarses antérieurs nuls. Yeux complètement divisés . . . . ATEUCHUS
B. Tarses antérieurs existant. Yeux incomplètement et inégalement divisés.
* Antennes de 9 articles. Jambes intermédiaires terminées par un seul éperon . . . GYMNOPLEURUS.
** Antennes de 8 articles. Jambes intermédiaires terminées par deux éperons. . . SISYPHUS.
II. Pattes postérieures ordinaires, jambes plus ou moins robustes, élargies à l'extrémité .
A. palpes labiaux à 3e article distinct.
a. Ecusson indistinct. Tête munie de cornes.
* 2e article des palpes labiaux plus petit que le 1er. Des tarses antérieurs dans les deux sexes . . . . COPRIS.
** 2e article des palpes labiaux plus grand que le 1er. Tarses antérieurs nuls, au moins chez les ♂. . . . . BUBAS.
b. Ecusson distinct. Tête inerme . . . . . . ONITIS.
B. Palpes labiaux à 3e article indistinct.
* Antennes de 8 articles. Ecusson distinct. . ONITICELLUS.
** Antennes de 9 articles. Ecusson indistinct . . . . ONTHOPHAGUS.

En tête de cette division se placent les **Ateuchus**, les Scarabées sacrés des anciens Égyptiens, au corps large, déprimé, aux yeux complètement divisés, au chaperon armé de 6 dents ; les jambes antérieures sont fortement dentées et privées de tarses, mais les postérieures sont grêles, ciliées, terminées par un seul éperon et par des tarses comprimés, le pygidium est découvert. Ces insectes sont remarquables par les boules qu'ils façonnent avec les excréments, afin d'y déposer leurs œufs. On ne les trouve que dans le Midi de la France ; cependant l'*A. laticollis* remonte jusqu'aux bords de la Loire. Tous sont de couleur noire et assez brillants. — *A. sacer*, 25 à 30 mill., tout uni, deux petits tubercules sur la tête, élytres à peine distinctement ponctuées, avec six lignes peu enfoncées ; cuisses postérieures inermes. — *A. semipunctatus*, 20 à 30 mill., élytres comme celles du précédent, mais corselet parsemé de très gros points ; cuisses postérieures dentées. — *A. laticollis*, 15 à 25 mill., plus brillant, corselet parsemé de gros points enfoncés, élytres ayant chacune 7 sillons enfoncés.

Les **Gymnopleurus** ont le corps moins large et plus épais, les élytres sont fortement échancrées sur le côté, près des épaules, les yeux sont incomplètement divisés, le chaperon n'est pas dentelé, les jambes antérieures sont tridentées, les autres grêles, crénelées en dehors, les tarses sont grêles et courts ; les mœurs sont les mêmes. *G. pilularius* (Pl. IX, fig. 125), 10 à 15 mill., d'un noir mat, chaperon échancré, dessus très finement rugueux, élytres à lignes peu visibles. — *G. flagellatus*, 10 à 15 mill., noir, très rugueux et inégal, élytres à 8 stries peu marquées, les intervalles inégaux, sculptés. Ces deux insectes sont propres au Centre et au Midi de la France.

Les **Sisyphus** sont bien faciles à reconnaître à leur corps très épais, leur chaperon échancré, leurs antennes de 8 articles, et surtout à leurs élytres fortement rétrécies en arrière et à leurs pattes postérieures longues, arquées, qui leur servent à traîner les boules de fiente où ils déposent leurs œufs. *S. Schæfferi* (Pl. IX, fig. 126), 7 à 12 mill., noir, mat, finement ponctué, élytres striées, cuisses postérieures unidentées. Dans les endroits sablonneux du Centre et du Midi.

Les **Copris** ou Bousiers ont aussi le corps très épais et très convexe, mais non rétréci en arrière ; la tête est armée d'une corne, plus grande chez les mâles ; leur chaperon est légèrement échancré en avant, les yeux sont incomplètement divisés, le corselet est grand, tronqué en avant et même tuberculé chez les mâles, l'écusson est invisible ; les élytres sont striées, arrondies en arrière, les pattes courtes et robustes, les jambes élargies à l'extrémité, à tarses courts, comprimés. On les trouve dans les crottins, les bouses, etc. *C. lunaris*, 15 à 25 mill., d'un noir vernissé, corne des mâles peu épaisse, presque droite, corselet fortement tronqué en avant, muni de chaque côté d'une forte dent conique, le milieu du disque est sillonné ; chez la femelle, la corne de la tête est courte, échancrée au sommet et même réduite à un simple tubercule, et la troncature du corselet est moins forte. — *C. hispana* (Pl. IX, fig. 127), 20 à 25 mill., diffère du précédent par sa forme plus large, la corne du mâle beaucoup plus grande et arquée, la troncature du corselet plus grande, plus concave, le bord supérieur étant relevé au milieu ; les femelles ne diffèrent que par la corne courte, plus conique, et par la troncature du corselet moins forte. Cette dernière espèce ne se trouve que dans le Midi de la France.

Les **Bubas**, qui sont égelement propres au Midi, ne sont, pour ainsi dire, que des *Onitis* à écusson invisible et à la tête armée de cornes chez les mâles ; ils diffèrent des *Copris* par le corselet, dont le bord postérieur est lobé au milieu avec 2 fossettes, au lieu d'être tronqué et rebordé ; leur corps est très épais, mais médiocrement convexe en dessus ; la tête est armée de cornes assez courtes, un peu comprimées, arquées et divergentes ; le corselet se prolonge en avant en un angle saillant au-dessus de la tête ; le prosternum est saillant en arrière, les hanches intermédiaires sont fortement écartées. — *B. bison*, 15 à 20 mill., d'un noir luisant ; dessus de le tête muni de deux carènes transversales, la postérieure bicornue chez les mâles, seulement tuberculée chez les femelles; saillie du corselet pointue. — *B. bubalus* (Pl. IX, fig. 128), ne diffère du précédent que par les cornes de la tête un peu échancrées à l'extrémité, au lieu d'être pointues, et par le lobe saillant du corselet obtus ou même bidenté.

Les **Onitis** ont le corps très épais, comprimé latéralement et peu convexe en dessus ; la tête est inerme dans les deux sexes, arrondie chez les mâles, en ogive chez les femelles, le bord postérieur du corselet est un peu lobé et marqué de 2 fossettes, l'écusson est visible, les élytres sont presque parallèles et presque tronquées, les pattes sont robustes; les pattes postérieures sont allongées et un peu arquées chez les mâles. *O. Olivieri* (Pl. IX, fig. 129), 20 à 28 mill., d'un noir presque mat, tête munie de 3 carènes transversales et d'un tubercule peu saillant, bord antérieur échancré ; surface du corps uni; élytres à peine striées ; cuisses antérieures fortement dentées chez les mâles. — *O. Jon*, 12 mill., de même couleur, plus mat, épistome simplement sinué, corselet couvert de rugosités luisantes; tous deux sont propres au bord de la Méditerranée.

Les **Oniticellus** tiennent le milieu entre le genre précédent et le suivant; leur corps est allongé, médiocrement épais et peu convexe; les yeux sont complètement divisés, les antennes n'ont que 8 articles, le dernier article des palpes labiaux est indistinct; l'écusson est visible; leurs pattes sont assez courtes; le corselet est très développé et les élytres sont assez courtes. *O. flavipes*, 8 à 10 mill., d'un jaunâtre pâle varié de grisâtre sur les élytres, avec le disque du corselet verdâtre, chaperon ayant 2 carènes.— *O. pallipes* (Pl. IX, fig. 130), 8 à 11 mill., d'un jaune pâle varié de brun verdâtre, élytres tachetées de gris et de blanchâtre, corselet ponctué avec des petites plaques lisses, bronzées. Ce dernier est particulier au Midi de la France.

Les **Onthophagus** ont, au contraire, le corps très court, peu convexe, les yeux incomplètement divisés et l'écusson indistinct; leurs antennes ont 9 articles; la tête est presque toujours armée de cornes chez les mâles; le corselet est aussi grand que les élytres, qui sont très courtes et ne cachent guère le pygidium. *O. fracticornis*, 6 à 10 mill., bronzé sur la tête et le corselet, élytres d'un jaune roux, tachetées de noir; sur la tête une petite lame surmontée d'une corne grêle, — *O. cœnobita*, 7 à 9 mill., tête et corselet cuivreux, élytres d'un jaunâtre assez clair, tachetées de noir; tête munie d'une corne semblable, corselet impressionné en avant. — *G. vacca*, 7 à 12 mill., bronzé, avec l'épistome noir; élytres jaunâtres, tachetées de noir verdâtre ; tête munie d'une corne semblable chez les mâles, et de deux carènes, dont une souvent bicornue chez les femelles.— *O. taurus*, 7 à 12 mill., tout noir, tête des mâles portant deux cornes grêles, longues, arquées en dessus, très variables du reste et réduites parfois à deux dents presque droites. — *O. nutans*, 7 à 10 mill., également tout noir, mais à tête portant une lame surmontée d'une corne grêle. — *O. furcatus*, 4 à 5 mill., d'un brun noir médiocrement brillant. avec l'extrémité des élytres fauve ; tête des mâles ayant 3 cornes droites, grêles ; l'intermédiaire courte. D'autres espèces ne présentent de cornes dans aucun sexe. — *O. Schreberi* (Pl. IX, fig. 131), 5 à 7 mill., presque rond, d'un noir brillant et deux grandes taches rouges sur chaque élytre ; le bord antérieur du corselet présente 4 tubercules plus ou moins marqués ; — *O. lemur*, 6 à 9 mill., bronzé, avec les élytres rousses, ayant en travers une bande transversale d'un brun bronzé, tête ayant 2 carènes, dont une formant lame, corselet ayant en avant 4 tubercules. Centre de la France, Alpes. — *O. ovatus*, 4 à 5 mill., noir, assez brillant, un peu velu, épistome échancré, tête ayant 2 carènes, corselet fortement ponctué.

2e Tribu. — Aphodiens.

A. Labre et mandibules entièrement cachés sous le chaperon. Corps oblong ou allongé.

a. Partie supérieure des yeux, visible en partie au repos. Corselet sans sillons . . . . APHODIUS.

b. Partie supérieure des yeux, entièrement cachée au repos sous le bord du corselet.

* Corselet cilié, sillonné transversalement . RHYSSEMUS.

** Corselet non cilié, à peine sillonné sur les côtés.. . . . . PLEUROPHORUS.
B. Labre et mandibules cornés, saillants. . . ÆGIALIA.

Les **Aphodius** forment un groupe bien distinct des genres précédents par le corps semi-cylindrique, les yeux à peine entamés par les joues, les élytres recouvrant presque complètement le pygidium; les jambes postérieures sont terminées par deux éperons au lieu d'un seul, et l'écusson, qui était nul ou très petit, devient ici d'une grandeur normale. Ces insectes sont de taille médiocre ou même très petite ; ils vivent généralement dans les bouses, les matières stercorales ; mais quelques-uns se trouvent enterrés dans le sable.

Les *Aphodius* proprement dits sont très nombreux ; le chaperon, assez grand, recouvre le labre et les mandibules ; la portion supérieure des yeux est visible partiellement au repos ; le corselet est uni ou seulement un peu impressionné en avant ; les pattes sont assez courtes, les jambes antérieures tridentées. Les uns ont l'écusson très allongé. *A. erraticus,* 6 à 8 mill., noir, élytres d'un jaune sale, rembrunies vers la suture ; élytres à peine striées, les intervalles déprimés ; le mâle a 3 petits tubercules sur la tête ; très commun. — *A. scrutator* (Pl. X, fig. 132), 9 à 15 mill., le plus grand du groupe, noir, élytres déprimées, à stries crénelées ; sur la tête, trois petits tubercules, dont le médian plus saillant chez les mâles. — *C. subterraneus,* 5 à 7 mill., noir, brillant ; tête à 3 tubercules ; élytres déprimées sur la suture, à stries crénelées, intervalles convexes ; corselet ayant, chez les mâles, une petite fossette en avant. — *A. fossor,* 9 à 13 mill., noir, brillant, très convexes, élytres parfois brunes ou rougeâtres, peu fortement striées, assez courtes ; chaperon échancré, à 3 tubercules plus marqués chez les mâles ; une fossette sur le devant du corselet ; la femelle a le corselet ponctué seulement. — *A. hæmorrhoïdalis*, 4 à 5 mill., court, épais, élytres rougeâtres à l'extrémité et parfois à l'épaule ; tête à 3 tubercules plus marqués chez les mâles ; corselet ponctué, stries des élytres larges et profondes. Dans les espèces suivantes, l'écusson est petit : — *A. scybalarius*, 5 à 7 mill., noir, élytres d'un jaune sale, avec une tache discoïdale ; brunâtre plus ou moins distincte ; chaperon à 3 tubercules ; une fossette sur le corselet ; intervalles des stries lisses. — *A. fimetarius*, 6 à 8 mill., le plus commun de tous, noir, brillant, avec les élytres convexes, d'un beau rouge ; intervalles des stries finement ponctués ; 3 tubercules sur le chaperon, — L'*A. fætens*, bien plus rare, ne diffère du précédent que par l'abdomen et une tache aux angles antérieurs du corselet rouges, et par les intervalles des stries lisses.— *A. granarius*, 2 1/2 à 5 mill., assez court, noir avec l'extrémité des élytres souvent brunâtre ; chaperon à 3 tubercules ; corselet à peine ponctué ; intervalles des stries lisses. — *A. bimaculatus*, 5 à 6 mill., noir, avec une tache rouge aux épaules, oblong, peu convexe ; sur le chaperon 3 tubercules, et en avant un autre tubercule ; stries assez profondes, intervalles lisses. — *A. quadrimaculatus*, 2 à 3 mill., noir, élytres ayant chacune 2 grandes taches d'un rouge brique ; 2 tubercules sur le vertex. — *A. nitidulus*, 5 à 6 mill., noir, épistome rougeâtre ; corselet noirâtre sur le disque, jaune sur les côtés, avec un point noir, élytres fauves ; vertex trituberculé. — *A. merdarius*, plus petit, suture noire, une tache pâle aux angles antérieurs du corselet; vertex un peu relevé. — *A. inquinatus*, 3 à 6 mill., noir, une tache fauve sur les côtés du corselet; élytres jaunâtres, une tache basilaire en carré allongé, près de l'épaule quelques traits parallèles, 3 points en travers au milieu, 3 autres points en arrière, noirs; ces dessins se réunissent souvent les uns aux autres. — *A. conspurcatus*, 5 à 6 mill., noir, brillant, une tache brune de chaque côté de la tête, côtés du corselet d'un jaune pâle, ayant chacune 7 points noirs rapprochés les uns des autres. — *A. tessulatus*, 4 à 5 mill., coloration analogue, stries et sutures brunes, une tache latérale allongée, et 2 lignes arquées de petites taches noires, partant l'une de la base des élytres, l'autre de l'extrémité de la tache latérale. — *A. sticticus*, 4 à 5 mill., noir, 2 taches sur le chaperon, côtés du corselet et élytres jaunâtres, sutures et stries brunâtres, 2 lignes arquées de taches noires, dirigées vers la suture, partant du milieu de la base et des épaules. — *A. consputus*, 4 à 5 mill., noir; côtés de l'épistome et du corselet pâles, élytres pâles, avec une grande tache obscure occupant le disque, intervalles des stries pointillés. — *A. prodromus*, 5 à 8 mill., même coloration; corselet lisse chez le mâle, ponctué chez la femelle; élytres velues chez le mâle, glabres chez la femelle. — *A. rufipes*, 12 à 13 mill., l'un des plus grands, peu convexe, brun, les pattes plus pâles, la tête en demi-cercle, sans tubercules. — *A. luridus*, 7 à 8 mill., noir, élytres jaunâtres, suture, stries et 7 traits allongés noirs; ces traits se réunissent parfois et envahissent même toute l'élytre. Enfin l'écusson est court et les élytres sont carénées chez l'*A. testudinarius*, 3 à 4 mill., noir, élytres variées de fauve et de brun, tête granuleuse, corselet, fortement ponctué. — *A. porcatus*, 3 mill., noir, chaperon échancré, corselet fortement ponctué, sillonné en arrière, stries des élytres profondes.

Le pygidium est caché dans le genre précédent ; il est découvert à l'extrémité dans les g. **Rhyssemus** et **Pleurophorus** ; le 1er a le corselet cilié tout autour, sillonné au milieu avec plusieurs sillons transversaux. *R. asper*, 3 à 4 mill., d'un noir mat, 4 sillons transversaux, séparés par des intervalles presque lisses ; élytres à stries étroites, intervalles granuleux. Le 2e n'a pas le corselet cilié. — *P. cæsus* (Pl. X, fig. 133), 3 mill., noir, allongé, corselet très ponctué, ayant en arrière, au milieu un court sillon, avec 2 courts sillons transversaux ; stries crénelées, intervalles lisses.

On trouve au bord de la mer, dans les sables, le g. **Ægialia** ; l'*Æ. arenaria* (Pl. X, fig. 134), 4 à 5 1/2 mill., ressemble à un *Aphodius* noir, court, renflé ; les mandibules et le labre ne sont pas cachés par le chaperon ; le corps est cilié tout autour.

3e Tribu. — Trogidiens

Le g. **Trox** forme le passage entre les derniers genres du groupe précédent et le genre suivant ; le corps est ovale, très convexe, la corselet est très inégal, bossué et sillonné, crenelé sur les côtés, le bord postérieur est fortement échancré de chaque côté ; les élytres, très convexes, recouvrent entièrement l'abdomen et sont tuberculées ou impressionnées avec des séries de soies courtes, hérissées ; les yeux sont entiers, non visibles en dessus. Ces insectes vivent dans les matières animales desséchées ; on les trouve parfois au pied des arbres ou enterrés dans le sable, et ils sont presque toujours recouverts de terre dans les parties enfoncées de leur sculpture. *T. perlatus*, 8 à 9 mill., noir, assez brillant, tête à 3 tubercules, corselet à 5 sillons, le médian plus fort, les autres ondulés, élytres à stries fines, intervalles ayant alternativement une rangée de gros tubercules noirs, luisants, et une rangée de plus petits. — *T. hispidus*, 8 à 9 mill., tête sillonnée, corselet également à 5 sillons, le médian profond, stries des élytres larges, peu profondes, ponctuées, intervalles ayant alternativement une rangée de tubercules surmontés d'une touffe de soie et une rangée de granulations.

4e Tribu. — Géotrupiens.

A. Menton profondément échancré en avant . GEOTRUPES.
B. Menton nullement échancré . . . . DOLBOCERAS.

Les **Geotrupes** ont, au contraire, le corps métallique très convexe, le corselet grand, uni, rarement armé de cornes ; la tête est pentagonale, le chaperon en triangle obtus, laissant à découvert les mandibules qui sont fortement dentées en dehors ; les yeux sont divisés entièrement par les joues, la massue des antennes est ovale, les pattes sont très robustes, les jambes anterieures tridentées. Ces insectes creusent des trous profonds sous les bouses et les matières stercorales ; ils volent le soir avec bruit ; *G. Typhœus*, 13 à 20 mill., d'un noir luisant médiocrement convexe, corselet des mâles presque lisse, avec trois cornes, les 2 latérales horizontales, la médiane courte, un peu relevée ; élytres à stries ponctuées ; corselet des femellles très ponctué, simplement tronqué en avant, avec une fossette et une petite dent de chaque côté. Les autres n'ont pas de cornes. — *G. stercorarius*, 15 à 25 mill., d'un noir médiocrement brillant, passant au bronzé et au vert métallique, dessous bleu d'acier ou verdâtre, élytres ayant chacune 14 stries. — *G. mutator* (Pl. X, fig. 135), 15 à 25 mill., d'un vert métallique brillant, bleuâtre ou doré ; élytres à 18 stries. — *G. sylvaticus*, 12 à 18 mill., d'un noir bleuâtre, assez brillant en dessus, violet brillant en dessous ; plus court, élytres à 15 stries, les intervalles finement ridés. Ces trois espèces sont très communes. — *G. hypocrita*, 13 à 20 mill., noir mat en dessus, doré en dessous, élytres à 15 stries, intervalles plats ; dans le Midi et les endroits sablonneux. — *G. vernalis*, 12 à 17 mill., noir ou bleuâtre, peu brillant, avec les bords plus métalliques, dessous violet ; très court, convexe, élytres à stries très fines, souvent à peine distinctes.

Les **Bolboceras** sont plus courts, presque globuleux, le 2e article des antennes est plus grand que le 3e, tandis qu'il est notablement plus court chez les *Geotrupes ;* les yeux ne sont qu'à moitié divisés, la massue des antennes est ronde, le corselet, plus large que les élytres, est tronqué en avant et denticulé chez les mâles, qui ont en outre une corne sur le chaperon : cette corne est grêle, arquée et mobile chez le *B. mobilicornis* (Pl. X, fig. 136), 5 à 9 mill., noir, fauve au dessous, qui vole le soir au-dessus des champs de luzerne ; conique, épaisse et non mobile chez le *B. gallicus*, 11 à 13 mill., propre au Midi de la France, où on le trouve dans les trous profonds ou bien dans les truffes ; il est globuleux et tout noir.

5e Tribu. — Oryctiens.

A. Mandibules mutiques en dehors. . . . . . ORYCTES.
B. Mandibules tridentées en dehors. . . . . PENTODON.

Les **Oryctes** ou Rhinocéros sont le type de ce groupe ; ce sont des insectes de grande taille, très convexes, dont les mâles ont toujours la tête armée d'une corne et le corselet tronqué ou excavé en avant ; leurs pattes sont épaisses, robustes, les jambes postérieures sont tronquées et les bords de cette troncature sont festonnés ou dentelés ; les antérieures ont trois ou quatre dents fortes ; le 1er article des tarses postérieurs prolongé en forme d'épine ; tous sont d'un brun marron luisant. *O. nasicornis*, 27 à 36 mill., tête armée d'une corne un peu arquée chez les mâles, d'un simple tubercule pointu chez les femelles ; corselet des mâles ayant de chaque côté une impression fortement ponctuée, excavé en avant, relevé au milieu en une saillie obtusément tridentée : élytres à ponctuation fine et écartée ; chez les femelles, le corselet est seulement très ponctué en avant avec une fossette ; commun dans les couches à melons, les tans, etc. Remplacé dans le Midi par *O. grypus* (Pl. X, fig. 137), plus grand, avec les élytres tout à fait lisses, et par l'*O. Silenus*, plus petit, avec le corselet largement excavé au milieu, les bords de l'excavation relevés anguleusement.

Les **Pentodon** ont le corps ovalaire, élargi en arrière, moins convexe, la tête est inerme dans les deux sexes, le corselet est uni, les jambes postérieures sont tronquées, mais cette troncature n'est ni festonnée, ni dentelée. *P. punctatus*, 19 à 23 mill., d'un noir luisant, tête ayant 2 très petits tubercules rapprochés ; corselet ponctué, presque rugueux en avant, élytres à lignes ponctuées obliques assez serrées ; Fr. mér.

6e Tribu — Mélolonthiens.

I.	Crochets des tarses égaux.	
A.	Crochets postérieurs (au moins) munis d'une dent interne.	
a.	Massue des antennes de 6 articles chez les ♂ et de 4 à 6 chez les ♀.	MELOLONTHA.
b.	Massue des antennes de trois articles	RHIZOTROGUS.
B.	Crochets des tarses bifides.	
a.	Jambes antérieures à 2 dents.	HOMALOPLIA.
b.	Jambes antérieures à 3 dents.	TRIODONTA.
II.	Crochets des tarses inégaux, les postérieurs simples, les antérieurs ayant l'une des branches ordinairement fendue.	
A.	Corselet plus étroit que les élytres	ANISOPLIA.
B.	Corselet aussi large à la base que les élytres	ANOMALA.
III.	Crochets des tarses inégaux, les postérieurs simples, crochets antérieurs ayant ordinairement l'une des branches fendues.	HOPLIA.

Le type de cette division est le g. **Melolontha**, ou Hanneton, qui se distingue de ses congénères par les hanches antérieures transversales ; les antennes de 10 articles, à massue composée de 5 à 7 feuillets chez les mâles, de 4 à 6 chez les femelles ; le chaperon est transversal, un peu rebordé en avant, le pygidium est grand, perpendiculaire, souvent prolongé en pointe, les jambes antérieures sont tridentées ; les crochets des tarses sont au nombre de 2 à tous les tarses et ont, à la base, une dent droite ou arquée assez courte. Les uns ont le pygidium prolongé en pointe. *M. vulgaris* (Pl. X, fig. 138,) 20 à 27 mill., noir, à poils d'un blanc grisâtre, formant des taches bien marquées sur les côtés de l'abdomen, élytres, pattes et antennes d'un fauve rougeâtre; élytres ayant chacune 5 côtes fines; trop commun dans toute la France. — Le *M. hippocastani*, qui se trouve surtout dans les bois, ne diffère que par la couleur d'un brun fauve, rarement noire, et par le prolongement du pygidium très grêle et plus court. D'autres ont le pygidium sans prolongement et des antennes énormes chez les mâles.— *M. fullo* (Pl. X, fig. 139), 33 à 35 mill., d'un brun noir ou rougeâtre, parsemé de nombreuses petites taches blanches, pubescentes, formant des marbrures, 3 lignes semblables sur le corselet; antennes d'un brun rougeâtre; poitrine couverte de poils jaunâtres; commun dans le sable des dunes, où il ronge les racines des graminées; se trouve aussi dans l'intérieur des terres, mais dans le Midi. Les espèces suivantes ont des antennes ordinaires, mais à massue de 5 feuillets seulement chez les mâles, au lieu de 6 à 7. — *M. villosa*, 22 à 27 mill., d'un brun noir ou fauve, parsemé de poils cendrés, courts, formant en outre trois bandes sur le corselet; dessous à villosité laineuse, un peu roussâtre. — *M. australis*,, 22 à 27 mill., même forme, un peu plus allongé, plus roussâtre, une seule bande sur le corselet, élytres ayant chacune 3 larges sillons remplis de poils grisâtres serrés; France méridionale.

Les **Rhizotrogus** ont aussi l'abdomen sans pointe, mais la massue des antennes n'offre que 3 feuillets; les élytres ont toujours des côtes peu saillantes. *R. æstivus*, 14 à 19 mill., glabre en dessus, d'un fauve clair, suture des élytres brune, corselet ayant une bande médiane brune, finement ponctué, parsemé de plus gros points, pygidium rugueux. — *R. thoracicus* (Pl. X, fig. 140), 13 à 16 mill., d'un jaune pâle, corselet assez finement et densément ponctué, ayant au milieu une large bande brune, élytres rugueusement ponctuées en travers, ayant une bande suturale brune, plus ou moins élargie, surtout à la base. — *R. solstitialis,* 16 à 18 mill., fauve, élytres pâles, une bande peu arrêtée sur le corselet et dessous de l'abdomen bruns ; corselet densément ponctué, hérissé de poils jaunâtres, ainsi que les élytres. — *R. rufescens*, 11 à 15 mill., fauve, glabre en dessus, tête, corselet et écusson un peu rougeâtres, corselet assez finement et très densément ponctué. — *R. ater*, 12 à 14 mill., noir, antennes brunes, corselet velu, très ponctué, ainsi que les élytres ; femelle rougeâtre. — *R. pini*, 14 à 16 mill., d'un rougeâtre marron passant au roux, sommet de la tête et milieu du corselet noirs ainsi que l'écusson, élytres ayant chacune 3 côtes saillantes ainsi que la suture, intervalles finement réticulés dessous noir, une tache blanche sur les côtés de l'abdomen, pygidium roux ainsi que les pattes ; France méridionale. — *R. vicinus*, 11 mill., presque cylindrique, d'un fauve brillant, un peu roussâtre sur le corselet et la tête, celle-ci rugueusement ponctuée avec un relief transversal, corselet et élytres à ponctuation assez grosse médiocrement serrée, ces dernières ayant la suture assez brillante et de chaque côté une côte peu marquée, les autres effacées, pygidium très ponctué ; France méridionale.

Les hanches antérieures sont, au contraire, saillantes chez les genres suivants et les crochets des tarses sont fendus : **Homaloplia**, corps ovalaire ou allongé, massue des antennes à 3 feuillets, jambes antérieures bidentées, les portérieures très larges, tarses allongés, les antérieurs parfois très courts. — *H. ruricola* (Pl. X, fig. 141), 6 à 7 mill., court, très épais, d'un noir mat, satiné élytres d'un rouge brique, bordées de noir ; tête et corselet ponctués, élytres striées; quelquefois les élytres sont entièrement noires: tarses antérieurs très courts. — *H. holosericea*, 9 mill., ovalaire, d'un brun foncé, à reflets soyeux, gris; chaperon sinué, fortement ponctué ; élytres à stries ponctuées, les intervalles un pen convexes. — *H. brunnea*, 7 à 10 mill., allongé, d'un fauve clair, tête large, chaperon échancré; élytres longues, stries à peine ponctuées; crochets antérieurs inégaux chez les mâles. nocturne. Ces 3 insectes vivent surtout dans les terrains sablonneux. Le g. **Triodonta** ne diffère guère que par les jambes antérieures à 3 dents : *T. aquila* (Pl. X, fig. 142,) 7 à 9 mill., oblong, fauve plus foncé en dessus, à fine pubescence roussâtre; assez fortement ponctué; élytres un peu élargies en arrière, à stries légères, intervalles un peu convexes; commun sur les chênes. France méridionale.

Les **Anisoplia** sont ovalaires, assez épaisses, médiocrement convexes; le corselet est un peu plus étroit que les élytres, qui sont assez courtes et presque tronquées, parfois épaissies le long du bord externe; leurs pattes sont médiocrement robustes, les postérieures pas plus fortes que les autres; les jambes antérieures sont bidentées, les tarses sont assez robustes, un peu comprimés, munis en dessous de fortes soies; les unes ont le bord antérieur de la tête rétréci et prolongé en forme de museau court : *A. agricola*, 8 à 10 mill., d'un noir bronzé, hérissé de poils blanchâtres; élytres d'un roux testacé, avec le tour et une grande tache à l'écusson, noirs, ainsi qu'une tache placée au milieu de la suture et s'élargissant souvent sur les côtés ; tête et corselet très ponctués ; élytres à stries ponctuées assez confuses ; sur les graminées, les fleurs. — *A. arvicola*, 9 mill., d'un noir moins bronzé, élytres plus rouges, parfois entièrement noires, à stries bien marquées, ponctuées, les intervalles assez convexes, corselet à ponctuation assez fine, peu serrée. — *A. tempestiva*, 12 à 14 mill., d'un noir faiblement bronzé, assez brillant, élytres d'un roux testacé, rarement unicolores, ayant presque toujours le tour et une tache carrée autour de l'écusson, noirs ; corselet densément et finement ponctué, sillonné au milieu ; élytres très finement ponctuées, à stries indistinctes ; Fr. mér. Les autres ont la tête arrondie en avant : — *A. horticola,* 8 à 10 mill., d'un vert foncé très brillant ; élytres d'un rouge brique très brillant ; corselet assez finement ponctué, faiblement sillonné au milieu ; élytres à stries ponctuées bien marquées ; c'est un des insectes les plus communs au printemps, partout, sur les buissons, dans les bois, sur les fleurs. *A. campestris* (Pl. X, fig. 143), 8 à 12 mill., plus large, d'un noir brillant ; élytres d'un roux testacé, très brillantes, avec le tour, une tache scutellaire carrée et une bande transversale oblique très crénelées, noirs.

Les **Anomala** ont le corps ovalaire, convexe, épais, le corselet aussi large à la base que les élytres ; rétréci en avant ; ces dernières sont largement arrondies en arrière, et les pattes postérieures sont plus robustes que les autres. *A. Frischii,* 12 à 14 mill., d'un vert bronzé ou bleuâtre ; corselet bordé de jaune sur les côtés ; élytres d'un roussâtre un peu métallique, suture verte ou bleue, cette couleur envahissant parfois toute la surface, corselet assez densément ponctué, élytres plus finement, stries rapprochées par paires, crochets des tarses à peine inégaux; très commun. — *A. devota*, 12 mill., même forme mais plus courte, élytres plus élargies en arrière, à villosité d'un cendré roussâtre assez longue, serrée en dessous couleur d'un bleu noirâtre brillant, passant au roussâtre chez les femelles, antennes antérieures rousses, sauf une tache au 1er article, crochets des tarses très inégaux; France méridionale. — *A. junii*, 13 mill., ovalaire, très convexe, tête, corselet et écusson d'un vert métallique, élytres fauves à reflets métalliques, dessous et pattes d'un brun bronzé, pygidium roux avec la base plus ou moins bronzée ou brune, corselet plus étroit à la base que les élytres, côtés presque droits en arrière, très ponctués, ayant au milieu une ligne enfoncée, élytres un peu rugueusemeut ponctuées, ayant chacune 2 lignes médiocrement saillantes, crochets des tarses plus inégaux; France méridionale.

Les **Hoplia** ont le corps épais, très convexe en dessous, plus ou moins couvert d'écailles parfois métalliques; les pattes sont robustes, surtout les postérieures; le dernier article des tarses est allongé; on les trouve souvent sur les fleurs. *H. cœrulea*, 8 à 11 mill., couverte d'écailles serrées, d'un bleu clair un peu farineux, en dessous d'un blanc argentin; commun dans les prairies au sud de la Loire. — *H. farinosa* (Pl. X, fig. 144), 8 à 11 mill. d'un brun marron, couverte en dessus d'écailles d'un vert clair un peu jaunâtre, et en dessous d'écailles d'un vert argentin métallique, — *H. philanthus*, 7 à 9 mill., brune avec la suture des élytres un peu rougeâtre, quelquefois les élytres d'un brun marron, couverte d'une poussière cendré très fugace, dessous couvert d'écailles cendrées plus serrées ; très commune partout.

7e Tribu. — Cétoniens.

A.	Elytres sinuées au bord externe, derrière les épaules, pièces latérales de la poitrine saillantes visibles en dessus	CETONIA.
B.	Elytres non sinuées au bord externe, pièces latérales de la poitrine non visibles.	
*	Hanches postérieures rapprochées.	
†	Ecusson grand, en triangle aigu.	OSMODERMA.
††	Ecusson court, subcordiforme.	
a.	Tête et corselet nu	GNORIMUS.
b.	Tête et corselet couverts de poils serrés.	TRICHIUS.
**	Hanches postérieures très écartées. . . .	VALGUS.

Les **Cetonia** ont le corps ovalaire, très solide, déprimé en dessus ; l'épistome carré, le corselet trapézoïdal, les pattes robustes et les hanches postérieures formant de chaque côté une saillie en pointe aiguë en arrière; on les trouve dans les fleurs, et quand elles volent elles soulèvent simplement les élytres pour laisser passer les ailes inférieures. Leurs larves vivent dans le terreau des vieilles souches d'arbres ; on les trouve souvent dans les fourmilières et même dans les nids d'abeilles sauvages. La *C. cardui* a été signalée comme faisant du tort au ruches de nos jardins. Les unes ont les jambes antérieures bidentées, la tête plus étroite, l'écusson aigu : *C. stictica*, **10** à **11** mill., noire, avec de longs poils clairsemés et de nombreuses petites taches blanches; commune sur les chardons.

Les autres ont les jambes antérieures tridentées et le corps très velu. — *C. hirtella* (Pl. X, fig. 145), **10 à 13** mill., brune ou noire, hérissée de poils jaunâtres assez serrés, corselet ponctué avec une carène lisse; élytres avec 6 ou 7 taches blanches.

Le corps est au contraire glabre chez les espèces suivantes : *C. marmorata*, 20 à 22 mill., bronzée en dessus, vert métallique en dessous; corselet ponctué sur les côtés, presque lisse au milieu, avec 2 séries de 3 gros points; élytres à taches vermiculées et à points formés par du duvet blanchâtre. — *C. floricola*, 17 à 23 mill., intermédiaire entre la précédente et la suivante, très variable, tantôt vert bronzé, tantôt vert métallique, tantôt brun bronzé, à taches grises souvent effacées; saillie mésosternale moins large que chez la *marmorata* et déprimée; les individus du Midi sont ordinairement d'un vert ou d'un violet vernissé, sans taches. — *C. speciossisima*, 20 à 23 mill., la plus grande du genre, entièrement d'un vert métallique uniforme, très brillant, parfois un peu bleuâtre, ou avec de faibles reflets dorés, tête ponctuée, mais corselet et élytres sans ponctuation appréciable, pygidium finement coriacé; très rare, sur les chênes, les ormes, Fontainebleau, Sarthe. — *C. affinis*, 19 à 21 mill., d'un beau vert métallique, parfois un peu cuivreux au moins sur la suture, dessous plus bleu et plus foncé ainsi que les pattes; tête très ponctuée, corselet ayant sur les côtés des points peu serrés, élytres déprimées après le milieu, le long de la suture qui est relevée, cette dépression marquée de 4 ou 5 lignes ponctuées, quelques lignes ponctuées plus ou moins régulières le long du bord interne; France méridionale. — *C. aurata*, 16 à 22 mill., d'un vert doré ou d'un rouge cuivreux, ponctuée, élytres ayant chacune 2 côtes assez saillantes, à taches vermiculées, presque transversales; saillie mésosternale globuleuse à l'extrémité; extrêmement commune. — *C. morio*, 14 à 20 mill., d'un noir très mat en dessus, brillant en dessous, quelquefois 4, 6 ou 8 petites taches blanches sur le corselet, élytres et pygidium saupoudrés de points blancs; Fr. mér., fait souvent des ravages dans les ruches, ainsi que le *C. cardui*, qui est plus grand, d'un noir bleu un peu brillant, surtout en dessous, et qui est également propre au Midi de la France.

Osmoderma, corps épais, massif, tête petite, creusée au milieu, ayant de chaque côté un petit tubercule, corselet ayant une impression longitudinale, les bords relevés et un peu saillants en avant; élytres grandes, mésosternum sans saillie : *O. eremita* (Pl. X, fig. 146), 30 mill., d'un brun noir luisant, avec un faible reflet métallique, écusson sillonné, élytres ponctuées; dans les vieux saules; exhale, étant vivant, une odeur de cuir de Russie.

Gnorimus, corps déprimé, épistome sinué en avant, corselet arrondi, notablement plus étroit que les élytres, celles-ci larges et courtes, écusson court, cordiforme; jambes antérieures bidentées, les intermédiaires arquées à la base chez les mâles : *G. variabilis* (Pl. 11, fig. 147), 18 à 20 mill., noir, 4 points jaunes sur le corselet et 4 ou 5 sur chaque élytre; abdomen tacheté sur les côtés; corselet fortement ponctué, élytres un peu rugueuses vers la suture; dans les troncs de châtaigniers. — *G. nobilis*, 16 à 20 mill., d'un beau vert métallique, souvent à reflets cuivreux, abdomen tacheté de blanc; corselet et écusson fortement ponctués, élytres rugueuses; commun sur les fleurs des sureaux.

Trichius, corps épais, velu, déprimé en dessus, épistome sinué ou échancré, corselet arrondi, plus étroit que les élytres, couvert d'un velours serré; élytres larges, courtes, presque carrées; jambes antérieures bidentées; tarses allongés : *T. fasciatus*, 12 à 14 mill, noir, hérissé de poils jaunâtres ou blanchâtres, corselet à velours jaune, élytres d'un jaune mat, avec 3 bandes transversales noires, la basilaire ordinairement entière, les deux autres n'atteignant pas la suture; très commun.

Valgus, corps épais, plat en dessus, corselet plus étroit que les élytres, inégale en dessus, élytres carrées, très courtes, ne couvrant ni le pygidium, ni le segment qui le précède; jambes antérieures à plusieurs dents, tarses assez longs : *V. hemipterus* (Pl. XI, fig. 148), 8 à 10 mill., d'un noir sale, avec des taches formées par des écailles cendrées et mal arrêtées; corselet ayant un sillon médian, 2 arrêtes et 2 fossettes; élytres à stries fines; abdomen des femelles terminé par une tarière assez longue: commun partout, à terre.

FAMILLE DES BUPRESTIDES

Les insectes de cette famille se reconnaissent à leur tête enfoncée dans le corselet, courte, verticale, à leurs antennes de 11 articles, dentées en scie, à leur corselet appliqué fortement contre la base des élytres, à leur prosternum formant en arrière une pointe reçue dans une cavité du mésosternum; les hanches antérieures et intermédiaires sont globuleuses, les pattes assez courtes: les tarses de 5 articles, les premiers ayant en dessous une lame plus ou moins marquée. Ce sont des insectes à couleurs assez vives, généralement métalliques, très lents à l'ombre, mais s'envolant comme des mouches lorsque le soleil les frappe. Leurs larves vivent dans les bois ou, plus rarement, dans les tissus de quelques plantes non ligneuses.

I. Cavité sternale formée par le mésosternum.
A. Un écusson . . . . PTOSIMA.
B. Pas d'écusson . . . . ACMÆODERA.
II. Cavité sternale profonde, formée par le mésosternum et le métasternum réunis.
A. Tête enfoncée dans le corselet, presque jusqu'aux yeux. Hanches antérieures plus ou moins fortement dilatées en dedans, rétrécies en dehors.
a. Abdomen envoyant de chaque côté, en avant, un prolongement plus ou moins fin ou nul.
* Menton recouvrant les mâchoires et la languette.
† Écusson très petit, punctiforme.
α. Hanches intermédiaires séparées des antérieures par une lame plus courte qu'elles. Corselet arrondi sur les côtés, en avant. . CAPNODIS.
β. Hanches intermédiaires séparées des antérieures par une lame aussi longue qu'elles. Corselet atténué en avant . . . . DICERCA.
†† Ecusson assez grand, transversal. . . . . POECILONOTA.
** Menton laissant à découvert la languette et une grande partie des mâchoires. Tête verticale.
† Ecusson petit, punctiforme . . . . BUPRESTIS.
†† Ecusson assez grand, cordiforme . . . . . EURYTHYREA.
*** Menton laissant à découvert les mâchoires et la languette. Tête inclinée . . . . CHALCOPHORA.
b. Abdomen envoyant de chaque côté, en avant, un prolongement plus ou moins large, subarrondi.
* 3e article des antennes, égal au 4e. Ecusson petit subarrondi . . . . ANTHAXIA.

** 3e article des antennes plus long que le 4e. Ecusson en triangle très aigu . . . . . CHRYSOBOTHRIS.

B. Tête enfoncée dans le corselet. Hanches postérieures à peine dilatées en dedans, mais visiblement dilatées en dehors.

a. Corps allongé, souvent linéaire. . . . . . AGRILUS.

b. Corps court, presque triangulaire . . . . TRACHYS.

C. Tête saillante, yeux éloignés du corselet. Corps linéaire . . . . APHANISTICUS.

Le g. **Ptosima** est caractérisé par un corps épais, subcylindrique, déprimé en dessus, un peu atténué en arrière, l'épistome est fortement échancré, les antennes sont courtes, assez grêles, le corselet est aussi large que les élytres, convexe en avant et peu rétréci; les élytres sont finement denticulées sur les côtés. *P. novemmaculata* (Pl. XI, fig. 149), 8 à 12 mill., d'un noir très brillant, à taches d'un beau jaune sur la tête, le corselet et les élytres, les taches formant sur ces dernières une seule rangée; dans le Midi et le Centre, même à Paris, sur le prunellier sauvage.

Les **Acmœodera** ont le corps plus convexe, les élytres sont sinuées derrière les épaules, l'épistome est largement échancré, le corselet est fortement convexe en avant, les élytres sont également denticulées sur les côtés. *A. tæniata*, 7 mill., noire, couverte en dessous d'une pubescence blanche, soyeuse, tête et corselet rugueusement ponctués, élytres ridées, à stries ponctuées, à bandes jaunes irrégulières.

Les **Capnodis**, à coloration sombre et triste, forment une tache au milieu des Buprestides; ils sont faciles à reconnaître à leur corselet corrodé, fortement arrondi sur les côtés, à leurs élytres atténuées en arrière et obtusément accuminées et à leurs tarses largement dilatés, à 4e article très profondément échancré, embrassant le 5e.

Leur corps est très solide, le corselet souvent orné d'écailles blanches. Ils sont propres au Centre et au Midi de la France. *C. tenebrionis*, 20 mill,, d'un noir mat, corselet tacheté de blanc, ayant une profonde fossette vis-à-vis l'écusson ; élytres un peu inégales, à ligne de points. — *C. tenebricosa*, même forme, mais plus petit, d'un bronzé obscur, corselet moins brusquement rétréci à la base, parsemé de petites plaques métalliques luisantes, élytres alignées de points très fins, marquées de petites impressions plus métalliques; Midi de la France méridionale.

Les **Dicerca** sont des insectes de couleur bronzée, à élyctres notablement rétrécies en arrière, très sculptées; leur corselet est fortement ponctué, mais non variolé ni corrodé. *D. ænea*, 20 mill., dessous d'un cuivreux brillant, dessus d'un bronzé brunâtre, avec quelques taches lisses; tête et corselet rugueusement ponctués, élytres rugueuses, striées, bidentées à l'extrémité. Fr. mér., sur les saules, les peupliers. — *D. berolinensis*, 22 mill., bronzé, à reflets un peu verdâtres, corselet ponctué, rugueux latéralement, élytres densément ponctuées, à stries visibles seulement en dedans, avec des plaques élevées, lisses, extrémité tronquée; sur les hêtres.

L'écusson est très petit dans les genres précédents; il est assez grand, transversal, cordiforme ou ovalaire, chez les **Pœcilonota**, qui ont en outre le corselet très rétréci en avant, les élytres denticulées en arrière et le 1er article des tarses postérieurs notablement plus long que le 2e. Ce sont des insectes à couleurs métalliques, piquetés de noir. *P. rutilans* (Pl. XI, fig. 150), 12 à 15 mill., d'un vert métallique avec une large bande cuivreuse autour des élytres, qui sont tachetées de noir; fortement ponctuée; corselet ayant les côtés; sur les tilleuls, les érables, etc. — *P. conspersa*, 15 mill., dessous d'un cuivreux brillant, dessus d'un bronzé obscur, saupoudré de blanc, avec des points élevés et des taches allongées noires; corselet à ligne médiane noire, élytres rugueusement ponctuées, rétrécies à l'extrémité qui est tronquée; sur les peupliers.

Les vrais **Buprestis** se distinguent des précédents par la conformation du menton, qui laisse à découvert la languette et une partie des mâchoires; leur corps est peu convexe, lisse, bleu ou vert, presque toujours tacheté de jaune; l'écusson est très petit, le prosternum est assez étroit; les tarses sont à peine dilatés, le 1er article des postérieurs est aussi long que les 2 ou 3 suivants réunis; tous vivent dans les pins et les sapins. *B. octoguttata* (Pl. 11, fig. 151), 11 à 13 mill., d'un beau bleu d'acier, bords latéraux du corselet et 5 taches sur chaque élytre, d'un beau jaune; Fr. mér. — *B. flavomaculata*, 15 mill., d'un brun noir verdâtre, pubescent, quelques taches sur le front, côtés du corselet et plusieurs taches souvent confluentes, sur les élytres, jaunes. — *B. rustica*, 12 à 16 mill., d'un vert bronzé ou bleuâtre, métallique, parfois violacé, élytres un peu inégales, intervalles des stries un peu convexes; Alpes.

Les **Eurythyrea** ont le corps plus épais, plus convexe que les vrais *Buprestis*, leurs yeux, chez les ♂, sont plus gros, plus convexes, plus saillants, l'écusson est plus grand, presque arrondi. *E. micans* (Pl. XI, fig. 152), 11 à 16 mill., d'un beau vert métallique, tantôt doré, tantôt un peu bleuâtre, avec une large teinte cuivreuse de chaque côté des élytres; Midi, remonte jusque dans la Nièvre. — *E. carniolica*, un peu plus petite, d'un vert brillant, plus bleuâtre, corselet plus fortement arrondi sur les côtés, écusson un peu plus pointu, élytres unicolores à stries plus fortes et plus fortement ponctuées; Alpes, Fontainebleau, rare.

Le g. **Chalcophora** a le corps allongé, la tête sillonnée, le corselet sculpté, ainsi que les élytres, qui sont très inégales, graduellement atténuées en arrière, l'écusson très petit; les tarses sont dilatés. *C. mariana* (Pl. XI, fig. 153), 20 à 25 mill., d'un bronze tantôt un peu doré, tantôt un peu verdâtre, couvert, à l'etat frais, d'une fine prunosité qui disparaît facilement, élytres ayant plusieurs larges dépressions assez rugueuses; sur les pins coupés; France méridionale, Alpes.

Les **Anthaxia** sont d'assez petite taille, assez déprimés en dessus. atténués en arrière, à tête large, à corselet presque carré, à prosternum large, à tarses étroits; on les trouve sur diverses fleurs. *A. manca*, 7 mill., d'un brun un peu métallique, presque mat, corselet à 2 bandes noirâtres, les côtés dorés, dessous d'un cuivreux brillant; sur les ormes, les pins et les aubépines. — *A. nitidula*, 5 à 6 mill., d'un vert gai assez brillant, corselet finement ridé, ayant de chaque côté, en arrière, une fossette bien marquée, dessous d'un vert doré très brillant; sur les fleurs d'aubépines, de chrysanthèmes, de pissenlits. — *A. umbellatarum* (Pl. XI, fig. 154), 5 mill., d'un brun noir à peine métallique, dessous d'un vert brillant, finement ridé, corselet uni. — Une des plus belles espèces est l'*A. cyanicornis*, 9 à 11 mill., d'un vert presque mat en dessus, d'un cuivreux brillant en dessous; les mâles ont sur le corselet deux bandes d'un bleu noir et les cuisses postérieures renflées; France méridionale.

Les **Chrysobothris** se distinguent par le corps plus large, l'écusson aigu, le 3e article des antennes notablement allongé et les élytres fortement lobées à leur base à nervures bien marquées et ayant chacune deux impressions plus brillantes. *C. affinis*, 11 à 15 mill., d'un brun bronzé, peu brillant, chagriné, fossettes des élytres arrondies, cuivreuses, antennes et dessous du corps cuivreux, brillants; sur les chênes. — *C. chrysostigma* (Pl. XI, fig. 155), un peu plus grand, plus rugueux, nervures des élytres plus saillantes, fossettes plus profondes et plus cuivreuses; Alpes. — *C. Solieri*, 9 mill., plus étroit, plus doré, plus uni, fossettes plus lisses, plus marquées, la postérieure un peu transversale; Fr. mér., sur les pins.

Les **Agrilus** ont le corps allongé, la tête assez fortement creusée entre les yeux, qui sont grands, mais écartés, les antennes assez courtes, fortement dentées en scie, le corselet est carré, plus ou moins transversal, l'écusson bien marqué, large à la base, les élytres allongées, souvent acuminées. Ces insectes, de petite taille, sont nombreux et se ressemblent beaucoup; ils vivent sur diverses plantes et on les trouve souvent morts sous les écorces d'arbres. — *A. angustulus*, 5 mill., d'un vert bronzé, élytres élargies sensiblement en arrière; sur les jeunes chênes. — *A. cyanescens*, 6 à 8 mill., bleu ou d'un bleu verdâtre, corselet sillonné au milieu avec deux petits plis aux angles postérieurs, élytres à peine élargies en arrière, épaules saillantes. — *A. undatus*, 13 mill., d'un bleu noirâtre à reflets violacés ou bronzés, élytres à fascies transversales grisâtres en zigzag; corps moins allongé, moins atténué en arrière; sur les chênes.

Les **Trachys** ont, au contraire, le corps court, triangulaire; la tête est fortement creusée au milieu, le corselet court, très rétréci en avant, l'écusson à peine visible; les élytres sont courtes, triangulaires; les tarses sont très courts, avec les crochets fortement dentées. *T. minuta*, 3 mill., noir brillant un peu bronzé, élytres ayant 4 bandes transversales un peu ondulées, de pubescence blanchâtre; sur les chênes. — *T. pygmæa*, 2 1/2 mill., d'un cuivreux doré brillant sur la tête et le corselet, élytres plus unies, d'un bleu parfois un peu verdâtre; dessous et pattes d'un bronzé brillant; sur les feuilles des roses trémières et autres malvacées; les larves minent les feuilles de ces plantes.

Les **Aphanisticus** se distinguent par un corps grêle, allongé, la tête saillante, les antennes brusquement renflées en massues et reçues dans les rainures de front et du prosternum. *A. emarginatus* (Pl. XI, fig. 156), 4 mill., presque parallèle, grêle, d'un noir bronzé assez brillant, élytres à lignes longitudinales et points serrés; dans les prairies, sur les joncs. — *A. pusillus*, 2 mill. 1/2, même couleur que le précédent, mais plus court, plus large, élytres élargies au milieu, non parallèles, à points moins réguliers.

FAMILLE DES ÉLATÉRIDES

Ces insectes ont beaucoup d'analogie avec les précédents ; ils en diffèrent surtout par la conformation du prosternum, qui forme le plus souvent une mentonnière en avant et se termine postérieurement en une pointe aiguë, comprimée, pénétrant dans la cavité antérieure du mésosternum. C'est grâce à cette disposition que les Élatérides, connus généralement sous les noms de Taupins, de Toque-Maillet et de Marteaux, peuvent, quand ils sont sur le dos, incliner leur corselet et, détendant brusquement les muscles du thorax, exécuter des sauts parfois assez élevés. Leur corps est plus rarement métallique que celui des Buprestides ; leurs antennes sont plus longues, dentées en scie et parfois pectinées. Comme dans la famille précédente, leurs larves vivent dans les arbres ou dans les tiges et racines de diverses plantes ; on trouve ces insectes parfois sur les troncs d'arbres et sur les fleurs.

I. Antennes reçues au repos dans les sillons de chaque côté de la poitrine. . . . . . . LACONIENS.

II. Antennes non ou incomplètement reçues dans des sillons latéraux.

A. Lames des hanches postérieures se rétrécissant graduellement en dehors . . . . . CORYMBITIENS.

B. Lames des hanches postérieures brusquement et fortement rétrécies en dehors. . ÉLATÉRIENS.

1re Tribu. — Laconiens.

A. Sillons prosternaux allongés, recevant les antennes droites . . . . ADELOCERA.
B. Sillons prosternaux raccourcis, recevant les antennes recourbées sur elles-mêmes. LACON.

Le g. **Lacon** a le corps oblong, assez convexe, le corselet un peu inégal en dessus, peu rétréci en avant ; les antennes sont assez courtes, les 2e et 3e articles très courts, l'écusson est large, les tarses sont allongés ; le 4e article est presque aussi long que les 2 précédents et entier. *L. murinus* (Pl. XI, fig. 157), 13 à 15 mill., d'un brun noir, couvert de poils écailleux blanchâtres, gris ou roussâtres, mélangés sans ordre et formant des taches vagues, élytres à fines stries ponctuées ; dessus de l'abdomen d'un fauve presque orangé ; très commun partout.

2e Tribu. — Corymbitiens.

I. Crochets des tarses simples ou faiblement unidentés.
A. Tête plus ou moins inclinée, plate ou légèrement concave.
a. Bord antérieur du front ne formant pas un rebord tranchant au-dessus du labre.
* Lames des hanches postérieures obtusément angulées. . . . . LUDIUS.
** Lames des hanches postérieures simples. CORYMBITES.
b Bord antérieur du front formant un rebord tranchant au-dessus du labre.
* 1er article des tarses aussi long que les 2 ou 3 suivants réunis. . . . . ATHOUS.
** 1er article des tarses subégal au 2e ou à peine plus long . . . . LIMONIUS.
B. Tête verticale, plus ou moins convexe.
a. Carène marginale du corselet, presque droite, se dirigeant sur l'œil. . . . . DOLOPIUS.
b. Carène marginale visiblement fléchie en avant, se dirigeant vers le dessous de l'œil. . . . . AGRIOTES.

II. Crochets des tarses pectinés.
A. Tête verticale. Bord antérieur non relevé en rebord tranchant.
a. Dernier article des palpes maxillaires ovalaire, acuminé, 3e article des tarses simple . . . . ADRASTUS.
b. Dernier article des palpes sécuriforme. 3e article des tarses muni en-dessous d'une forte lamelle. . . . . SYNAPTUS.
B. Tête inclinée, bord antérieur relevé en rebord saillant au-dessus du labre . . . . . MELANOTUS.

Le g. **Corymbites** a le corps assez épais, assez convexe, le corselet rétréci en avant, les angles postérieurs carénés, saillants en arrière, les antennes de forme variable, les tarses non ou à peine comprimés ; la tête est assez petite. Les uns ont les antennes simplement en scie. *C. tesselatus*, 12 à 14 mill., d'un bronzé à peine cuivreux, couvert d'une fine pubescence cendrée formant des taches peu régulières, parfois peu marquées, élytres légèrement dilatées au delà du milieu, à fines stries ponctuées ; très commun partout. — *C. holosericeus*, 9 à 12 mill., noir, couvert d'une pubescence cendrée, soyeuse, extrêmement fine, formant des bandes et des taches par l'inclinaison opposée des poils ; corselet à angles postérieurs courts, obliques, obtus, élytres élargies au delà du milieu, finement striées, pattes d'un brun roussâtre ; commun dans les bois. — *C. cruciatus* (Pl. XI, fig. 158), 12 mill., noir, corselet ayant 2 bandes rougeâtres, élytres jaunes avec la suture, une bande transversale, une courte bande à la base et les bords postérieurs noirs ; peu commun ; Lorraine, Alpes, Fontainebleau. — *C. latus*, 11 à 15 mill., large, peu atténué en arrière, d'un bronzé plus ou moins cuivreux en dessus, à pubescence blanchâtre peu serrée ; assez densément ponctué, élytres élargies en arrière, finement striées ; pattes d'un bronzé violet; très commun partout, dans les blés notamment. — *C. æneus*, 10 à 12 mill., forme du précédent, mais plus acuminé en arrière, d'un vert bronzé très brillant, glabre ; corselet à angles postérieurs saillants, fortement carénés, élytres fortement striées, les intervalles un peu relevés et ponctués ; dans les prairies un peu montagneuses. — *C. rugosus*, 12 mill., forme et coloration de l'*æneus*, mais un peu plus bronzé, avec les élytres très inégales, les stries, grossement ponctuées assez régulières à la base, mais interrompues ainsi que les intervalles par des fossettes oblongues, irrégulières ; Alpes, assez commun.

Les autres ont les antennes pectinées chez les mâles et très fortement dentées chez les femelles. *C. castaneus*, 10 mill., noir, corselet et tête couverts d'un duvet velouté d'un jaune doré, serré ; élytres d'un beau jaune, un peu noires à l'extrémité, finement striées, intervalles un peu relevés et ponctués ; sur les groseillers, les pommiers en eur. — C. *hæmatodes*, 10 à 12 mill., tête et corselet noirs, couverts d'un duvet rougeâtre, velouté, incliné en divers sens, élytres d'un rouge de sang, fortement striées, les intervalles relevés alternativement ; Alpes, prairies de l'Est. — *C. pectinicornis*, 12 à 15 mill., allongé, atténué en arrière, d'un vert bronzé, corselet allongé, atténué en avant, largement sillonné au milieu ; élytres finement striées, intervalles finement rugueux ; dans les montagnes. — *C. cupreus*, 12 à 15 mill., même forme, mais d'un bronzé cuivreux foncé, élytres ayant la moitié ou les 2/3 d'un jaune testacé ; dans les montagnes. — *C. aulicus*, 14 à 19 mill., allongé, assez acuminé en arrière, d'un vert métallique foncé avec les élytres d'un jaune roux, ayant parfois une tache bronzée à l'extrémité ; corselet très ponctué, sillonné au milieu ; Alpes.

Les **Athous** ont le corps allongé, souvent presque parallèle, la tête large, déprimée, parfois excavée en avant, les antennes assez longues, grêles, le 3e article un peu plus grand que le 2e et un peu plus court que le 4e ; le 1er article des tarses postérieurs est aussi long que les 2 ou 3 suivants réunis ; les femelles sont plus grandes, souvent beaucoup plus larges et plus convexes que les mâles, mais toujours moins parallèles. Le corselet est généralement à peine rétréci en avant et les angles postérieurs sont larges, courts et obtus. — *A. rufus*, 21 à 25 mill., un de nos plus grands Élatérides, entièrement d'un roux assez brillant, à peine plus foncé au milieu du corselet, ponctuation assez fine, serrée, tête ayant une forte impression, stries des élytres bien marquées, lisses ; Landes, Provence, sur les pins, souvent englué dans la résine. — *A. hirtus*, 10 à 12 mill., assez convexe, d'un noir brillant, à pubescence grisâtre un peu cotonneuse ; angles postérieurs du corselet assez longs, assez aigus, carénés ; élytres un peu rétrécies à l'extrémité, assez fortement striées, intervalles légèrement convexes, finement ponctués ; commun partout. — *A. hæmorrhoidalis*, 10 à 12 mill., allongé, assez convexe, d'un brun foncé, à pubescence grisâtre, corselet à angles postérieurs très courts et obtus, élytres allongées, assez fortement striées, les intervalles ponctués, dessous plus clair, abdomen rougeâtre à l'extrémité, pattes d'un brun roussâtre ; très commun partout. — *A. vittatus*, 10 mill., allongé, presque parallèle, peu convexe, brun, corselet long, parallèle, bordé de roussâtre, angles postérieurs courts et obtus, élytres roussâtres, ayant une bande suturale et une bande externe assez larges, d'un brun noirâtre, assez fortement striées, intervalles un peu convexes, finement ponctués, dessous et pattes d'un roux ferrugineux ; abdomen tacheté de noir sur les côtés ; très commun partout.

Les **Limonius** ont le corps plus épais, plus convexe, d'un bronzé foncé, le 1er article des tarses postérieurs est égal ou à peine plus long que le 2e. *L. cylindricus*, 10 à 11 mill., allongé, cylindrique, d'un bronzé clair et brillant, à pubescence assez longue ; corselet rétréci en avant, les angles postérieurs courts et aigus, élytres allongées, à peine rétrécies à l'extrémité, finement striées, les intervalles faiblement ponctués ; commun dans les prés. — *L. nigripes*, 9 à 11 mill., d'un bronzé foncé, à pubescence grisâtre, corselet plus court, écusson plus convexe, élytres notablement rétrécies en arrière, plus fortement striées, les intervalles plus ponctués, très commun sur les saules, dans les prairies. — *L. mus*, 7 mill., plus étroit, d'un bronzé plus brillant, à pubescence grise, corselet plus allongé, élytres faiblement rétrécies vers l'extrémité, les intervalles des stries finement ponctués, pattes d'un roussâtre clair.

Les **Dolopius** ont la tête plus verticale que les genres précédents, les antennes allongées, filiformes, avec les 2e et 3e articles courts, presque égaux, les autres à peine dentés ; le corselet est presque parallèle, marginé sur les côtés, avec les angles postérieurs aigus ; les tarses sont allongés, assez forts, 1er article notablement plus long que le suivant. *D. marginatus* (Pl. XI, fig. 159), 5 à 7 mill., allongé, brun, finement pubescent, bords du corselet, base des antennes et pattes roussâtres, élytres d'un brun roussâtre, sutures et côtés plus foncés, densément ponctués, élytres striées, intervalles finement ridés; très commun dans les prairies.

Les **Agriotes** ne diffèrent guère du genre précédent que par la forme ou plutôt par la direction des bords latéraux du corselet qui, au lieu d'être presque droits et de converger vers les yeux, se dirigent vers le dessous de l'œil. Le corselet est tantôt assez long. *A. aterrimus*, **11** mill, allongé, d'un noir foncé, peu brillant, densément et finement ponctué, corselet presque 2 fois aussi long que large, angles postérieurs obliques, obtus, un peu carénés; sur les chênes, les pins, au printemps. — *A. pilosus*, **10** à **12** mill., allongé, d'un brun noirâtre, couvert d'une pubescence cendrée, rarement un peu roussâtre, serrée; angles du corselet un peu obliques, presque obtus; commun sur les fleurs, dans les prairies et les clairières. Le corselet est beaucoup plus court dans les espèces suivantes : *A. striatus* (Pl. XII, fig. **160**), **9** mill., moins allongé que les précédents, d'un brun noir, à pubescence serrée; corselet à angles postérieurs plus saillants, élytres d'un brun rougeâtre, élargies en arrière, les stries rapprochées par paires, les intervalles étroits, roussâtres, ainsi que les pattes et les antennes; très commun dans les champs de blé; la larve ronge les racines de cette céréale et fait souvent beaucoup de dégâts. — *A. gilvellus*, **9** mill., noir, à pubescence fauve, corselet un peu plus long que large, angles postérieurs assez saillants, bicarénés, écusson ovalaire, presque parallèle, élytres fauves, avec la moitié postérieure ou simplement l'extrémité noirâtre, intervalles des stries finement ridés; quelquefois d'un brun entièrement noir ; sur les fleurs des ombellifères. — *A. obscurus*, 8 à 9 mill., noir, à pubescence grise, corselet plus large que long ; tête et corselet densément ponctués, ce dernier avec un sillon à la base, l'écusson arrondi, élytres très-convexes, élargies au milieu, à stries ponctuées, intervalles finement rugueux ; plus court et plus convexe que le précédent ; extrêmement commun partout. — *A. gallicus*, 5 à 6 mill., allongé, assez convexe, d'un brun noirâtre, densément et fortement ponctué, à pubescence grise ; front un peu impressionné, corselet notablement plus long que large, écusson ovalaire-oblong, élytres presque parallèles, un peu plus larges que le corselet, à stries ponctuées ; assez commun dans les bois.

G. **Adrastus**, dernier article des palpes maxillaires ovalaire et acuminé, corselet à angles postérieurs saillants, aigus, non carénés en dessus, 1er article des tarses au moins aussi long que les 2 suivants réunis ; 3e article simple. A. *limbatus* (Pl. XII, fig. 161), 4 mill., tête et corselet noirs, ce dernier roussâtre en avant et aux angles postérieurs, élytres d'un roux testacé avec la suture brune, à stries ponctuées bien marquées, les intervalles finement ponctués ; très commun partout.

G. **Synaptus**, corselet plus allongé, assez convexe, surtout en avant, angles postérieurs saillants assez aigus, carénés sur les côtés, 1er article des tarses notamment plus long que le 2e, le 3e muni en dessous d'une forte lamelle membraneuse, le 4e très petit. *S. filiformis* (Pl. XII, fig. 162), 10 à 12 mill., noir ou brun, couvert d'une pubescence serrée, couchée, grise ou cendrée, antennes et pattes roussâtres, élytres à stries ponctuées ; commun.

Les **Melanotus** ont, au contraire, la tête oblique

avec le bord antérieur formant un rebord tranchant au-dessus du labre; le corselet est ou presque carré, ou rétréci en avant, avec les bords latéraux finement rebordés et tranchants, les 2e et 3e articles des antennes sont petits, les tarses sont assez robustes, le 1er article presque aussi long que les deux suivants réunis; vivent sous les vieux arbres. *M. rufipes*, 10 à 13 mill., d'un brun noir assez brillant, à pubescence grise, pattes d'un roux testacé, corselet à peine rétréci en avant, les angles postérieurs dirigés en arrière, non divergents, surface très ponctuée, élytres assez convexes. — *M. castaneipes* (Pl. XII, fig. 163), 13 mill., même coloration, corselet à angles postérieurs légèrement saillants en dehors, élytres très allongées, moins convexes, faiblement striées, dessous du corps et pattes d'un brun rougeâtre plus ou moins foncé; plus commun dans les montagnes.—*M. niger*, 10 à 12 mill., d'un noir foncé peu brillant, couvert d'une pubescence grisâtre, corselet plus large que long, densément ponctué, élytres moins allongées, faiblement élargies au delà du milieu, pattes d'un brun rougeâtre obscur; commun.

3e Tribu. — Elatériens.

A.	Ecusson ovalaire. Saillie prosternale de forme ordinaire.	
*	Antennes dentées en scie, leur base logée dans un court sillon. Taille médiocre.. . .	ELATER.
**	Antennes presque filiformes, pas de sillons pour les recevoir à la base. Taille très petite	CRYPTOHYPNUS.
B.	Ecusson cordiforme. Saillie courte, épaisse.	CARDIOPHORUS.

Les **Elater**, ou Taupins proprement dits, ont une coloration qui les fait reconnaître très facilement; ils sont presque toujours noirs avec les élytres d'un rouge vif; leurs antennes sont assez courtes; le 2e article est notablement plus petit que le 3e, les suivants sont presque triangulaires, le corselet est assez convexe, médiocrement atténué en avant, les tarses ont le 1er article aussi long que les 2 suivants réunis; ils vivent dans les vieux troncs d'arbres, saules, chênes, etc. *E. sanguineus*, 10 à 14 mill., noir, à pubescence noire, élytres entièrement rouges. — *E. sanguinolentus* (Pl. XII, fig. 164), 8 à 12 mill., plus étroit, avec une bande noire sur la suture, occupant parfois la moitié des élytres. — *E. crocatus*, 8 à 10 mill., noir, élytres d'un jaune rougeâtre, corselet plus atténué en avant; dans les vieux saules. — *E. balteatus*, 8 à 9 mill., noir, élytres d'un roux testacé avec la moitié apicale noire; sur les pins en fleurs.

Les **Cryptohypnus** sont de très petite taille et vivent au bord des eaux, sous les pierres; ils sautent avec une grande vivacité et à une hauteur très grande, relativement à leurs dimensions exiguës; le dernier article de leurs palpes maxillaires est plus ou moins sécuriforme, les antennes sont presque filiformes avec le 2e article plus petit que le 3e. — *C. pulchellus* (Pl. XII, fig. 165), 3 à 5 mill., d'un noir mat, avec des taches irrégulières d'un roussâtre pâle sur les élytres, base des antennes et pattes rousses, corselet large, densément ponctué, presque rugueux, avec une ligne médiane étroite, lisse; assez commun. — *C. tetragraphus*, 3 mill., noir, avec 2 taches jaunes sur chaque élytre. — *C. riparius*, 5 mill., d'un vert bronzé foncé, pattes et base des antennes d'un brun roussâtre, tête et corselet finement ponctués, ce dernier un peu élargi au milieu, plus large que la base des élytres, qui ont des stries lisses et les intervalles à peine ponctués ; commun dans les endroits montagneux.

Les **Cardiophorus** ont le corselet très convexe, légèrement arrondi sur les côtés, les antennes assez grêles, les élytres faiblement élargies vers le milieu, les tarses à articles décroissant peu à peu de longueur du 1er au 2e ; on les trouve sur les fleurs, sous les écorces, quelquefois sous les pierres. *C. thoracicus*, 8 mill., d'un noir faiblement bleuâtre, corselet rouge, aussi large que long, presque carré, angles postérieurs courts, assez aigus, élytres assez ponctuées. — *C. rufipes*, 6 mill., d'un noir un peu bronzé, pubescent, corselet plus long que large, angles postérieurs courts et obtus, élytres à stries fines, non ponctuées, pattes d'un roux ferrugineux clair ; sous les écorces.— *C. equiseti*, 9 mill., d'un noir assez brillant, couvert d'une pubescence soyeuse, grisâtre, très fine et serrée, corselet aussi large que long, à peine rétréci en avant, angles postérieurs médiocres, assez aigus, élytres à stries fines, ponctuées, intervalles plans, pattes roussâtres, antennes grêles ; dans les prés.

FAMILLE DES TÉLÉPHORIDES

OU MALACODERMES

Cette famille renferme un grand nombre d'insectes qui, tout en présentant des différences assez notables, ont le caractère commun d'avoir des téguments mous et flexibles, l'abdomen dentelé, souvent arqué en dessous, les hanches antérieures et intermédiaires, coni-cocylindriques, les postérieures transversales, le corselet tranchant sur les bords, s'avançant souvent sur la tête qui s'infléchit en dessous, l'abdomen composé de 6 ou 7 segments ; les tarses ont 5 articles, sans lamelles, mais les crochets sont très variables ; malgré leur aspect inoffensif, ils sont presque tous carnassiers et très voraces.

I. Antennes insérées sur le front ou à la base du rostre.
A. Hanches intermédiaires écartées.
a. Corselet presque carré. Elytres unies . . . DICTYOPTERUS.
b. Corselet couvert de fossettes. Elytres à côtes saillantes . . . . EROS.
B. Hanches intermédiaires rapprochées. . . . HOMALISUS.
C. Hanches intermédiaires contiguës.
a. Antennes contiguës. Tête cachée sous le corselet. . . . . LAMPYRIS.
b. Antennes écartées. Tête non cachée. . . . TELEPHORUS.
II. Antennes insérées latéralement au-devant des yeux.
A. Crochets des tarses simples. Antennes des ♂ pectinées, ♀ aptères, vermiformes . . DRILUS.
B. Crochets des tarses lobés. Antennes non pectinées, ♀ ailées.
a. Corps lisse ou presque glabre. Pygidium plus ou moins découvert.
* Antennes insérées entre les yeux. . . . . . MALACHIUS.
** Antennes insérées en avant des yeux . . . ANTHOCOMUS.
b. Corps velu. Pygidium caché. Antennes courtes . . . . DASYTES.

Le g. **Dictyopterus** a le corps allongé, presque plat en dessus, la tête prolongée en forme de rostre, les antennes insérées à la base de ce rostre, le corselet presque carré, les élytres unies, s'élargissant peu à peu vers l'extrémité. *D. sanguineus* (Pl. XII, fig. 166), 8 mill., noir, élytres et côtés du corselet rouges, corselet inégal, sillonné au milieu.

Le g. **Eros** diffère par le corselet couvert de fossettes séparées par des côtes saillantes et par les élytres à côtes fines, saillantes, avec les intervalles réticulés; la tête ne forme pas de museau, les antennes sont insérées entre les yeux, un peu comprimées et dentées ; sur les fleurs, dans le Nord, l'Est et les montagnes. Tous sont noirs, avec les élytres rouges. *E. aurora* (Pl. XII, fig. 167), 9 mill., corselet rouge, parfois rembruni au milieu, ayant 4 grandes fossettes et 1 petite juste au milieu des 4 ; intervalles des élytres ayant 2 rangées de petites fossettes carrées. — *E. affinis*, 6 à 8 mill., corselet tout noir, antennes entièrement noires, 3e article un peu plus grand seulement que le 2e; intervalles des élytres à fortes rides transversales.

Le g. **Homalisus** ressemble beaucoup au précédent, mais la tête est moins recouverte par le bord antérieur du corselet, elle est enfoncée jusqu'aux yeux ; les antennes sont insérées entre les yeux, un peu comprimées, filiformes, le corselet est presque carré, inégal, avec les angles postérieurs très aigus et saillants. *H. suturalis*, 5 mill., allongé, parallèle, noir, élytres rouges, à suture noire, arrondies à l'extrémité, striées avec de gros points enfoncés ; commun dans les haies, les bois.

Les **Lampyris** ou vers-luisants ont le corselet en demi-cercle, relevé sur les bords, qui sont tranchants, tronqués à la base offrant ordinairement en avant 2 petites taches translucides, et recouvrant complètement la tête, les palpes maxillaires sont courts, le dernier article coupé très obliquement en dedans, les antennes sont courtes, comprimées, les élytres sont grandes, minces, le 4e article des tarses est court, échancré en dessus et bilobé. Ces caractères ne s'appliquent qu'en partie aux femelles, qui sont privées d'ailes et même d'élytres, ou n'en présentent qu'un très faible rudiment; leur abdomen, en revanche, est plus développé et présente à l'extrémité un appareil lumineux, phosphorescent, qui occupe les trois derniers segments. Cet appareil existe aussi chez les mâles, mais à un degré beaucoup plus faible, et, en outre, il est recouvert entièrement par les élytres, qui dépassent l'abdomen. Ce sont des insectes nocturnes qu'il est rare de rencontrer pendant le jour. Les larves, qui sont également lumineuses, sont très carnassières et vivent principalement de mollusques terrestres. *L. noctiluca* (Pl. XII, fig. 168), 10 à 15 mill., brun, corselet d'un jaune grisâtre, avec le disque obscur, élytres longues, parallèles, ayant chacune 2 lignes élevées, dessous noir, poitrine, pattes et les derniers segments de l'abdomen d'un jaune pâle. La femelle, plus commune et plus connue que le mâle, n'a ni ailes, ni moignons d'élytres, elle est d'un brun foncé, avec les bords des segments d'un jaune rougeâtre. — *L. splendidula,* 8 à 10 mill., d'un fauve très clair, corselet ayant en avant 2 taches tout à fait translucides, élytres plus courtes ; femelles ayant des moignons d'élytres ; Centre et Midi de la France.

Les **Lucioles** ont, au contraire, les élytres bien développées dans les deux sexes qui volent avec facilité et donnent dans le midi de l'Europe, le spectacle de petites étoiles volantes ; le corselet est plus convexe que chez les Lampyres, moins tranchant sur les côtés, ne recouvre pas la tête, et les côtés de l'abdomen ne sont pas dentés. *L. lusitanica*, 9 à 10 mill., faiblement convexe, allongée, noire, corselet et écusson d'un jaune orangé, abdomen noir avec les deux derniers segments blancs, élytres à pubescence fauve, extrémité des tibias et tarses obscures; Var, Grasse.

Les **Telephorus** ont le corps allongé, presque parallèle, extrêmement mou et se déformant assez facilement; la tête est presque entièrement dégagée du corselet, rétrécie en arrière, terminée par un large museau, les mandibules sont arquées, aiguës, le dernier article des palpes maxillaires est obliquement sécuriforme, les antennes sont filiformes, assez longues, les pattes sont assez grandes, les tarses ont le 4e article bilobé, les crochets sont tantôt simples, tantôt fendus. Ce sont des insectes extrêmement carnassiers; ils se nourrissent surtout de mouches et d'autres insectes et se dévorent souvent entre eux. *T. fuscus*, 14 mill., d'un brun noir pubescent, devant de la tête d'un brun rougeâtre, corselet d'un rouge ferrugineux, avec une tache discoïdale noire, côtés et les deux derniers segments de l'abdomen rouges, pattes antérieures d'un roussâtre obscur, bases des intermédiaires rougeâtres; très commun partout, employé souvent pour la pêche à la ligne, sous le nom de *Moine*. — *T. oculatus*, 16 à 18 mill., couleur du précédent mais moins foncé, corselet rouge avec deux gros points noirs; Fr. mér. — *T. abdominalis* (Pl. XII, fig. 169), 11 mill., noir, élytres d'un beau bleu foncé, bouche et abdomen d'un jaune rouge; assez commun dans les montagnes. — *T. tristis*, 18 mill., noir, à pubescence cendrée, bouche, base des antennes et extrémité des cuisses d'un brun roussâtre; commun dans les montagnes. — *T. fulvicollis*, 12 mill., élytres d'un brun noir, à pubescence cendrée, tête d'un roux testacé avec une tache noire, corselet d'un roux ferrugineux, plus pâle sur les bords, côtés de l'abdomen et derniers segments rouges, pattes d'un roux testacé, jambes postérieures et intermédiaires noires, base des antennes rousses. — *T. lividus*, 8 mill., dessus d'un roussâtre pâle, plus testacé sur les élytres, dessous d'un noir bleuâtre, bords des segments abdominaux et le dernier tout entier roux. — *T. melanurus*, 7 mill., même coloration en dessus, élytres finement ponctuées et terminées par une tache noire, tarses et antennes brunâtres ; c'est un des insectes, les plus communs sur les ombellifères, les blés, etc. — *T. pallidus*, 5 mill., noir, élytres d'un roux testacé très pâle, allongées, corselet rétréci en avant, pattes d'un jaune pâle ; commun sur les ombellifères.

Les **Drilus** sont remarquables par leurs antennes flabellées chez les mâles, qui ont des élytres recouvrant tout l'abdomen; leur corselet est transversal, un peu plus étroit que les élytres et l'épistome est confondu avec le front; les femelles sont aptères et ressemblent à de gros vers; les larves vivent dans les hélices ou colimaçons (*Helix nemoralis*), et il faut en casser un grand nombre avant d'en trouver une seule. *D. flavescens* (Pl. XII, fig. 170), mâle, 4 mill., noir, à pubescence fauve, rugueusement ponctué, élytres d'un jaune roux; très commun dans les haies ; femelle 10 à 12 mill., épaisse, convexe, sans ailes, rougeâtre, avec la base des segments noire; rare.

Les **Malachius** ont le corps oblong, la tête saillante, rétrécie en avant, l'épistome séparé du front par une suture transversale, les palpes filiformes, à dernier article plus ou moins acuminé, les antennes sont atténuées à l'extrémité, parfois élargies ou lobées à la base chez les mâles, le corselet est assez plane, presque arrondi, les élytres sont oblongues ou ovalaires, souvent plissées et épineuses à l'extrémité chez les mâles, les pattes sont assez grêles. Ces insectes sont remarquables par les vésicules rouges, appelées *cocardes*, qu'ils peuvent faire sortir sur les côtés du corselet et de l'abdomen quand on les irrite. Ils sont très agiles, très carnassiers. *M. æneus.* 6 à 7 mill., d'un vert métallique, élytres rouges avec une large bande suturale verte, côtés du corselet rouges, bouche jaune; les 3 premiers articles des antennes élargis en une dent jaune pâle chez les mâles. — *M. rufus* (Pl. XIII, fig. 171), 5 à 7 mill., dessus d'un beau rouge avec la tête et une bande médiane d'un vert bronzé, dessous et pattes de cette couleur; Fr. mér. — *M. marginellus*, 5 mill., d'un vert brillant, côtés du corselet et extrémité des élytres d'un jaune rougeâtre, ainsi que la bouche, les articles 3 à 7 des antennes dentés chez les mâles, dont les élytres sont plissées et épineuses à l'extrémité. — *M. bipustulatus*, 6 1/2 mill., vert, extrémité des élytres d'un jaune rougeâtre, corselet taché de rouge aux angles antérieurs, extrémité des élytres simple chez les mâles; très commun partout.

Les **Anthocomus** sont généralement plus étroits que les *Malachius*, dont ils diffèrent par les antennes insérées en avant des yeux et non entre les yeux, et par les tarses non velus en dessous, *A. sanguinolentus* (Pl. XIII, fig. 172), 4 mill., d'un noir bronzé, tête d'un jaune pâle en avant, élytres et bords latéraux du corselet d'un rouge foncé. — *A. equestris*, 3 mill., d'un bleu foncé, verdâtre, élytres noires, ayant chacune une grande tache partant des épaules jusqu'au milieu et une bande apicale d'un beau rouge. — *A. fasciatus*, 3 mill., même coloration, mais la tache antérieure des élytres formant une large bande transversale.

Les **Dasytes** diffèrent surtout des *Malachius*, par l'absence de vésicules rouges; le corps est aussi plus allongé, mais les antennes et pattes sont plus courtes, et au lieu d'être glabre ou à peine pubescent, leur corps est assez longuement velu; les crochets des tarses sont lobés en dedans. Leurs larves vivent dans le vieux bois; les insectes parfaits se trouvent sur les fleurs. *D. armatus*, 5 à 7 mill., oblong, un peu convexe, noir, brillant, hérissé d'assez longs poils; mâles ayant les jambes antérieures terminées par un fort crochet, les postérieures terminées par un appendice comprimé, arqué presque à angle droit; femelles ayant une rangée de poils gris sur la suture et sur les côtés des élytres, pattes sans crochets ni appendices; Fr. mér. — *D. quadripustulatus*, 3 à 4 mill., oblong, très convexe, finement et densément ponctué, à villosité noire, courte, élytres ayant chacune deux grandes taches rouges; Fr. mér. — *D. nigricornis*, 3 1/2 mill., d'un vert bronzé foncé, jambes, tarse et base des antennes d'un roux testacé, élytres convexes, fortement ponctuées, pubescentes. — *D. cæruleus*, 5 mill., d'un bleu d'acier, parfois verdâtre, antennes et pattes presque noires, élytres peu convexes, fortement ponctuées; très commun partout. — *D. plumbeus* (Pl. XIII, fig. 173), 2 1/2 mill., d'un bronzé plombé, jambes rousses et tarses bruns, élytres arrondies à l'extrémité, finement striées, finement velus. — *D. nobilis*, 6 à 7 mill., allongé, parallèle, très peu convexe, d'un vert métallique un peu bleuâtre, rarement bleu, très densément ponctué, à villosité noirâtre, corselet arrondi sur les côtés, plus étroit à la base que les élytres, celles-ci obtuses à l'extrémité, ayant quelques lignes élevées à peine indiquées, et faiblement déprimées de chaque côté de la suture; toute la France, plus commun dans le Midi. -- *D. linearis,* 4 mill., très allongé, parallèle, d'un verdâtre presque mat, plus brillant en dessous, pattes et antennes noires, élytres presque pointues à l'extrémité, très ponctuées.

On peut ranger à la suite des Malacodermes, à raison de la mollesse de leurs téguments et de leurs antennes assez courtes, en scie : 1° le g. **Hylecœtus**, corps allongé, presque cylindrique, tête grande, à peine moins large que leur corselet, antennes flabellées chez les mâles, corselet en carré transversal, élytres longues, un peu plus courtes que l'abdomen, 1er article des tarses très allongé. *H. dermestoides*, d'un roux testacé, tête et corselet souvent noirs, extrémité parfois noire; les mâles sont bien plus petits que les femelles et ont des palpes maxillaires énormes, flabellés; sur les montagnes, dans les sapins; 2° le g. **Lymexylon**, corps plus étroits et bien moins épais, yeux gros et saillants, antennes grêles, palpes maxillaires robustes et appendiculés chez les mâles, corselet un peu plus long que large. *L. navale*. (Pl. XIII, fig. 174), 6 à 18 mill., d'un jaune testacé brillant, élytres souvent enfumées à l'extrémité, tête noire; le mâle est souvent plus foncé; vit dans le chêne et cause souvent de grands dommages dans les arsenaux maritimes.

FAMILLE DES CLÉRIDES

OU TÉRÉDILES

Ces insectes, peu nombreux, ne diffèrent guère des précédents que par la forme du corselet rétréci à la base, par les antennes terminées par une massue plus ou moins comprimée, dentée, et par les tarses un peu déprimés, munis en dessous de lamelles plus ou moins développées, à 4e article bilobé ou échancré ; leurs téguments sont aussi plus solides. Leurs larves sont carnassières et vivent aux dépens des autres insectes.

A. Tarses de 5 articles bien distincts.	
a. Palpes labiaux bien plus longs que les maxillaires, ceux-ci à dernier article suboblong	THANASIMUS.
b. Palpes à peu près de même longueur ; dernier article des maxillaires en triangle renversé	CLERUS.
B. Tarses à 4e article très petit, peu distinct, reçu dans une échancrure apicale du 3e. .	CORYNETES.

Le g. **Thanasimus** se compose d'espèces à coloration élégante, leur tête est assez grande, les antennes sont assez courtes, s'élargissant peu à peu vers l'extrémité, les palpes labiaux sont bien plus longs que les maxillaires, le dernier article est sécuriforme, le corselet est sillonné transversalement à la base. Ces insectes se trouvent sur les bois morts, où leurs larves ont vécu aux dépens d'autres insectes qui ravagent les arbres. *T. mutillarius*, 8 à 10 mill., finement ponctué, velu, noir, élytres ayant la base d'un rouge orangé, puis deux bandes transversales blanches, la 2° beaucoup plus large, placée avant l'extrémité, ponctuation très forte à la base, moins vers l'extrémité; sur les pins. — *T. formicarius* (Pl. XIII, fig. 175,) 7 mill., plus petit, plus étroit, moins velu, tête noire, corselet rouge, les élytres colorées de même, mais la bande blanche antérieure, entière, sinuée, et remontant vers la suture; commun sur les tas de bois de chêne.

Les **Clerus** ou Clairons diffèrent des précédents par les palpes maxillaires et labiaux à peu près égaux, les premiers terminés par un article triangulaire, plus long que large, le corselet est également resserré et sillonné transversalement à la base, les élytres sont un peu élargies et arrondies en arrière, les tarses sont assez longs, le 1er article court. Ces insectes sont ornés de vives couleurs et hérissés d'assez longs poils peu serrés; leurs élytres, d'un rouge vif, sont coupées par des bandes ou des taches noires; on les trouve, à l'état parfait, sur diverses fleurs, notamment celles des oignons et des ombellifères · leurs larves vivent dans les nids d'hyménoptères et dans les ruches d'abeilles. *C. apiarus*, 12 à 15 mill., d'un bleu assez brillant, à reflets verdâtres, finement ponctué, élytres rugueusement ponctuées, ayant 2 bandes transversales et une tache apicale d'un bleu noir, abdomen bordé de rouge ; cuisses postérieures renflées et arquées chez les mâles; très commun; sa larve fait des ravages dans les ruches. — *C. alvearius*; même taille et coloration, mais plus fortement ponctué, presque mat, suture, une tache carrée autour de l'écusson, 2 bandes transversales et une tache avant l'extrémité, d'un bleu noir; très commun; sa larve vit dans les nids des abeilles maçonnes. — *C. octopunctatus*, 14 à 17 mill., élytres rouges, ayant chacune 2/3 ou 4 points noirs très variables; commun dans le Midi.

Les **Corynètes** ou Nécrobies n'ont que 5 segments à l'abdomen, au lieu de 6 que présentent les genres précédents; en outre, leur corselet très rétréci à la base, présente sur les côtés une ligne longitudinale saillante et le 4e article des tarses est à peine distinct; les antennes sont courtes, terminées par une petite massue de 3 articles; les tarses sont assez courts, le 1er article est recouvert en dessus par le 2e, les crochets sont munis d'une large dent basilaire. Ces insectes, d'un bleu d'acier, se trouvent dans les pelleteries, les matières animales desséchées, où ils font probablement la chasse aux larves des Anthrènes et des Dermesthes. *C. cœruleus*, 4 1/2 mill., d'un bleu verdâtre ou d'acier très brillant, massue des antennes et tarses brunâtres; élytres un peu élargies au delà du milieu, assez fortement ponctuées; très commun dans les maisons. — *C. violaceus*, 3 1/2 mill., d'un bleu plus foncé, corselet élargi au milieu, élytres à fortes stries ponctuées; commun. — *C. rufipes*, 5 mill., bleu, avec les pattes, la base des antennes et la bouche d'un testacé rougeâtre, élytres à stries ponctuées, s'effaçant au milieu. — *C. ruficollis* (Pl. XIII, 176), même taille, bleu, avec le corselet, la base des élytres, la poitrine et la base des antennes d'un rouge un peu jaunâtre; Fr. mér.

FAMILLE DES PTINIDES

Ce sont de petits insectes à corps épais, à tête inclinée en dessous, à antennes longues, assez épaisses; leur corselet, très convexe, cache la tête et est souvent orné de proéminences assez saillantes; leurs hanches antérieures sont rapprochées, saillantes, leurs pattes sont assez grandes, débordant de beaucoup les élytres, les tarses ont 5 articles et le 1er est bien développé.

Les **Ptinus** sont pubescents, ailés, leurs élytres ne sont ni soudées, ni comprimées latéralement, toujours ponctuées, leur corselet est inégal, garni de tubercules ou rugueusement ponctué ; ce sont de petits insectes vivant sous les mousses, dans les greniers, dans les recoins des celliers et des étables ; quelques-uns font des ravages dans les collections d'histoire naturelle, dans les pelleteries, les tapis, etc. *P. imperialis* (Pl. XIII, fig. 177), 3 à 4 mill., d'un brun noirâtre, corselet caréné, ayant en arrière deux dents obtuses, élytres en carré oblong, ayant chacune une tache formée par une pubescence blanchâtre, sinuée et arquée ; ces deux taches simulant par leur réunion une grossière ébauche de l'aigle à 2 têtes. — *P. rufipes*, 3 1/2 mill., presque cylindrique, d'un brun rougeâtre, pubescent, élytres à fortes stries ponctuées, intervalles un peu relevés ; sur chacune, deux bandes blanches plus ou moins interrompues, pattes et antennes rougeâtres. — *P. fur*, 3 à 3/2 mill., d'un brun plus ou moins roussâtre, élytres presque cylindriques chez les mâles, ovalaires chez les femelles, ayant derrière les épaules et avant l'extrémité une tache de pubescence blanchâtre ; extrêmement commun dans toutes les maisons. — *P. latro*, 3 mill., d'un roussâtre obscur, élytres cylindriques chez les mâles, ovalaires chez les femelles, mais sans taches, à stries ponctuées, les points gros et carrés ; trop commun dans les collections d'histoire naturelle. — *P. crenatus*, 2 mill., brun, à pubescence cendrée, corselet beaucoup plus large que long, couvert de poils serrés, élytres ovalaires globuleuses, à profondes stries, fortement crénelées ; assez commun dans les Alpes.

Le g. **Gibbium** a le corps fortement gibbeux, comme vésiculeux, mais dur et luisant, comprimé latéralement, les antennes longues, le corselet très court, uni, angulé au milieu en arrière ; les élytres sont soudées, lisses et glabres, les pattes sont grandes, les trochanters postérieurs presque aussi longs que les cuisses. *G. scotias* (Pl. XIII, fig. 178), 3 mill., d'un brun rougeâtre très brillant, glabre, tête et partie antérieure du corselet noirâtres, pattes et antennes d'un testacé rougeâtre ; ressemble à une grosse puce et se trouve souvent dans les vieilles maisons, dans les vases, les cuvettes placées dans des coins obscurs.

FAMILLE DES ANOBIIDES

Ces insectes ont quelque analogie avec les précédents, mais leurs antennes sont bien moins longues et terminées soit par 3 articles plus longs et plus épais, soit par une massue nettement tranchée ; la tête est inclinée en dessous, le plus souvent invisible en dessus, le corselet est avancé en avant en forme de capuchon ou est fortement renflé, les hanches antérieures sont oblongues et saillantes, les pattes sont courtes. Tous vivent, soit dans les vieux bois qu'ils percent dans tous les sens, ou dans diverses matières végétales desséchées ; ils se contractent fortement à la moindre alerte.

A. Corselet lisse ou rugueusement ponctué, 1er article des tarses le plus long.
a. Antennes ayant les 3 derniers articles allongés, formant une massue lâche. . . . . . ANOBIUM.
b. Antennes dentées ou flabellées.
* Antennes flabellées ♂, dentées ♀ . . . . PTILINUS.
** Antennes légèrement dentées ♂♀ . . . . OCHINA.
B. Corselet couvert de fortes rugosités, 1er article des tarses, très petit, peu distinct . . APATE.

Les **Anobium** ont le corps oblong, épais, très convexe, la tête enfoncée dans le corselet, les antennes de longueur variable, les 3 derniers articles plus ou moins allongés, un peu comprimés, le corselet transversal, largement arrondi au bord antérieur, bisinué au bord postérieur, les tarses à 1er article le plus long, le 4e souvent échancré ou un peu bilobé. Toutes les espèces de ce genre sont nuisibles, soit aux bois de construction, soit aux arbres vivants, soit aux substances végétales desséchées. Leurs larves percent les boiseries, les meubles, les livres même, et les criblent de petits trous comme ceux que ferait un coup de fusil chargé de cendrée très fine; ce sont leurs excréments qui forment ces petits tas de poussière rousse que l'on voit souvent sur le plancher et sur les meubles. Ces insectes pour se retrouver frappent rapidement avec leurs mandibules les parois de leurs galeries ; c'est le bruit qu'on entend souvent pendant la nuit et qu'on appelle vulgairement l'horloge de la mort. *A. tessellatum*, 6 mill. 1/2, d'un brun presque mat, avec de nombreuses petites taches formées par une pubescence roussâtre, corselet et élytres unis, ponctués, pattes et antennes fauves.— *A. pertinax* (Pl. XIII, fig. 179), 4 mill., plus étroit, un peu comprimé latéralement, d'un brun foncé, pubescent, corselet relevé postérieurement en un tubercule pointu, élytres à stries ponctuées ; commun dans les maisons. — *A. paniceum*, 3 mill., d'un marron fauve, finement pubescent, corselet uni, beaucoup plus large que long, élytres à peine plus larges que le corselet finement et régulièrement striées, les stries ponctuées, pattes et antennes fauves; très commun dans les vieux pains à cacheter, les graines farineuses, les herbiers, etc.

Les **Ptilinus** ont les mêmes mœurs et se trouvent aussi dans les maisons ; ils sont cylindriques, leur corselet est presque globuleux et leurs antennes, assez courtes, sont ponctuées chez les mâles et fortement dentées chez les femelles ; les palpes labiaux sont très allongés. — *P. pectinicornis*, 4 mill., noirâtre, presque mat, élytres finement ponctuées, parfois brunes, antennes et pattes plus claires ; assez commun dans les maisons et les chantiers.

Le g. **Ochina** a le corps oblong, convexe, la tête verticale, les antennes étroites, assez longues, légèrement dentées en scie, le dernier allongé, les tarses sont étroits, le 1er article presque aussi long que tous les suivants réunis *O. hederæ* (Pl. XIII, fig. 180), 2 1/2 mill., d'un brun marron, antennes et pattes rousses, élytres couvertes d'une pubescence cendrée très serrée, avec une bande au milieu, d'un brun marron ; commune dans les vieux lierres.

Les **Apate** ont le corps très épais, très cylindrique, le corselet extrêmement convexe, couvert d'aspérités, les antennes courtes, de 9 ou 10 articles, terminées par une brusque massue de 3 articles, les élytres tronquées et souvent épineuses à l'extrémité, les hanches antérieures épaisses, subovalaires, saillantes, les tarses de 5 articles mais le 1er très petit, souvent peu visible. Ils vivent dans le bois. *A. capucina*; 5 à 12 mill., d'un noir foncé, élytres et abdomen d'un beau rouge, corselet couvert de granulations serrées, plus saillantes en avant, élytres arrondies à l'extrémité, rugueusement ponctuées ; commun sur les tas de souches d'arbres. — *A. sexdentata*, (Pl. XIV, fig. 181), court, d'un brun marron, antennes et pattes plus claires, corselet noirâtre, à granulations très pointues ; élytres rugueuses, ponctuées, tronquées et excavées à l'extrémité avec 4 épines ; Fr. mér.

A la suite de ces insectes se place le g. **Lyctus** dont

le facies est bien différent ; le corps est allongé, parallèle, subdéprimé, la tête est un peu inclinée, découverte, le labre est blobé, les antennes sont terminées par une massue de 2 articles, le corselet est presque carré, l'écusson est extrêmement petit, les élytres sont longues, unies, arrondies au bout. *L. canaliculatus,* 4 mill., d'un jaune roux, tête et corselet densément ponctués, ce dernier à peine rétréci en arrière, largement sillonné, élytres finement striées ; vit dans le vieux bois, se trouve souvent dans les maisons.

FAMILLE DES TÉNÉBRIONIDES

OU HÉTÉROMÈRES

Cette famille comprend plusieurs tribus, de formes, de caractères et de mœurs très differents, mais qui ont entre elles ce point commun d'avoir les tarses hétéomères, c'est-à-dire les 4 antérieurs de 5 articles et les 2 postérieurs de 4 seulement.

I.	Hanches antérieures globuleuses, à peine saillantes, séparées par le prosternum. Crochets des tarses simples. Antennes insérées sous les bords latéraux de la tête. .	TÉNÉBRIONIENS.
II.	Hanches antérieures plus ou moins saillantes, rapprochées, souvent contiguës. Crochets des tarses pectinés. Antennes insérées latéralement devant les yeux, leur base découverte ou à peine cachée	CISTÉLIENS.

III. Hanches antérieures plus ou moins saillantes, souvent coniques, parfois contiguës. Antennes insérées à découvert sur les côtés du front. Crochets presque toujours simples.

A. Corselet aussi large ou presque aussi large que les élytres.

a. Tête engagée dans le corselet, inclinée, corselet légèrement bisinué au bord postérieur. Palpes maxillaires, grands, pendants. Abdomen de forme normale . . . . MÉLANDRYENS.

b. Tête accolée au corselet, verticale ou inclinée, à sommet saillant. Bord postérieur du corselet, ordinairement très bisinué. Palpes de taille normale. Abdomen comprimé latéralement. Crochets simples. . . MORDELLIENS.

B. Corselet notablement plus étroit que les élytres.

a. Tête pas plus large que le corselet, non portée sur un col. Crochets simples. Elytres grandes, élargies en arrière . . . . LAGRIENS.

b. Tête fortement rétrécie en col. Crochets simples.

* Corps déprimé. Antennes dentées ou subpectinées. Elytres amples. Corselet court, transversal. . . . . PYROCHROÏENS.

** Corps convexe. Antennes filiformes, ou grossissant un peu vers l'extrémité. Corselet ovalaire ou oblong, rétréci à la base. ANTHICIENS.

c. Tête brusquement rétrécie en col peu distinct. Corps convexe. Antennes épaisses, souvent claviformes. Crochets bifides, souvent pectinés. Elytres parfois courtes . . . CANTHARIDIENS.

d. Tête à peine rétrécie à la base, saillante, formant souvent un museau en avant. Antennes grêles. Crochets simples . . . . . . ŒDÉMÉRIENS.

Cette tribu, bien peu nombreuse dans le Centre et le Nord de la France, est mieux représentée aux bords de la Méditerranée ; elle se compose d'insectes presque toujours de couleur noire (d'où le nom de Mélasomes, qui leur a été longtemps donné), ou d'un fauve obscur, rarement d'un bronzé un peu métallique. Leur tête a presque toujours une forme pentagonale, leurs yeux sont peu saillants et indiquent que ce sont des insectes nocturnes ou crépusculaires, vivant soit à l'abri des pierres, soit sous les écorces et les mousses, soit enterrés ; quelques-uns cependant se trouvent dans les endroits les plus arides et ne craignent pas la chaleur du soleil. Leurs formes sont très variées.

1re Tribu. — Ténébrioniens.

I. Antennes assez grêles. Epistome entier ou seulement sinué, laissant le labre à découvert. Elytres presque toujours soudées. Tarses garnis en dessous de soies raides ou de fines épines.
A. Dernier article des palpes maxillaires à peine plus gros que le précédent. Elytres soudées.
a. Yeux rapprochés du corselet.
* Corselet convexe, arrondi sur les côtés.
† Corps oblong, atténué en arrière . . . . . TENTYRIA.
†† Corps court, arrondi en arrière . . . . . PIMELIA.
** Corselet plan, relevé et tranchant sur les côtés . . . . AKIS.
b. Yeux éloignés du corselet.
* Tête et corselet allongés.
† Elytres larges, courtes . . . . ELENOPHORUS
†† Elytres étroites allongées . . . . TAGENIA.
** Tête et corselet courts. . . . . SCAURUS.
B. Dernier article des palpes maxillaires triangulaire, notablement plus gros que l'avant-dernier.
a. Corselet à bords latéraux larges, tranchants . . . . ASIDA.
b. Corselet arrondi sur les côtés.
* Epistome échancré. Taille grande. . . . . BLAPS.
** Epistome non échancré. Taille petite. . . . CRYPTICUS.
II. Antennes assez courtes, épaisses. Epistome fortement échancré, le labre n'étant visible que dans cette échancrure. Elytres non soudées.
A. Dernier article des palpes maxillaires sécuriforme.
a. Epipleures des élytres entières.
* Yeux presque entiers . . . . PANDARUS.
** Yeux entièrement divisés.
† Jambes antérieures en triangle allongé ; tarses ♂♀ garnis en dessous de soies raides plus serrées. . . . . PHILAX.
†† Jambes antérieures fortement triangulaires ; 2e et 3e articles des tarses ♂ garnis en dessous de poils fauves . . . . . HELIOPATHES.

b. Epipleures des élytres, brusquement rétrécies vers l'extrémité. . . . . OPATRUM.
B. Dernier article des palpes maxillaires ovalaire . . . . MICROZOUM.
III. Antennes courtes, perfoliées, grossissant vers l'extrémité. Epistome entier. Elytres libres. Pattes souvent fouisseuses.
A. Pattes fouisseuses.
* Corps court, très convexe, noir. Corselet cilié. . . . . TRACHYSCELIS.
** Corps ovalaire, médiocrement convexe fauve. Corselet non cilié . . . . PHALERIA.
B. Pattes non fouisseuses
* Corps presque globuleux. Dernier article des tarses postérieurs aussi long que les 3 précédents réunis . . . . DIAPERIS.
** Corps ovalaire moins convexe. 1er article des tarses postérieurs aussi grand que le dernier et que les 2e et 3e réunis . . . . . PLATYDEMA.
*** Corps oblong, subparallèle. 1er article des tarses postérieurs plus court que le dernier . . . . BOLITOPHAGUS.
IV. Antennes médiocrement longues, non perfoliées, plus ou moins en massue. Epistome entier. Elytres libres.
A. Tête plus ou moins engagée dans le corselet. 5e article des antennes plus large que long.
a. Antennes grossissant à l'extrémité.
* Yeux entiers.
† Antennes grossissant graduellement. . . . ULOMA.
†† Antennes terminées brusquement par une massue de 3 articles. . . . . PHTHORA.
** Yeux entamés. Antennes grossissant graduellement . . . . TRIBOLIUM.
b. Antennes fusiformes. Corps linéaire . . . . HYPOPHLŒUS
B. Tête dégagée du corselet. 5e article des antennes aussi long au moins que large.
a. Epistome confondu avec le front. Yeux distants du corselet. . . . . CALCAR.
b. Epistome séparé du front par un sillon ou une impression arquée, yeux rapprochés du corselet . . . . TENEBRIO.
V. Antennes assez longues et grêles, grossissant à peine vers l'extrémité. Epistome entier. Tarses garnis en dessous de poils soyeux . . . . HELOPS.

Les **Tentyria** ont le corps oblong, le corselet plus étroit que les élytres, très rétréci à la base, fortement arrondi sur les côtés, les élytres sont ovalaires, convexes, l'épistome forme un angle obtus ou arrondi qui recouvre la base du labre; les tarses sont grêles. *T. mucronata* (Pl. XIV, fig. 182), 12 à 15 mill., d'un noir peu brillant, assez finement ponctuée sur la tête et le corselet, ce dernier ayant le bord postérieur tronqué et muni de 2 petites dents; écusson plus long que large, élytres à peine ponctuées, mais striées, les stries un peu inégales; commune aux bords de la Méditerranée. — *T. interrupta*, 12 mill., diffère par le bord postérieur du corselet peu arqué, sans dents, par l'écusson plus large que long; commune aux bords de la mer, dans les Landes et surtout à Arcachon ; quand l'insecte est très frais, il est couvert d'une efflorescence blanchâtre.

Les **Pimelia** ont, au contraire, le corps ramassé, les élytres presque arrondies, la tête est enfoncée jusqu'aux yeux dans le corselet qui est court, fortement arrondi sur les côtés, l'épistome est coupé droit et ne cache pas la base des mandibules qui sont courtes et épaisses, le bord réfléchi des élytres est très large. *P. bipunctata*, 15 mill., d'un noir à peine luisant, souvent saupoudrée de poussière terreuse, corselet granuleux sur les côtés, ayant sur le disque 2 points enfoncés, souvent confondus dans une impression transversale, élytres ayant chacune 3 côtes, outre la suture et le bord externe qui sont carénés, intervalles finement rugueux ; commun au bord de la Méditerranée.

Les **Akis** sont oblongs, très épais, mais à peine convexes, en dessus, leur épistome est échancré et recouvre la base des mandibules, les yeux sont un peu entamés par les joues, le corselet est large, échancré en avant, très aplani et rebordé latéralement, avec les angles postérieurs saillants, les élytres ont un large bord réfléchi, les pattes sont assez grandes. *A. punctata* (Pl. XIV, fig. 183), 15 à 20 mill., d'un noir brillant, corselet et élytres plissés sur les côtés, ces dernières carénées sur le bord externe et granuleuses au milieu des plis ; Midi de la France.

Dans le g. **Elenophorus**, la tête et le corselet sont presque cylindriques, beaucoup plus étroits que les élytres, qui sont courtes, ovalaires, déprimées, fortement carénées sur les côtes, l'épistome, tronqué au milieu, s'avance de chaque côté sur la base des mandibules, les pattes sont grandes et grêles, le bord réfléchi des élytres est aussi grand que la partie dorsale. *E. collaris* (Pl. XIV, fig. 184), 15 à 20 mill., noir presque mat, tête carénée et sillonnée transversalement en arrière, corselet légèrement sillonné au milieu, élytres unies ; bord de la Méditerranée.

Les **Tagenia** sont de petits insectes propres aux mêmes régions que les précédents ; ils sont très allongés, la tête est aussi longue que le corselet, les yeux sont éloignés de ce dernier, l'épistome est avancé et cache la base des mandibules, les antennes sont courtes, à articles plus larges que longs, le corselet est oblong, plus étroit que les élytres qui sont allongées et acuminées. *T. angustata*, 6 à 7 mill., d'un noir peu luisant, écusson en carré plus large que long, ponctuation fine, écartée en dessus, nulle en dessous ; élytres à lignes ponctuées ; commune en Provence.

Les **Scaurus** sont gros, épais, assez convexes, la tête est inclinée, rétrécie à la base, l'épistome cache de chaque côté la base des mandibules ; les yeux sont encore éloignés du corselet, qui est très bombé, les antennes sont assez fortes, mais leurs articles sont allongés; les élytres, anguleusement arrondies aux épaules, sont tantôt unies, tantôt fortement carénées, leurs pattes sont robustes, surtout les antérieures, et quelquefois épineuses; ils sont également propres aux côtes méditerranéennes. *S. tristis* (Pl. XIV, fig. 185), 15 à 18 mil., d'un noir presque mat, élytres ayant chacune 3 côtes saillantes, la plus rapprochée de la suture ne commençant qu'au milieu, suture relevée en arrière, intervalles à peine ponctués en ligne. — *S. atratus*, 10 à 14 mil., élytres sans côtes, la suture seulement un peu relevée en arrière à lignes ponctuées assez bien marquées.

Les **Asida** ont le corps ovalaire, épais, convexe, couvert généralement d'un enduit terreux; leurs antennes, assez grêles, ont le dernier article presque caché dans le 10e, le corselet, presque aussi large que les élytres, est rebordé, le bord postérieur est fortement sinué de chaque côté, les élytres sont ovalaires, courtes, soudées; on les trouve dans les endroits arides. *A. grisea*, 12 à 14 mill., d'un brun noir, souvent couverte de terre, corselet granulé et ayant chacune 4 côtes un peu en zig-zag, granuleuses et velues.

Les **Blaps** ont le corps ovalaire-oblong, très épais, mais un peu aplani sur le dos et très lisse, les antennes assez courtes, à dernier article dégagé du précédent, les élytres enveloppent l'abdomen et se terminent par une pointe obtuse plus ou moins saillante; leurs pattes sont assez grandes et cependant leurs mouvements sont peu vifs. Tous sont d'un noir peu brillant et habitent les caves, les ruines, souvent les endroits où l'on dépose des matières fécales; ils exsudent un liquide huileux, d'une odeur désagréable, qui persiste longtemps sur les doigts. *B. mortisaga*, 20 à 25 mill., ovalaire-oblong, corselet presque carré, presque plat, élytres assez déprimées sur le dos, un peu élargies en arrière, finement ponctuées, se terminant par un prolongement court et obtus, un peu plus saillant chez les mâles; commun dans toute la France, dans les caves, les celliers. — *B. gigas* (Pl. XIV, fig. 186), 25 à 35 mill., assez allongé, convexe, peu luisant, presque lisse, corselet élargi sur le milieu des côtés, un peu rétréci en arrière, élytres terminées par un prolongement très saillant, divergent, horizontal; jambes postérieures un peu arquées chez les mâles; commun dans le Midi.

Les **Crypticus** diffèrent des précédents par leur taille petite, leurs élytres non soudées, l'épistome non échancré, le corselet grand, arrondi sur les côtés, les antennes grossissant un peu vers l'extrémité, les élytres presque moins larges à la base que le corselet; ce sont des insectes très agiles, au contraire des précédents; on les trouve dans les endroits sablonneux. *C. quisquilius*, 5 à 6 mill., oblong, médiocrement convexe, d'un noir peu brillant en dessus, plus en dessous, antennes un peu comprimées, brunes; élytres presque parallèles ou à peine atténuées en arrière, à ponctuation à peine distincte, formant parfois de petites lignes,

Les **Pandarus** sont ovalaires, assez épais, mais peu convexes, leurs yeux sont entiers, leurs antennes sont un peu comprimées, grossissant légèrement vers l'extrémité, le corselet, transversal, a le bord postérieur fortement sinué de chaque côté, avec les angles prolongés largement en arrière, les élytres sont un peu ovalaires, à stries fortement ponctuées ; le 1er article des tarses postérieurs est aussi long que les 2 suivants. *P. coarcticollis*, (Pl. XIV, fig. 187), 12 mill., d'un noir peu brillant, corselet à côtés arrondis, puis fortement redressés à la base, réticulé, ayant au milieu un fin sillon, élytres à ponctuation fine, un peu rugueuse, intervalles des stries presque plans, un peu relevés à l'extrémité, le 7° presque caréné; Fr. mér.

Les **Phylax** sont presque parallèles, assez convexes, leurs yeux sont coupés par les joues et leur tête est enfoncée presque jusqu'aux yeux, le corselet est légèrement arrondi sur les côtés, les angles postérieurs sont pointus et s'appuient sur les épaules des élytres; les jambes antérieures s'élargissent vers l'extrémité. *P. littoralis* (Pl. XIV, fig. 188), 10 mil., oblong, d'un noir peu brillant, moins mat sur les élytres, corselet finement et densément ponctué, côtés sinués à la base, élytres à stries bien marquées, fortement ponctuées, intervalles finement et rugueusement ponctués, alternativement plus saillants; commun aux bords de la Méditerranée, sous les pierres.

Les **Heliopathes** ont également le corps oblong et convexe, mais les côtés du corselet sont brusquement redressés à la base et le bord postérieur n'est pas bisinué ; les épaules des élytres présentent une impression pour recevoir les angles postérieurs du corselet; quand ces insectes sont frais, ils sont recouverts d'une fine pruinosité blanchâtre que le frottement fait rapidement disparaître. *H. abbreviatus* (Pl. XIV. fig. 189), 12 mill., oblong, d'un noir assez brillant, corselet finement ponctué, élytres à épaules bien marquées et à fines lignes ponctuées avec les intervalles encore plus finement ponctués; Fr. mér., des Alpes aux Pyrénées. — *H. gibbus*, 8 à 9 mill., médiocrement convexe, d'un noir assez brillant, corselet moins arrondi sur les côtés, densément et assez finement ponctué, élytres à épaules moins pointues, à stries plus fortes et plus fortement ponctuées, avec les intervalles presque rugueusement ponctués et alternativement plus convexes; très commun sur les plages sablonneuses de la Manche et de l'Océan.

Les **Opatrum** se distinguent des insectes précédents par des mœurs fouisseuses; aussi leurs yeux sont-ils à peine saillants, débordés par les joues qui les coupent par une lame sur laquelle vient s'appuyer l'angle antérieur du corselet; celui-ci est largement marginé sur les côtés, les élytres sont striées ou sculptées, les antennes courtes, grossissant un peu vers l'extrémité, les jambes antérieures sont larges et propres à fouir, mais non dentées; ils sont d'un brun noirâtre mat et presque toujours couverts de poussière. *O. sabulosum* (Pl. XV, fig. 190), 8 mill., corselet granuleux, aplati et rebordé sur les côtés, bord postérieur sinué de chaque côté, élytres striées, ces stries interrompues par des granulations assez fortes, intervalles granuleux et alternativement plus saillants; dans les endroits arides. — *O. rusticum*, 6 à 8 mill., oblong, presque parallèle, très peu convexe, d'un brun noirâtre, avec des soies courtes, hérissées, roussâtres, antennes brunes, plus claires à l'extrémité, corselet légèrement arrondi sur les côtés qui sont un peu relevés, ponctués et râpeux, élytres à stries finement ponctuées, intervalles presque unis, finement rugueux.

Le g. **Microzeum** a le facies d'un petit *Opatrum sabulosum;* il est caractérisé par la forme des jambes antérieures qui sont larges, triangulaires et dentées en dehors. *M. tibiale* (Pl. XV, fig. **191**), 4 mill., convexe, d'un noir presque mat, corselet faiblement arrondi sur les côtés qui se redressent à la base, bord postérieur droit, ayant une impression au milieu de la base, relevé au milieu du disque, élytres à 4 ou 5 sillons peu enfoncés, avec les intervalles inégaux, ondulés; commun dans les endroits sablonneux, exposés au soleil.

Les **Trachyscelis** ont le corps court, très convexe, les yeux peu apparents, cachés en partie par le bord antérieur du corselet qui est cillié sur les côtés, ainsi que les élytres, les jambes fortement épineuses, les antérieures presque triangulaires; ce sont des insectes fouisseurs, vivant enterrés dans les sables, au bord de la mer. *T. aphodioïdes* (Pl. XV, fig. **192**), 4 mill., ovalaire, court, lisse, d'un noir brillant, dessous d'un noir presque mat, élytres à stries ponctuées, les internes profondes, les autres peu marquées, prosternum comprimé, roux, garni de longs poils roussâtres, pattes fauves, velues; commun sur les côtes de la Méditerranée et de l'Océan jusqu'à la Bretagne. — *T. rufus*, 3 mill., de même forme, mais d'un fauve testacé, couvert d'une fine ponctuation râpeuse; élytres sans stries visibles garnies de longs poils rangés en séries longitudinales, prosternum assez large, non comprimé comme dans l'espèce précédente, jambes antérieures simplement festonnées; propre aux bords de la Méditerranée.

Les **Phaleria** sont aussi des insectes maritimes, mais leur corps est plus oblong, bien moins convexe, lisse, non cilié latéralement et d'un roux ou d'un fauve clair, leurs yeux sont très visibles, leurs antennes sont plus allongées et renflées à partir du 6e article. *P. hemisphœrica*, 4 mill., ovale, court, convexe, d'un jaune pâle, lisse, élytres à stries très fines; bords de la Méditerranée. — *P. cadaverina*, 6 à 7 mill., ovale-oblongue, peu convexe, d'un fauve jaunâtre, médiocrement brillant, corselet trapézoïdal, finement ponctué, ayant de chaque côté, à la base, une strie très courte, élytres ovalaires, à fines lignes ponctuées, ayant quelquefois, au milieu du disque, une tache noirâtre; commune dans le sable, au bord de la mer, sous les matières végétales ou animales; toute la France.

Les **Diaperis** ont le corps presque globuleux, très lisse, les antennes perfoliées, les yeux gros, très rapprochés en dessous; le prosternum comprimé, reçu dans une fente du mésosternum. *D. boleti*, 7 mill., d'un noir brillant, front concave, corselet à peine ponctué, élytres à lignes ponctuées formant de fines stries; sur chaque 3 bandes d'un jaune rougeâtre : la 1re à la base, la 2e au milieu, la 3e apicale ; commun dans les champignons.

Les **Platydema** sont plus ovalaires, moins convexes, leurs antennes plus grêles sont moins dentées et se terminent par une petite massue; le prosternum est plus large au milieu. *P. europæa*, 6 mill., d'un noir mat en dessus, dessous, pattes, antennes et palpes roux, corselet finement ponctué, élytres à stries peu profondes, ponctuées, intervalles un peu convexes, plus finement ponctués que le corselet; Fr. mér., dans les bolets. — *P. violacea* (Pl. XV, fig. 193), 7 à 9 mill., d'un bleu violet brillant en dessus et pattes d'un brun noir, antennes brunes à la base, plus claires vers l'extrémité ; une fossette au milieu du front, corselet assez finement ponctué, élytres à stries fines, ponctuées, les intervalles presque plans, très finement ponctués ; sous la mousse, au pied des arbres ; Nord et Est de la Fr.

Les **Bolitophagus** vivent aussi dans les champignons ; leur corps épais est presque parallèle, leur tête est aplatie en lame demi-circulaire dont le bord entame les yeux, le corselet embrasse la tête par les angles antérieurs qui sont saillants, les côtés sont plus ou moins denticulés, les élytres ont de fortes stries, fortement crénelées, le pygidium est recouvert par les élytres, les jambes sont grêles. *B. reticulatus*, 6 à 7 mill., noir ou d'un brun foncé, presque mat sur la tête et le corselet, antennes ciliées au dehors, corselet très ponctué, sillonné au milieu, crénelé sur les côtés qui sont sinués vers la base avec les angles postérieurs pointus, élytres à stries faibles à la base, profondes en arrière, marquées de points oblongs, les intervalles relevés en côtes ; dans les montagnes, vit dans les bolets, sur les troncs de sapins, hêtres, etc. — *B. agaricola*, 3 mill. 1/2, très convexe, passant du brun rougeâtre au noir, corselet arrondi sur les côtés qui sont finement crénelés, densément et réticuleusement ponctué, sans sillon médian, élytres presque tronquées à l'extrémité, fortement striées, les stries crénelées par les points, les intervalles carénés ; très commun partout dans les bolets qui vivent sur les souches des arbres, chênes, ormes, hêtres, etc.

Les **Uloma** sont entièrement d'un roux ferrugineux très brillant, parallèles, peu convexes, leur tête transversale présente les yeux entiers, les antennes sont assez courtes, un peu comprimées, terminées par une massue de 6 articles, le corselet est transversal, à peine rétréci en avant; les élytres sont fortement striées; les jambes antérieures sont dentelées en dehors, les yeux sont ovalaires. *U. culinaris*, 10 mill., tête assez densément ponctuée, un peu sillonnée au sommet, ayant en avant une impression transversale, corselet finement rebordé et finement ponctué, élytres à stries fortement ponctuées, crénelées, intervalles lisses, à peine convexes; sous les écorces d'arbres; assez rare. — Dans le Sud-Ouest, cette espèce est remplacée par l'*U. Perroudii*, un peu plus petite, moins parallèle.

Le g. **Phthora** diffère par le corps plus court, les antennes terminées par une sorte de massue de 3 articles, les yeux plus longs que larges. *P. crenata* (pl. XV, fig. 194), 3 1/2 mill., d'un brun roussâtre brillant, corselet ponctué, bord postérieur rebordé par une strie, terminé de chaque côté par une strie courte, élytres à stries profondes, crénelées, intervalles à peine convexes, très finement ponctués; France méridionale, sur les pins.

Le g. **Tribolium** a le corps allongé, presque parallèle, un peu déprimé; l'épistome est légèrement sinué, les yeux sont fortement entamés par les joues, le dernier article des palpes est ovalaire-tronqué, les antennes sont courtes, les derniers articles formant insensiblement une massue, le corselet est carré transversal, les jambes antérieures sont un peu élargies. *T. ferrugineum*, 2 mill., entièrement d'un roux brunâtre, très finement ponctué, élytres à lignes ponctuées peu distinctes; se trouve dans le son, les grains avariés, la vieille farine, dans presque toutes les substances alimentaires gâtées; est devenu cosmopolite.

Les **Hypophlœus** sont très allongés, parallèles, convexes, leurs antennes sont fusiformes, un peu comprimées, leur corselet presque carré; les élytres recouvrent le pygidium, les jambes antérieures sont comprimées, mais peu larges, le dernier article des tarses est presque aussi long que les trois précédents réunis ; ces insectes vivent sous les écorces où leurs larves font la chasse à celles des insectes xylophages. *H. depressus*, 2 mill., peu convexe, d'un brun roux, corselet très ponctué, faiblement rétréci en arrière, élytres à lignes ponctuées, la 5ᵉ ligne formant une strie à la base. — *H. castaneus*, 6 mill., convexe, d'un brun marron brillant, corselet d'un tiers plus long que large, finement ponctué, élytres à lignes de points devenant confuses à l'extrémité. — *H. bicolor*, 3/2 mill., médiocrement convexe, corselet à peine plus long que large, d'un marron brillant, ainsi que la base des élytres dont le reste est noir.

Les **Calcar** sont également allongés, mais presque aplatis en dessus et vivent à terre dans le Midi de la France; leurs antennes, assez courtes, grossissent faiblement vers l'extrémité, le corselet est un carré oblong, les élytres, presque parallèles, sont arrondies à l'extrémité, recouvrant le pygidium, les cuisses sont épaisses surtout les antérieures, les jambes antérieures sont un peu arquées et le 1ᵉʳ article des tarses postérieurs est à peu près aussi long que les 3 premiers réunis. *C. procerus*, 5 1/2 mill., d'un noir brillant en dessus, dessous et pattes d'un brun roussâtre; corselet finement ponctué, finement rebordé, les angles postérieurs formant une très petite dent, élytres à stries ponctuées, les intervalles à peine ponctués. — *C. elongatus* (Pl. XV, fig. 195), plus grand, à élytres plus fortement striées, les derniers articles des antennes plus oblongs.

Les **Tenebrio** ont le corps oblong presque parallèle, médiocrement convexe, les antennes élargies vers l'extrémité, le dernier article des palpes maxillaires est presque triangulaire, les yeux sont transversaux, échancrés par les joues, le corselet est en carré, transversal, les élytres sont grandes, presque parrallèles, arrondies à l'extrémité, les cuisses antérieures sont renflées, avec les jambes un peu arquées. *T. molitor*, 15 mill., d'un brun noirâtre mat, souvent rougeâtre sur les élytres, finement ponctué, dernier article des antennes plus long que large, corselet ayant à la base, de chaque côté, un court sillon oblique, écusson pentagonal, élytres à stries finement ponctuées, intervalles faiblement convexes; commun dans les greniers, les moulins, les magasins de farine; sa larve, connue sous le nom de ver de farine, sert pour la nourriture des rossignols. — *T. obscurus* (Pl. XV, fig. 196), 15 à 18 mill., noir mat, couvert d'une fine ponctuation râpeuse, dernier article des antennes transversal, corselet ayant à la base un bourrelet transversal, élytres à stries finement ponctuées, intervalles faiblement convexes, finement chagrinés; dans les mêmes endroits.

Les **Helops** ont le corps oblong, convexe, souvent métallique, leurs antennes, grêles comme celles du 1er groupe, ont le 3e article allongé, les avant-derniers un peu courts, la tête hexagonale, les palpes maxillaires assez longs, à dernier article presque sécuriforme, le corselet rebordé, l'écusson transversal, les élytres à peine plus larges à la base que le corselet, obtuses ou acuminées à l'extrémité, les pattes assez grandes, avec le 4e article des tarses entier et les crochets simples. *H. lanipes*, 10 à 12 mill., allongé, convexe, d'un bronzé brillant en dessus, corselet arrondi sur les côtés, qui sont un peu sinués vers la base, densément ponctué, élytres rétrécies et sinuées avant l'extrémité, qui se prolonge en lobe divergent, à lignes fortement ponctuées, ne formant pas de stries, intervalles plans, finement ponctués ; commun sous les pierres, au printemps. — *H. cœruleus*, 13 à 18 mill., allongé, très convexe, d'un bleu plus ou moins violet en dessus, noir en dessous, corselet assez court, rugueusement ponctué, élytres à stries ponctuées, les intervalles presque plans, assez finement ponctués; Fr. mér., dans les vieux châtaigniers. — *H. robustus*, 13 à 15 mill., plus court, très convexe, d'un noir assez brillant, faiblement bronzé, corselet presque anguleusement arrondi sur les côtés, ponctué, élytres à stries assez fines, ponctuées, les intervalles plans, à peine ponctués; Fr. mér., dans les souches des oliviers et des chênes verts. — *H. striatus*, 8 à 10 mill., assez court, médiocrement convexe, d'un brun bronzé assez brillant, souvent rougeâtre, dessous et pattes rougeâtres, corselet transversal, un peu rétréci en avant, assez finement ponctué, élytres obtuses à l'extrémité, à stries fines, finement ponctuées, comme les intervalles ; très commun partout, sous les écorces.

2e Tribu. — Cistéliens.

A. Abdomen de 5 segments. Mandibules à pointe un peu bifide. Corselet trapézoïdal, côtés arrondis en avant.

† Tarses antérieurs sensiblement moins longs que les jambes, 1er article des tarses postérieurs un peu plus court que les 3 autres réunis.	MYCETOCHARES.
†† Tarses antérieurs aussi longs ou un peu plus longs que les jambes, 1er article des tarses postérieurs égal au dernier.	CISTELA.
B. Abdomen de 6 segments. Mandibules à pointe simple. Corselet en carré transversal.	OMOPHLUS.

Les **Mycetochares** sont allongés, leurs antennes sont médiocrement longues, assez épaisses, avec le 3e article plus long que le 4e, leur abdomen est composé de 5 segments, et le dernier article des palpes maxillaires est notablement plus grand que le précédent ; ces insectes vivent dans les débris des vieux troncs d'arbres. *M. barbata*, 6 à 8 mill., d'un noir brillant, bouche, pattes et les 3 premiers articles des antennes d'un roux testacé, ponctué, corselet ayant de chaque côté à sa base une impression oblique, élytres à stries ponctuées, effacées vers l'extrémité. — *M. bipustulata*, 5 mill., ne diffère guère du précédent que par une tache humérale d'un jaune orangé. — *M. quadrimaculata*, 5 mill., d'un brun noir, avec 2 grandes taches d'un jaune rougeâtre sur chaque élytre, cuisses brunes ; France méridionale.

Les **Cistela**, également allongées, sont plus convexes, leurs antennes sont longues et grêles, avec le 3e article ordinairement moins long que le 4e, la tête est plus saillante, rétrécie en arrière, le dernier article des palpes maxillaires est cultriforme, les hanches sont assez saillantes, le prosternum est comprimé, l'avant-dernier article des tarses a souvent au-dessous une lamelle. Ce sont des insectes fort agiles, qu'on trouve sur les fleurs. *C. fulvipes*, 8 mill., oblong, d'un brun foncé un peu verdâtre, brillant, base des antennes et pattes d'un roux testacé, quelquefois entièrement d'un brun roussâtre, densément ponctué, élytres à stries ponctuées bien marquées, intervalles finement ponctués. — *C. ceramboïdes* (Pl. XV, fig. 197), 10 mill., noire, à fine pubescence soyeuse, élytres d'un roux testacé, densément ponctuées, à stries ponctuées, corselet arrondi en avant avec le bord postérieur bisinué; antennes dentées en scie. — *C. fusca*, 10 mill., d'un brun foncé, couverte d'une pubescence soyeuse, serrée, cendrée, qui lui donne une teinte olivâtre, antennes et pattes d'un roussâtre plus ou moins obscur; corselet arrondi en avant, bord postérieur à peine sinué, élytres ruguleusement ponctuées, à fines stries ponctuées. — *C. sulphurea*, 7 à 9 mill., un peu allongée, entièrement d'un beau jaune soufre, très finement ponctuée, élytres finement striées; très commune sur les fleurs.

Les **Omophlus** ont le corps assez mou, le corselet en carré transversal, aplani et tranchant sur les côtés, les mandibules sont entières, le 1er article des tarses postérieurs est au moins aussi long que les 2 suivants réunis; les antennes, insérées un peu en avant des yeux, sont presque filiformes, assez grêles, quoique grossissant légèrement vers l'extrémité, le 3e article est aussi grand ou plus grand que le 4e. Tous ont le corps noir avec les élytres d'un rouge testacé. *O picipes*, 7 à 9 mill., allongé, les 4 ou 5 premiers articles des antennes, les 4 jambes et tarses antérieurs d'un jaune testacé, corselet en carré transversal, sillonné au milieu, à peine rebordé sur les côtés, élytres pubescentes, à stries ponctuées, intervalles ruguleusement pointillés; communs sur les pins. — *O. lepturoïdes*, 12 à 15 mill., antennes longues, noires, corselet transversal, déprimé sur les côtés avec deux impressions obliques et transversales, les bords un peu relevés, ponctuation fine et peu serrée, élytres glabres, ruguleusement ponctuées, à stries faibles à l'extrémité et sur les côtés ; Fr. mér.

3e Tribu. — Mélandryens

Le g. **Melandrya** est le type de ce groupe qui renferme des insectes vivant dans le vieux bois et rares pour la plupart ; dans ce genre, le corps est oblong ; les antennes sont assez courtes, assez épaisses, le corselet présente une impression de chaque côté de la base, les élytres sont fortement sillonnées, un peu élargies en arrière ; les crochets sont entiers. *M. caraboïdes*, 12 à 15 mill., d'un noir plus ou moins bleuâtre, avec les élytres d'un bleu d'acier, palpes, extrémité des antennes, tarses antérieurs et extrémité des autres d'un jaune roussâtre ; assez rare dans le Centre, plus commun dans les montagnes.

Les **Dircæa** ont le corps presque cylindrique, très convexe, la tête, fortement inclinée, est à peine visible en dessus, les antennes sont assez courtes et grêles, le corselet est fortement déclive sur les côtés et embrasse la tête, les élytres sont unies, sans trace de stries. *D. australis*, 7 à 9 mill., d'un noir soyeux, presque mat, avec deux grandes taches d'un jaune orangé sur chaque élytre ; Fr. mér. — *D. lævigata*, 7 à 8 mill., oblongue, convexe, d'un brun brillant, à pubescence fauve, densément ponctuée partout, presque ruguleusement sur la tête, corselet arrondi sur les côtés avec les angles et le bord antérieur, élytres sans stries ; Alpes, montagnes du Lyonnais, Pyr. — *E. variegata*, 5 à 6 mill., oblongue, élytres faiblement élargies en arrière, d'un roussâtre plus ou moins foncé, avec la tête brune au sommet et des dessins en zigzag bruns sur les élytres, dessus du corps densément et presque rugueusement ponctué, corselet à côtés presque droits avec une impression de chaque côté de la base; presque toute la Fr., plus commune dans les parties montagneuses.

4e Tribu. — Mordelliens.

A. Elytres recouvrant complètement les ailes.
* Pygidium en pointe conique. . . . . MORDELLA.
** Pygidium en triangle obtus . . . . ANAPSIS.
B. Elytres déhiscentes ne pouvant recouvrir les ailes . . . . RHIPIPHORUS.

Le type de ce groupe est le g. **Mordella**, qui comprend un assez grand nombre d'insectes faciles à reconnaître par la forme de leur tête et surtout de leur abdomen qui, étant comprimé latéralement, les fait tomber souvent sur le côté, à peu près comme les puces; leurs antennes sont courtes, dentées, le dernier article des palpes est sécuriforme, l'abdomen est terminé par une pointe conique, aiguë; leurs élytres sont atténuées en arrière; leurs pattes postérieures sont assez grandes. *M. bucephala,* 5 à 7 mill., d'un brun noir, à pubescence soyeuse, noire et d'un cendré olivâtre, cette dernière teinte formant sur les élytres une bande suturale, une autre basilaire, une seconde médiane, assez longue, une dernière presque terminale. — *M. fasciata*, 6 à 8 mill., noire, pubescente, élytres à duvet cendré, parfois un peu doré, formant une bande suturale étroite et deux bandes transverses dont la 1re basilaire renferme une tache noire un peu variable. — *M. decora*, 4 à 5 mill., plus courte, noire, pubescente, corselet à duvet d'un fauve cendré, un peu doré, avec 3 taches noires, variable; élytres ayant une large bande basilaire de duvet un peu doré, se prolongeant sur la suture, renfermant une tache noire oblongue, et une seconde bande transversale n'atteignant pas l'extrémité, se tenant en avant sur la suture; Fr. mér. — *M. aculeata*, 5 à 6 mill., pubescente, noire en dessus, sans taches, dessous cendré, un peu argenté, élytres longues et assez étroites, saillie abdominale longue et pointue; commune partout.

Les **Anaspis** ont le corps plus étroit, l'écusson plus petit, les élytres plus allongées, moins fortement rétrécies en arrière, l'abdomen sans pointe aiguë; le sommet de la tête est moins fortement relevé; le dessus du corps est plus nettement arqué dans le sens de la longueur. *A. frontalis*, 3 1/2 mill., noire, pubescente, bouche, partie antérieure de la tête, base des antennes, cuisses et base des jambes antérieures d'un roux testacé. — *A. humeralis*, 2 à 3 mill., noire, avec la bouche, la base des antennes, parfois les pattes et une tache humérale d'un roux testacé; quelquefois le corselet est presque entièrement de cette couleur. — *A. ruficollis* (Pl. XV, fig. 198), 3 mill., noire, corselet, bouche, base des antennes et pattes d'un jaune roussâtre. — *A. thoracica*, 2 à 3 mill., très voisine de la précédente, mais avec la tête jaune. — *A. flava*, 4 mill., entièrement jaune, sauf les yeux, l'extrémité des antennes, l'extrémité de l'abdomen qui sont noirs, extrémité des élytres enfumée. — *A. maculata*, 3 mill., d'un jaune fauve, avec les yeux, l'extrémité des antennes noirs et 3 taches obscures sur les élytres; la 1re scutellaire, la 2e discoïdale, la dernière presque apicale sur la suture. Tous ces insectes sont très agiles et se trouvent en petites familles sur les ombellifères surtout.

Les **Rhipiphorus** ont la tête encore plus relevée au sommet, les antennes sont courtes, pectinées, les élytres sont très rétrécies vers l'extrémité, déhiscentes, le bord postérieur du corselet est plus fortement lobé au milieu, et cache presque l'écusson ; ces insectes vivent en parasites à l'état de larves, aux dépens d'autres insectes, probablement d'Hyménoptères. *A. bimaculatus*, 5 à 12 mill., oblong, d'un roux testacé brillant, ayant sur le disque de chaque élytre une tache noire oblongue et une tache basilaire de même couleur, ainsi que les genoux et une partie de la poitrine ; France méridionale.

5e Tribu. — Lagriens.

Un seul genre compose ce groupe peu nombreux, le g. **Lagria**. Ce sont des insectes noirs, à élytres rousses, assez molles, à démarche lente, vivant sur les buissons ; leur tête est à peine rétrécie vers la base, le dernier article des palpes est fortement sécuriforme ; les antennes, assez longues, grossissent notablement vers l'extrémité ; le corselet est cylindrique, bien plus étroit que les élytres. *L. hirta* (Pl. XV, fig. 199), 5 à 7 mill., noire, peu brillante, pubescente, élytres d'un jaune testacé.

6e Tribu. — Pyrochroens.

Les **Pyrochroa** sont de beaux insectes d'un rouge vif en dessus, noirs en dessous, assez déprimés, à tête triangulaire brusquement rétrécie à la base, à corselet court et à élytres s'élargissant et s'arrondissant en arrière; leurs antennes sont fortement en scie ou pectinées; leurs larves vivent sous l'écorce des sapins et des chênes; les insectes parfaits se trouvent soit sur les arbres qui ont nourri leurs larves, soit sur les buissons. — *P. coccinea*, 12 à 15 mill., tête et écusson noirs, le reste du dessus du corps d'un beau rouge de sang; assez commune dans les montagnes. — *P. rubens*, 10 à 12 mill., dessus entièrement rouge, y compris la tête mais d'une teinte moins vive; presque toute la France.

7e Tribu. — Anthiciens.

Les insectes de ce groupe sont de petite taille, très agiles, leur tête ovalaire ou un peu triangulaire, un peu inclinée, est brusquement rétrécie à la base en un col bien marqué, les yeux sont assez petits, globuleux; le corselet, nullement rebordé, est toujours convexe et rétréci à la base, quelquefois très fortement; les élytres, plus ou moins ovalaires, ne sont jamais striées. On trouve ces insectes dans les endroits sablonneux, notamment sur les grèves des rivières.

Les **Notoxus** sont remarquables par la forme du corselet qui s'avance sur la tête en un lobe horizontal robuste, denticulé. *N. monoceros*, 3 à 5 mill., d'un roux jaunâtre, à pubescence soyeuse, tête plus foncée, élytres ayant une petite tache scutellaire brune, ainsi qu'une grande tache placée au delà du milieu qui se prolonge souvent par la suture jusqu'à la tache scutellaire; souvent une petite tache derrière les épaules. — *N. cornutus*. 3 mill., plus petit que le précédent, élytres ayant deux bandes transversales noirâtres, la première remontant de chaque côté vers les épaules; extrémités des élytres noires; Fr. mér. — *N. rhinoceros* (Pl. XV, fig. 200), 2 mill., d'un brun noir, couvert d'une pubescence soyeuse, serrée, corselet rougeâtre, élytres tantôt brunes, tantôt ayant la base et l'extrémité plus claires, tantôt grisâtres; la corne du corselet est garnie en dessous.

Les **Anthicus** ont le corselet uni, sans corne antérieure très rétréci vers la base, souvent sillonné en travers; leur tête est moins inclinée; le dernier article des palpes maxillaires est toujours plus ou moins sécuriforme; les pattes sont grêles, l'avant-dernier article des tarses est presque bilobé. *A. Rodriguii*, 2 mill., sveltes, d'un brun noir luisant avec la base du corselet, une tache à la base de chaque élytre et une bande tranversale en arrière, les tibias et les tarses d'un jaune roussâtre, corselet fortement étranglé avant la base, élytres un peu ponctuées, hérissées de quelque poils peu serrés. — *A. pedestris*, 3 1/2 à 4 mill., oblong assez convexe, d'un noir brillant avec le corselet, très rétréci en arrière, d'un jaune rougeâtre ainsi que la base des cuisses qui sont renflées à l'extrémité, élytres à poils gris; Fr. mér.; commun. — *A. antherinus*, 3 mill., noir, élytres ayant une tache rouge près de la base et une bande placée après le milieu, se dilatant en avant et en arrière, tarses d'un brun roussâtre. — *A. hispidus*, 3 mill., d'un noir brillant, avec de longs poils peu serrés, élytres ayant deux bandes d'un roux testacé, interrompues par la suture, l'une près de la base, l'autre avant l'extrémité, corselet oblong légèrement rétréci en arrière, élytres un peu déprimées transversalement à la base. — *A. floralis*, 3 mill., d'un brun rougeâtre brillant, quelquefois avec une tache humérale rougeâtre, plus ou moins distincte, corselet angulé de chaque côté en avant. — *A. sellatus*. 4 1/2 mill., d'un brun noirâtre, à pubescence roussâtre, élytres rousses, ayant au milieu une bande transversale noirâtre, pattes rousses. — *A. bimaculatus*, 3 1/2 mill., d'un jaunâtre très pâle, élytres ayant chacune un point noirâtre qui disparaît souvent ; dans le sable, au bord de la mer, Nord de la Fr. — *A. tristis*, 2 à 2 1/2 mill., oblong, entièrement noir, à fine pubescence grise, soyeuse, un peu plus serrée à la base des élytres et formant vers le milieu une vague fascie transversale, jambes et tarses roussâtres, dessus densément ponctué, corselet rétréci peu à peu vers la base ; presque toute la France.

8e Tribu. — Cantharidiens.

I.	Toutes les hanches contiguës. Elytres plus courtes que l'abdomen, imbriquées à la base.	MELOE.
II.	Hanches postérieures éloignées des intermédiaires. Elytres jamais imbriquées à la base, aussi longues ou plus longues que l'abdomen.	
A.	Lobe externe des mâchoires, normal.	
a.	Elytres parallèles, fortement arrondies à l'extrémité, recouvrant l'abdomen. Crochets des tarses simples.	
*	Antennes plus épaisses vers l'extrémité, arquées.	
†	Corps noir, varié de jaune ou rouge, très convexe, antennes non difformes	MYLABRIS.
††	Corps métallique, déprimé en dessus. Antennes des ♂ courtes, difformes	CEROCOMA.
**	Antennes droites, non en massue	CANTHARIS.
b.	Elytres rétrécies et déhiscentes à l'extrémité, sinuées en dedans et en dehors. Abdomen à découvert à l'extrémité. Crochets pectinés ou dentés.	SITARIS.
B.	Lobe externe des mâchoires en forme de pinceau qui dépasse les mandibules. . .	ZONITIS.

Les **Meloe** sont d'assez gros insectes qui paraissent au

printemps et en automne et qui sont remarquables par leurs élytres beaucoup plus courtes que l'abdomen et imbriquées à la suture, à la base; leur tête, presque ovalaire est inclinée en dessous, leurs antennes assez courtes, sont épaisses, les articles intermédiaires parfois coudés et épaissis chez les mâles, le corselet est court, l'écusson est caché; les élytres ne recouvrent pas d'ailes; leur démarche est très lente, et quand on les saisit, ils exsudent par les articulations des pattes un liquide jaune, d'une odeur pénétrante; leur abdomen, toujours grand, devient souvent énorme chez les femelles. *M. proscarabœus*, 15 à 22 mill., d'un noir à peine brillant, très faiblement bleuâtre, corselet court, fortement ponctué, élytres finement rugueuses. — *M. violaceus*, 16 à 20 mill., d'un bleu de Prusse assez brillant, corselet plus étroit, à ponctuation plus forte, moins serrée, élytres finement rugueuses. — *M. tuccius*, 20 à 22 mill., d'un noir assez brillant, tête large, rugueusement ponctuée, corselet large et court, corrodé de gros points, élytres couvertes de points énormes, assez serrés; Fr. mér. — *M. variegatus* (Pl. XV, fig. 201), 15 à 22 mill., d'un bronzé foncé avec des teintes bleues et cuivreuses, notamment sur l'abdomen, tête et corselet densément et finement rugueux, ce dernier court, plat; élytres fortement rugueuses, abdomen finement striolé à la base des segments; dans les près, au premier printemps.

Les élytres recouvrent l'abdomen et le débordent même dans les genres suivants, dont les téguments sont moins solides encore que ceux des Méloès.

Les **Mylabris** ont le corps très convexe, les antennes assez fortement épaissies à l'extrémité, la tête très inclinée en dessous, les élytres très déclives sur les côtés, un peu comprimées à l'extrémité, les pattes assez grandes, les jambes à éperons assez longs, les tarses longs, un peu comprimés. On trouve les insectes parfaits sur les fleurs ou accrochés aux plantes; ils sont courts et peu agiles; leurs larves vivent dans les nids des hyménoptères; ces insectes sont surtout méridionaux et ne remontent guère au delà de Paris. *M. melanura*, 12 à 15 mill., noir, élytres rouges avec l'extrémité et huit points noirs placés sur deux rangées transversales. — *M. Fuesslini* (Pl. XVI, fig. 202), 12 mill., noir, sur chaque élytre une tache ronde près de la base, puis 2 bandes transversales et une tache ovalaire apicale, jaune; Alpes. — *M. variabilis*, 10 mill., noir avec 3 bandes d'un jaune fauve, la 1re en forme de tache basilaire ronde, les 2 autres larges, l'une au milieu, l'autre avant l'extrémité.

Le g. **Cerocoma** se distingue des *Mylabris* par les antennes qui, chez les mâles, affectent une forme extraordinaire, les articles étant contournés en divers sens, le dernier en bouton ovalaire. *C. Schæfferi*, 8 à 10 mill., d'un beau vert métallique clair, à pubescence blanchâtre, antennes et pattes d'un jaune fauve clair, couvert d'une ponctuation rugueuse, corselet rétréci en avant.

Les **Cantharis** ou Cantharides se distinguent des genres précédents par leurs antennes plus longues que la moitié du corps, non renflées vers l'extrémité; leur tête, triangulaire, est fortement sillonnée au milieu, à la base; leur corselet, transversal, est angulé sur les côtés, les élytres sont longues, ainsi que les pattes. Nous n'avons en France que la *C. vesicatoria* (Pl. XVI, fig. 203), 7 à 15 mill., d'un beau vert métallique, avec quelques reflets dorés, parfois un peu cuivreux, tête et corselet assez ponctués, ce dernier inégal, sillonné au milieu élytres finement rugueuses; sur les frênes, les lilas, quelquefois sur les frênes; exhale une odeur forte qui rend facile la recherche de cet insecte. Bien que la Cantharide soit seule employée dans notre pays pour les vésicatoires. les Mylabres sont doués de la même propriété vésicante et sont utilisés à cet effet dans plusieurs pays.

Les **Zonitis**, insectes méridionaux, ont les antennes encore plus grêles que celles des Cantharides, les élytres sont atténuées et un peu déhiscentes à l'extrémité; ils paraissent vivre à l'état de larves, dans les nids de divers hyménoptères; à l'état parfait, on les trouve accrochés aux chardons et immobiles. *Z. mutica*, 10 mill., d'un beau jaune un peu ocracé, antennes et poitrine d'un brun noir. — *Z. sexmaculata* (Pl. XVI, fig. 204), même couleur, mais 3 taches noires, dont une apicale, sur chaque élytre.

Chez les **Sitaris**. les élytres se rétrécissent rapidement en une languette étroite et ne peuvent recouvrir ni l'abdomen ni les ailes, les mâchoires dépassent aussi les mandibules, les antennes sont assez longues et assez fortes; l'abdomen des femelles est parfois très gros. Les larves vivent dans les nids des guêpes maçonnes, et l'on trouve souvent l'insecte parfait, immobile, à l'entrée des trous que percent ces hyménoptères, soit dans les vieux murs construits en terre, soit dans les terrains coupés à pic. *S. muralis*, 8 à 9 mill., d'un noir foncé presque mat, avec une grande tache d'un jaune testacé couvrant toute la base des élytres

9e Tribu. — Œdémériens.

I. Tête ne formant en avant qu'un museau court ou peu distinct. Corselet rétréci en arrière. Dernier article des palpes sécuriforme ou triangulaire.
A. Yeux échancrés.
a. Antennes insérées dans l'échancrure des yeux, un peu comprimées et dentées. . . CALOPUS.
b. Antennes non insérées dans cette échancrure, grêles, filiformes.
* Les 4 tarses antérieurs ayant plus d'un article tomenteux en dessous.
a. Elytres à 4 nervures . . . . NACERDES.
b. Elytres à 3 nervures . . . . ANONCODES.
** Pénultième article seul tomenteux en dessous . . . . ASCLERA.
B. Yeux non échancrés. Cuisses postérieures renflées chez les ♂ . . . . OEDEMERA.
II. Tête formant en avant un museau ou rostre assez long. Corselet rétréci d'arrière en avant.
A. Corps allongé. Elytres atténuées vers l'extrémité . . . . STENOSTOMA.
B. Corps ovalaire, épais. Elytres arrondies en arrière . . . . MYCTERUS.

Le g. **Calopus** se distingue par la longueur des antennes qui atteint presque celle du corps chez les mâles; le dernier article des palpes maxillaires est grand, sécuriforme, dilaté à l'angle interne, les élytres sont longues et arrondies à l'extrémité. *C. serraticornis* (Pl. XVI, fig. 205), 15 à 20 mill.; allongé, presque parallèle, d'un brun un peu roussâtre, à pubescence cendrée, corselet plus étroit que les élytres, ayant 2 reliefs oblongs peu marqués, élytres ruguleusement ponctuées, ayant chacune 3 ou 4 nervures assez faibles. Ce bel insecte, qui ressemble à un longicorne, ne se trouve que dans les bois des Alpes et des Pyrénées.

Nacerdes, dernier article des palpes maxillaires sécuriforme, élytres à 4 nervures, sans tubercule ou saillie apicale; yeux notablement éloignés du corselet. *N notata* (pl. XVI, fig. 206), 7 à 12 mill., d'un roux testacé, élytres plus jaunâtres avec l'extrémité noirâtre, poitrine noirâtre en partie ainsi que les cuisses; sur toutes les côtes maritimes, paraît vivre dans les débris de bois de pin et de sapin. Le corselet est souvent teinté de brun.

Anoncodes, dernier article des palpes maxillaires sécuriforme, élytres à 3 nervures saillantes avec un calus apical, yeux plus rapprochés du corselet; insectes vivant souvent sur les plantes aquatiques; les mâles et les femelles sont parfois de couleurs différentes. *A. ustulata* (Pl. XVI. fig. 207), 10 à 12 mill., d'un noir verdâtre, élytres noires avec une large bande suturale, élargie en arrière, d'un roux testacé, rousses chez les femelles avec l'extrémité noire et le corselet roux. — *A amœna*, 8 à 10 mill., d'un bleu ou d'un vert métallique, corselet à 4 fossettes, les 4 cuisses antérieures épineuses; corselet et abdomen des femelles d'un jaune rougeâtre.

Asclera, dernier article des palpes plutôt cultriforme, élytres à 4 nervures, sans calus apical; jambes antérieures munies de 2 éperons; les yeux sont à peine échancrés. *A. cœrulea,* 6 à 9 mill., presque parallèle, bleue ou verte, assez métallique, corselet presque cordiforme, à 3 impressions peu marquées, antennes noires, élytres à nervures peu saillantes; dans les haies, dans les prairies.

Les yeux sont entiers chez les **Œdemera** qui se distinguent en outre par la mollesse de leurs téguments, par leurs élytres étroites, déhiscentes et atténuées en arrière, et par leurs cuisses presque toujours énormes chez les mâles ; le dernier article des palpes maxillaires est coupé obliquement, le corselet est très inégal, les élytres ont des nervures très saillantes. *Œ. podagrariæ*, 8 à 12 mill., d'un vert bronzé, avec la base des antennes, les pattes antérieures et les élytres jaunes, ces dernières bronzées à l'extrémité chez les mâles; sur les ombellifères. — *Œ. tristis*, 10 mill., allongée, d'un noir bleuâtre passant au vert foncé, cendré, pubescente, corselet brillant, 4 mpressions; dans les Alpes. — *Œ. flavipes*, 6 à 8 m.l.., d'un vert bleuâtre ou métallique, foncé; base des antennes et pattes antérieures d'un jaune testacé, corselet ponctué, à 3 fossettes. — *Œ. cœrulca* (Pl. XVI, fig. 208), 8 à 10 mill., d'un bleu violacé ou d'un bronzé un peu doré, base des antennes et des jambes antérieures testacée, corselet rugueusement ponctué, — *Œ. lurida*, 6 à 7 mill., allongée, grêle, d'un bleuâtre cendré mat, pubescente, corselet rugueux, élytres allongées, faiblement rétrécies vers l'extrémité, cuisses simples chez les mâles; très commune partout.

Le g. **Stenostoma** se rapproche des précédents par la forme allongée du corps, les élytres atténuées en arrière, mais la tête est allongée en museau, les yeux sont arrondis, les antennes sont éloignées des yeux, le dernier article des palpes est cylindrique, le corselet est conique, plus long que large. *S. rostrata* (Pl. XVI, fig. 209), 7 à 10 mill., d'un vert bleuâtre métallique, à fine pubescence cendrée, base des antennes et pattes d'un jaune assez vif; dessus rugueusement ponctué; Fr. mér., sur les charbons, les éryngium, les euphorbes, etc.

Les **Mycterus** sont au contraire courts, très convexes, leur tête se prolonge en un rostre formé en grande partie par l'épistome, les antennes sont droites, assez grêles, le corselet est presque aussi large que les élytres qui sont ovalaires, arrondies à l'extrémité. *M. curculionoïdes* (Pl. XVI, fig. 210), 4 à 7 mill., d'un brun noirâtre, couvert d'une pubescence très fine, cendrée ou roussâtre, corselet arrondi en avant, élytres sans stries; sur diverses plantes, les chardons notamment, sur lesquels on trouve cet insecte immobile; plus commun dans le Midi, surtout au bord de la mer.

FAMILLE DES CURCULIONIDES

OU RHYNCHOPHORES

Cette grande famille se compose d'insectes dont la tête est plus ou moins fortement prolongée en rostre ou bec et dont les tarses sont composés de 4 articles; ce rostre est chez certains très court, en museau carré ou obtus, mais souvent il est très développé et parfois aussi long que le corps. Les organes buccaux, presque toujours petits et cachés, sont situés à l'extrémité de ce rostre. Les antennes, droites dans quelques genres, sont coudées au 2e article dans l'immense majorité de la famille; alors le 1er article, très allongé, prend le nom de *scape* et se loge en partie dans un sillon latéral du rostre, appelé *scrobe,* les autres articles forment le *funicule* de l'antenne qui se termine par une massue serrée, plus ou moins ovalaire ou fusiforme. Tous les Curculionides vivent, à l'état de larve, sur les végétaux de toute nature, ligneux ou herbacés, et beaucoup causent aux cultures des dommages importants: à l'état parfait, ces insectes se trouvent en général sur les plantes qui ont nourri leurs larves; cependant on en rencontre beaucoup sous les pierres et à terre, dans les endroits sablonneux.

1re Division. — *Antennes droites, non coudées, 1er article assez court. Rostre le plus souvent court et dépourvu de sillons latéraux pour loger le 1er article des antennes.*

I. Pygidium non recouvert par les élytres.
A. Rostre court, large, plus ou moins plan.
* Tarses de 4 articles bien distincts . . . . . BRUCHIENS.
** Tarses de 4 articles, mais le 3e inclus dans une échancrure du 2e. . . . . ANTHRIBIENS
B. Rostre allongé, cylindrique. Pygidium plus ou moins découvert . . . . ATTELABIENS.
II. Pygidium recouvert par les élytres. Rostre allongé . . . . APIONIENS.

1re Tribu. — Bruchiens

Les **Bruchus** ont le corps épais, très convexe en dessous, mais bien moins en dessus, la tête rétrécie en arrière, les antennes dentées en scie, grossissant vers l'extrémité, insérées dans l'échancure des yeux, le corselet un peu moins large que les élytres, très retréci en avant, avec le bord postérieur fortement bisinué, les élytres presque carrées et les cuisses postérieures généralement épaisses et souvent dentées. Presque tous ces insectes vivent sur les plantes de la famille des légumineuses; le plus commun, *B. pisi*, la Bruche du pois, vit aux dépens de cette plante, et l'on trouve souvent, dans les pois verts, sa larve qui ressemble à un petit ver; ce *Bruchus*, de 5 mill., est d'un brun varié de gris et de cendré, avec le pygidium blanchâtre, marqué de 2 points noirs, les 3 premiers articles de antennes fauves, ainsi que les pattes antérieures, sauf les cuisses. — *R. rufimanus,* 4 mill., couvert d'une pubescence d'un gris jaunâtre, corselet ayant un point blanc devant l'écusson, élytres striées, tachetées de gris et de noir, les 4 premiers articles des antennes fauves, pattes noires, les jambes et les tarses antérieurs fauves, cuisses postérieures dentées ; dans les fèves de marais. — *B. pallidicornis*, 3 mill., noir, tacheté de blanc, pygidium blanchâtre avec 2 grandes taches noires, les 5 premiers articles des antennes et les deux derniers jaunâtres, pattes antérieures rougeâtres, les intermédiaires noires avec l'extrémité des jambes fauve, les postérieures noires avec les cuisses dentées ; dans les lentilles. — *B. nubilus* (Pl. XVII, fig. 211), 2 1/2 mill., ovalaire, noir, les 5 premiers articles des antennes grêles, fauves, les autres plus gros, noirs, corselet ayant devant l'écusson une tache blanchâtre, pygidium couvert d'une pubescence semblable ; pattes antérieures fauves avec la base des cuisses noire, les autres pattes noires, avec les jambes et les tarses fauves ; dans les vesces.

Les **Urodon** sont plus étroits que les *Bruchus;* ils en diffèrent surtout par leurs yeux presque entiers et leurs antennes insérées sur les côtés du rostre, en avant des yeux, terminées par une massue de 3 ou 4 articles ; le corselet est plus allongé ; le bord postérieur forme au milieu un lobe saillant ; on les trouve sur les fleurs et ne paraissant faire aucun dégât. *U. suturalis*, 2 à 3 mill., noir, à pubescence grise, suture des élytres et dessous du corps blancs, ainsi que les angles postérieurs du corselet; base des antennes et jambes antérieures rousses; sur le réséda sauvage. — *U. rufipes* (Pl. XVII, fig. 213), 3, mill., noir, couvert d'une pubescence grise serrée, antennes et pattes d'un jaune roussâtre, cuisses postérieures noires.

2e Tribu. — Anthribiens.

A. Antennes insérées dans une fossette transversale. Corselet uni à la base. . . . . . . BRACHYTARSUS.
B. Antennes insérées dans une fossette plus ou moins arrondie. Corselet ayant à la base une ligne élevée transversale.
a. Yeux plus ou moins arrondis.
* Yeux médiocrement saillants. Front uni.. TROPIDERES.
** Yeux très saillants. Front impressionné. . PLATYRHINUS.
b. Yeux réniformes, plus ou moins échancrés. . . . . ANTHRIBUS.

Les **Brachytarsus** ont le corps épais, très convexe, assez court; les antennes assez courtes, terminées par une massue de 3 articles; le corselet finement rebordé à la base, les élytres presque carrées, souvent munies de côtes, les pattes robustes, les tarses courts, larges, avec les crochets bifides; les larves de ces insectes, que l'on trouve sous les écorces d'arbres, vivent aux dépens des pucerons. *B. scabrosus* (Pl. XVII, fig. 213), 3 à 4 mill., noir, densément ponctué, élytres d'un brun rouge, à stries ponctuées, les intervalles alternativement relevés et tachetés de blanc et de noir. — *B. varius*, 3 mill., 1/3, noir, densément ponctué, élytres tachetées de gris et à stries ponctuées assez profondes.

Les **Tropideres** ont le rostre un peu plus développé que les genres précédents, quelquefois rétréci à la base, les antennes assez allongées et grêles, les 3 derniers formant une massue oblongue, comprimée, le corselet transversal rétréci en avant, ayant à la base une ligne transversale saillante bien marquée, les crochets des tarses sont dentés. *T. albirostris*, 5 à 6 mill., rostre rétréci à la base, noir saupoudré de gris, rostre, une grande tache lobée à l'extrémité des élytres, dessous du corps et une partie des pattes blancs; sur les chênes. — *T. undulatus* (Pl. XVII, fig. 214), 3 mill., d'un brun noir, corselet à ponctuation forte et très serrée, élytres d'un brun clair, avec deux bandes grisâtres plus ou moins régulières. — *T. niveirostris* 4 mill., rostre non rétréci à la base, brun, tacheté de roux, le rostre de cette dernière couleur, une tache au milieu de la base du corselet et sur l'écusson, élytres tachetées de brun noir et de roux sur la suture et sur 3 côtes assez marquées, extrémité grise; sur les aulnes.

Dans le g. **Platyrhinus**, le corps est plus déprimé, le rostre est large, aplati, presque carré, les yeux sont très saillants, les antennes assez courtes, terminées brusquement par une massue de 3 articles peu comprimées, les crochets des tarses sont fendus à leur base. *P. latirostris* (Pl. XVII, fig. 215), 10 à 213 mill., noir, à pubescence grise et brune, rostre, front, extrémité des élytres et dessous du corps d'un blanc plus ou moins roussâtre; plus commun dans les montagnes.

Les **Anthribus** ont le corps oblong, épais, mais déprimé sur la région dorsale; le rostre est court, fortement échancré, les yeux sont échancrés en avant, les antennes sont plus longues que le corps, assez fortes, se terminant par une massue allongée, le corselet est rétréci en avant, les crochets des tarses sont distinctement fendus à la base. *A. albinus* (Pl. XVII, fig. 216), 6 à 8 mill., oblong, épais, un peu plat en dessus, pubescent, d'un brun roussâtre, la tête, le rostre et une grande tache subapicale aux élytres, qui ont une petite fascie irrégulière au tiers antérieur, d'un blanc plus ou moins pur; sur le corselet 3 saillies surmontées d'un court pinceau noir velouté, une ligne de houpettes d'un noir velouté sur le disque des élytres, antennes annelées de blanchâtre avec l'extrémité noire, dessous d'un gris roussâtre tacheté de noir ; dans les vieux chênes, aulnes, bouleaux.

3e Tribu. — Attelabiens.

A. Tête fortement rétrécie en arrière. Antennes de 12 articles. . . . . APODERUS.
B. Tête non rétrécie en arrière. Antennes de 11 articles.
* Rostre épais, un peu plus court que la tête. Jambes terminées par une ou deux épines . . . . ATTELABUS.
** Rostre allongé. Jambes sans épines. . . . RHYNCHITES.

Les **Apoderus**, comme les deux genres suivants, sont courts, à élytres carrées, convexes; leur tête allongée est fortement rétrécie à la base en forme de col, les yeux sont très saillants, le rostre est épais, plus court que la tête, les antennes, de 12 articles, s'épaississent en une massue serrée, oblongue, le corselet est fortement rétréci en avant, les crochets des tarses sont simples. Les femelles de ces insectes roulent les feuilles des arbres en cylindres allongés, dans lesquels leurs larves se développent et trouvent à la fois un abri et des aliments. A. *coryli* (pl. XVII, fig. 217), 6 à 7 mill., d'un beau rouge de sang, avec le dessous du corps, la tête, les jambes et les tarses noirs, corselet sillonné, élytres à stries fortement ponctuées, peu régulières ; sur les noisetiers.

Les **Attelabus** ont la tête plus allongée, non rétrécie au col, à la base, les yeux peu saillants, les antennes de **11** articles, les trois derniers en massue oblongue, le corselet presque carré, peu rétréci en avant. A. *curculionoides* (Pl. XVII, fig. 218), 5 à 6 mill., noir, avec le corselet et les élytres d'un rouge un peu testacé, dessus du corps presque lisse, élytres à lignes ponctuées très fines; sur les chênes.

Les **Rhynchites** ont le rostre bien plus allongé et souvent un peu élargi à l'extrémité; ils diffèrent en outre des deux genres précédents par les jambes sans épines et les crochets des tarses fortement fendus; presque tous sont revêtus de couleurs métalliques. Les uns roulent encore les feuilles de diverses plantes : *R. betuleti*, 5 à 6 mill., bleu ou vert, avec un reflet doré, presque glabre, une faible impression entre les yeux, corselet assez densément et finement ponctué, élytres à stries ponctuées assez régulières; sur les bouleaux et surtout sur la vigne, à laquelle ils causent souvent de grands dommages. — *R. populi*, 5 mill., dessus vert, bronzé, cuivreux ou doré, dessous, rostre et pattes bleus, front assez fortement sillonné entre les yeux, élytres à stries assez irrégulières; sur les peupliers. D'autres percent les fruits de divers arbres pour y déposer leurs œufs. *R. Bacchus* (Pl. XVII, fig. 219), 4 à 5 1/3 mill., d'un cuivreux pourpre un peu doré, à pubescence assez courte, rostre entièrement bleu, ainsi que les pattes et les antennes, rugueusement ponctué; sur les cerisiers et autres arbres à fruits. — *R. cupreus*, plus grand, à reflets plus bronzés, à pubescence plus longue, avec le rostre bleu seulement à l'extrémité; sur les prunelliers. — D'autres enfin se trouvent sur les aubépines en fleurs : *R. æquatus*, 2 à 3 mill., d'un bronzé foncé, à élytres rouges, avec la suture noirâtre à la base, ponctuation extrêmement serrée, élytres à stries fortement ponctuées.

4 Tribu. — Apioniens

Ce groupe ne renferme qu'un genre, **Apion** ; ce sont des insectes de petite taille, extrêmement nombreux, très atténués en avant, avec les élytres convexes et arrondies en arrière; le rostre, plus ou moins arqué, est allongé, les antennes sont insérées vers le milieu de ce rostre, les trois derniers articles forment une massue serrée, ovalaire, pointue ; le corselet est cylindro-conique.

Ces insectes, de couleur noire ou bleu-foncé, passent au verdâtre, rarement rouges, quelquefois ornés de bandes grises, vivent à l'état de larves, soit dans les graines de diverses plantes, surtout les légumineuses, soit dans la moelle et les ovaires. *A. Pomonæ*, 3 à 3 1/3 mill., d'un bleu noirâtre avec les élytres un peu plus bleues et plus brillantes, rostre épais à la base, corselet et tête densément ponctués, élytres presque ovalaires; très convexes, à stries bien marquées ; sur les poiriers, pommiers, etc. — *A. violaceum*, 3 mill., plus allongé, moins convexe, noir, élytres d'un bleu plus ou moins verdâtre; tête et corselet très finement ponctués. — *A. tubiferum*, 3 à 4 mill., allongé, bronzé, brillant, un peu doré, hérissé de poils blanchâtres, rostre aussi long que la tête et le corselet, droit; tête et corselet presque rugueusement ponctués, élytres à stries fines, peu ponctuées; Fr. mér., sur les cistes. — *A. malvæ*, 2 mill., allongé, comprimé sur les côtés, roux, couvert d'une pubescence grise assez serrée, tête noirâtre, élytres ayant deux facies transversales brunâtres, dentelées sur les marges. — *A. sanguineum,* 3 mill., convexe, entièrement rouge, corselet presque cylindrique, très finement ponctué, élytres ovalaires, à stries larges, fortement ponctuées.

IIe Division. — *Antennes coudées après le 1er article qui est presque toujours très long. Rostre presque toujours long et ayant de chaque côté un sillon plus ou moins profond où se loge le 1er article, ou scape, des antennes.*

I. Antennes insérées vers le sommet du rostre, ce dernier plus ou moins épais, assez court, peu arqué.	
A. Antennes courtes, épaisses, plutôt arquées que coudées, de 8 ou 9 articles.	BRACHYCÉRIENS.
B. Antennes nettement coudées, de 12 articles.	
a. Scrobes courbes ou obliques, situés sous les yeux. Elytres de forme variable.	
* Rostre généralement court, épais, presque horizontal, presque aussi large que la tête.	BRACHYDÉRIENS.
** Rostre plus ou moins épais, assez allongé, plus étroit que la tête, penché ou défléchi.	CLÉONIENS.
b. Scrobes presque droits, montant vers le milieu de l'œil	OTIORHYNCHIENS.
II. Antennes insérées avant ou près le milieu du rostre. Rostre généralement cylindrique et grêle.	
A. Massue des antennes de 3 articles distincts.	
a. Funicule de 6 ou 7 articles.	
* Hanches antérieures rapprochées. Poitrine non canaliculée.	ERIRHINIENS.
** Hanches antérieures le plus souvent écartées, parfois rapprochées, mais poitrine canaliculée	CRYPTORYNCHIENS.
b. Funicule de 5 articles.	CIONIENS.
B. Massue de 2 articles ou indistinctement articulée..	CALANDRIENS.

1re Tribu. — Brachycériens.

Le g. **Brachycerus**, particulier aux bords de la Méditerranée, se compose d'insectes courts, très épais; leur rostre est séparé du front par un sillon transversal, les yeux sont peu saillants et entourés d'un rebord; le corselet est très inégal, ainsi que les élytres qui sont soudées et embrassent l'abdomen; les pattes sont courtes, robustes; on les trouve à terre, marchant lentement dans les endroits sablonneux. *H. undatus* (Pl. XVII, fig. 220), 8 à 15 mill., noir, souvent couvert de terre, oblong, comprimé latéralement, corselet très ponctué, dilaté anguleusement de chaque côté, ayant au milieu un sillon large, mais peu profond, avec les bords relevés surtout en avant et à la base, élytres tronquées, ayant chacune 2 grosses nervures onduleuses, l'externe fortement tuberculée à l'extrémité.

2e Tribu. — Brachydériens.

A. Corps plus ou moins ovalaire, aptère, épaules arrondies.	
a. Articles 3 à 7 du funicule courts, tout au plus aussi longs que larges.	CNEORHINUS.
b. Articles du funicule assez allongés. Antennes longues et grêles	BRACHYDERES.
B. Corps oblong, presque toujours ailé, épaules obtusement angulées.	
a. Jambes antérieures non terminées par un crochet.	
* Crochets des tarses écartés.	
† Scape dépassant le bord postérieur des yeux. Scrobe élargi en arrière.	TANYMECUS.
†† Scape atteignant au plus le bord postérieur des yeux. Scrobe arqué, linéaire . .	SITONES.
** Crochets des tarses rapprochés, soudés à la base	POLYDROSUS.
b. Jambes antérieures terminées par un crochet	CHLOROPHANUS.

Les **Cneorhinus** ont le corps presque globuleux, la tête courte, le rostre très court, séparé du front par un sillon transversal, les antennes assez courtes, le corselet très court, fortement arrondi sur les côtés, l'écusson à peine distinct. Les uns ont les yeux peu saillants : *C. geminatus* (Pl. XVII, fig. 221), 4 à 5 mill., brun, mais couvert d'un enduit pubescent brun, avec les côtés du corselet et des élytres et souvent des bandes sur ces dernières blancs, quelquefois presque entièrement blanc; élytres globuleuses finement striées, les stries finement ponctuées, intervalles alternativement plus larges et offrant une rangée de poils courts, blancs, écartés; dans les endroits sablonneux; quelquefois par milliers dans les dunes, au bord de la mer. Les autres ont les antennes plus grêles, les yeux plus saillants : — *C. obesus*, 4 à 5 mill., noir, mais recouvert d'un enduit squameux gris et brunâtre formant des taches serrées, base de la suture dénudée, noire, intervalles des stries à rangées de soies peu serrées, antennes et pattes rousses; commun sur les coudriers et les chênes. — *C. oxyops*, 3 mill., moins court et plus gris que le précédent, yeux très saillants, suture non dénudée à la base; sur les chênes et divers autres arbres. — *C. limbatus*, 3 à 5 mill., ovalaire, noir, brillant, couvert d'écailles argentées ou un peu cuivreuses, serrées en dessus et sur les côtés, souvent effacées sur le dos, très ponctué, élytres fortement striées, ponctuées; sur les bruyères.

Les **Brachyderes** sont au contraire très allongés, leur rostre est aussi large que la tête, les antennes sont longues et grêles, les 2 premiers articles du funicule sont allongés, la massue est longue et étroite, le corselet est court, faiblement arrondi sur les côtés, les élytres sont allongées, soudées, sans épaules, les crochets des tarses sont soudés à la base; ils vivent sur les pins. *B. lusitanicus* (Pl. XVII, fig. 222), 10 à 12 mill., brun recouvert d'une pruinosité grise, saupoudré de petites écailles cuivreuses, nacrées ou verdâtres, formant, avant l'extrémité, une bande courte; ces écailles bien serrées en dessous et sur les côtés; dessus du corps convexe, finement chagriné; les femelles plus grosses, aucune impression sur le corselet; commun dans le Midi, sur le pin maritime. — *B. incanus*, 7 à 9 mill., un peu déprimé en dessus, moins allongé, noir, recouvert d'une pubescence grise et cendrée, tantôt fondue, tantôt formant des bandes indistinctes; rostre sillonné au milieu, antennes rousses; stries des élytres fines, ponctuées, plus profondes vers l'extrémité; commun partout.

Les **Tanymecus** ont le corps oblong, assez épais, médiocrement convexe, le rostre court, ayant une légère impression longitudinale, les antennes grêles, assez longues, les 2 premiers articles du funicule allongés, le 1er plus long que le 2e, corselet oblong, tronqué, peu arrondi latéralement, les élytres atténuées en arrière, les épaules obtusément saillantes. *T. palliatus* (Pl. XVIII, fig. 223), 8 à 10 mill., noir, couvert d'une fine pubescence très serrée, d'un gris brunâtre avec les côtés plus blanchâtres; assez commun sur les orties.

Les **Sitones** ont la forme des *Tanymecus*, mais le corps bien plus petit; ils diffèrent de ce genre par le scape des antennes atteignant au plus le bord postérieur des yeux, et le scrobe linéaire au lieu d'être court est élargi en arrière. Ce sont des insectes assez vifs, se trouvant au pied des plantes, sur les bruyères, sur les buissons, parfois sous les pierres, surtout dans les endroits arides;

quelquefois on les voit par centaines s'abattre sur les parapets, les poutres des jetées au bord de la mer; leurs téguments sont assez durs. *S. griseus* (Pl. XVIII, fig. 224), 5 à 7 mill. assez allongé, convexe, d'un gris un peu tacheté de brun avec une ligne blanche sur le milieu du corselet s'étendant sur l'écusson, rostre largement sillonné, corselet oblong, beaucoup plus étroit que les élytres, obtusément élargi sur les côtés, élytres à stries peu profondes, intervalles alternativement un peu relevés. — *S. regensteinensis*, 4 mill., d'un brun noir, varié d'écailles cendrées ou roussâtres, très convexe, rostre sillonné, corselet presque globuleux, fortement arrondi sur les côtés, élytres ovalaires, à fines stries ponctuées. — *S. tibialis*, 3 à 4 mill., oblong, épais, convexe, d'un brun noir, à bandes cendrées ou un peu roussâtres, sillons du rostre se prolongeant sur le front, corselet à peine plus étroit que les élytres, faiblement arrondi sur les côtés, très ponctué, stries des élytres ponctuées, bien marquées, cuisses d'un brun noir, jambes rousses.

Les **Polydrosus** sont des insectes fort mous, oblongs, très convexes, presque toujours recouverts d'écailles d'un vert gai; leur rostre est un peu plus étroit que la tête, plus distinct que dans les genres précédents, il est fortement échancré à l'extrémité, les scrobes sont courbés en dessous et se rejoignent presque; les antennes sont longues et grêles, les 2 premiers articles du funicule sont allongés; le corselet est petit, tronqué aux deux extrémités, les élytres ont les épaules obtusément angulées, les cuisses sont parfois dentées. On trouve ces insectes en grand nombre dans les bois, sur les buissons. *P. sericeus* (Pl. XVIII, fig. 225), 5 à 7 mill., noir, couvert de petites écailles serrées, vertes ou bleuâtres, mates, antennes et pattes d'un roux clair, massue plus foncée, rostre sans impression, front marqué d'une petite fossette, corselet un peu plus large que long, élytres plus fortement convexes en arrière; cuisses ayant ordinairement une toute petite dent. — *P. micans*, 4 à 9 mill., couvert d'écailles brillantes, dorées ou un peu cuivreuse mais blanchâtres sur la poitrine, antennes et pattes d'un roux brunâtre, corselet beaucoup plus large que long, élytres deux fois aussi larges que le corselet, très élargies en arrière; profondément striées-ponctuées. — *P. undatus*, 4 à 5 mill., antennes et pattes rousses, noir, couvert d'écailles brunes, côtés du corselet et des élytres, une bande en zigzag sur ces dernières et le dessous grisâtre; quelquefois une seconde bande part obliquement des épaules.

Les **Chlorophanus** sont assez grands, épais, convexes, le rostre est déprimé et caréné, le scrobe, un peu oblique, se termine au devant de l'œil, le scape atteint à peine les yeux, le 2e article du funicule est plus long que le 1er, le corselet est tronqué au bout avec des angles postérieurs pointus, les élytres ont les épaules marquées et se terminent par une pointe plus ou moins saillante; ils vivent sur les saules. *C. pollinosus* (Pl. XVIII, fig. 226), 8 à 10 mill. couvert d'écailles d'un vert jaunâtre, saupoudré d'une poussière farineuse jaune, plus serrée sur les côtés du corselet et des élytres qui sont terminées par une pointe assez marquée. — *C. viridis*, même taille, plus parallèle, plus vert, plus foncé, avec les côtés du corselet et des élytres plus nettement d'un jaune soufre.

3e Tribu. — Cléoniens.

I. Massue des antennes oblongue, formée graduellement par le dernier article du funicule appliqué à la base de la massue . . CLEONUS.
II. Massue des antennes brusquement formée, le dernier article du funicule en étant plus ou moins nettement séparé.
A. Rostre épais, plus court que la tête. Scape atteignant ou dépassant les yeux.
a. Articles 3 à 7 du funicule plus ou moins obconiques. Crochets des tarses soudés à la base . . . . LIOPHLOEUS.
b. Articles 3 à 7 du funicule courts, un peu arrondis. Crochets libres. . . . . BARYNOTUS.
B. Rostre notablement plus long que la tête, généralement cylindrique. Scape le plus souvent n'atteignant pas tout à fait les yeux.
a. Antennes courtes. Ecusson nul. Corps rugueux. . . . . MINYOPS
b. Antennes médiocres. Ecusson très petit. Corps non rugueux.
* Corps ailé.
† Corselet non lobé derrière les yeux. Rostre oblique. . . . . LEPYRUS.
†† Corselet distinctement lobé. Rostre très incliné. HYLOBIUS
** Corps aptère.
† Toutes les jambes terminées par une forte crête, armées en dedans d'un fort crochet. MOLYTES.
†† Jambes sans crête ni crochet.
a. Yeux plus ou moins déprimés. Scrobe non effacé en arrière. . . . . PHYTONOMUS.
b. Yeux convexes. Scrobe élargi et effacé en arrière . . . . CONIATUS.

Les **Cleonus** comptent parmi les plus gros de nos Curculionides; ils sont épais, convexes, et leurs téguments sont si durs que les épingles ont beaucoup de peine à les traverser; leur rostre est assez épais, mais assez allongé, plus étroit que la tête, souvent cylindrique; les scrobes, un peu arqués, sont sous-oculaires; les yeux sont déprimés, perpendiculaires, les antennes assez fortes et assez courtes; l'écusson est très petit, les jambes antérieures sont armées d'un crochet à l'extrémité, les crochets des tarses sont soudés à la base. Ces insectes sont aptères et se trouvent à terre dans les endroits arides, au pied des plantes, sur les murs. *C. sulcirostris*, 12 à 15 mill., d'un brun noir, couvert de petits grains brillants, noirs, et d'une pubescence grise assez serrée dans les dépressions et déterminant sur les élytres 2 ou 5 fascies obliques assez vagues ; rostres ayant trois sillons, corselet rétréci en avant, sillonné au milieu avec une ligne lisse, élevée au milieu de ce sillon, élytres à lignes finement ponctuées, peu distinctes. — *C. marmoratus*, 10 mill., d'un brun noir, tacheté de pubescence grise ou roussâtre dans les dépressions, rostre ayant 2 larges sillons, corselet couvert de grosses granulations, élytres inégales, à granulations aplaties, — *C. ophthalmicus*, 13 mill., ovalaire, très épais, couvert d'une pubescence serrée grise ou roussâtre; sur chaque élytre, en arrière, 1 ou 2 taches pâles, souvent entourées de noir ; rostre ayant 2 larges sillons, corselet assez brusquement rétréci en avant, ayant 2 bandes sinuées pâles ; élytres courtes, à lignes ponctuées, rapprochées 2 par 2; Fr. mér. — *C. excoriatus*, 10 à 12 mill., presque elliptique, couvert d'une pubescence serrée, rousse, avec des places dénudées formant 2 bandes obliques sur chaque élytre, les côtés souvent dénudés, rostre caréné, corselet plissé, inégal, caréné au milieu, élytres à stries ponctuées bien distinctes, plus profondes vers l'extrémité qui est obtuse. — *C. costatus*, 10 à 12 mill., très convexe, couvert d'une pubescence grise ou roussâtre, piqueté de noir sur les élytres, rostre à peine caréné, corselet ayant au milieu une bande noirâtre avec une carène médiane lisse ; de chaque côté une bande noire très variable, élytres ovalaires, à fines stries ponctuées, les 3e et 5e intervalles relevés à la base. — *C. plicatus*, 8 mill., recouvert d'un enduit un peu roussâtre et vaguement maculé de teintes plus claires, qui forment, notamment vers le bout des élytres, une bande transversale très zigzaguée; rostre sillonné au milieu, corselet couvert de plis un peu ondulés, élytres à stries grossement ponctuées, les intervalles alternativement relevés, ainsi que la suture; au pied des résédas sauvages, souvent enterré. — *C. albidus* (Pl. XVIII, fig. 227), 8 à 11 mill., très convexe, d'un brun noir, avec les côtés du corselet d'un blanc un peu grisâtre, élytres blanches, ayant chacune 3 taches brunes, l'une à la base, l'autre au milieu, en forme de bande plus ou moins régulière, l'autre presque à l'extrémité.

Les **Liophlœus** sont ovalaires, épais, convexes, aptères; le rostre est un peu épaissi vers l'extrémité, les antennes sont assez grêles, les 2 premiers articles du funicule assez allongés, les 3e et 4e plus courts, les suivants épais, courts; le corselet est arrondi sur les côtés, rétréci en avant, les cuisses sont obtusément dentées, les jambes antérieures ne sont pas terminées par un crochet. Ces insectes, comme les suivants, sont plus répandus dans les contrées froides et montagneuses. *L. nubilus* (Pl. XVIII, fig. 228), 10 mill., ovalaire, très épais, très convexe, d'un brun noir, couvert de petites écailles cendrées, serrées, corselet étroit, finement et densément ponctué, finement caréné; élytres, lignes de points ne formant pas de stries, intervalles faiblement convexes, marques alternativement détachées, brunes; au bord des eaux.

Les **Barynotus** sont plus déprimés en dessus, les yeux sont moins convexes encore ; le rostre est sillonné ordinairement, les articles du funicule, sauf les 2 premiers, sont tous courts et peu arrondis ; le corselet est sillonné au milieu, l'écusson est petit, les élytres ont des lignes de gros points, les épaules saillantes, les jambes antérieures sont terminées par un petit crochet. *B. obscurus* (Pl. XVIII, fig. 229), 9 mill., ovalaire, épais, convexe, d'un brun noir, couvert d'un enduit terreux, plus ou moins jaune ou grisâtre, rostre ponctué, sillonné, corselet plus étroit que les élytres, sillonné, couvert d'une fine ponctuation, parsemé de plus gros points, élytres coupées en arc à la base ; épaules saillantes, à lignes de points formant de faibles stries en arrière et sur les côtés, intervalles alternativement un peu plus convexes, hérissés de soies obliques ; Nord, bois humides, — *B. margaritaceus*, 10 à 12 mill., plus oblong, couvert d'un enduit d'un gris cendré, presque uniforme, rostre non sillonné, corselet fortement arrondi sur les côtés, à peine sillonné, élytres à lignes fortement ponctuées ; Alpes, commun.

Les **Minyops** ont le corps aptère, court, très inégal, le rostre assez grand, un peu arqué, à scrobes profonds, élargis en arrière ; les antennes sont courtes, assez épaisses, le scape n'atteint pas les yeux ; le 1er article du funicule est un peu allongé, les suivants deviennent de plus en plus courts et larges, la massue est brièvement ovale ; le corselet est fortement rétréci en avant, caréné au milieu, l'écusson est nul, les épaules sont assez saillantes, les jambes sont terminées par une forte épine ; ce sont des insectes très lents qu'on trouve sur les chemins ou sous les pierres, dans les terrains arides. *M. vario-*

losus (Pl. XVIII, fig. 234), 8 à 10 mill., noir, souvent terreux, corselet couvert de fossettes rondes et de rides, élytres à stries ponctuées peu distinctes, les intervalles très inégaux, relevés en tubercules plus ou moins saillants; très commun partout.

Les **Lepyrus** sont oblongs ovalaires, assez épais, mais un peu déprimés en dessus; le rostre est cylindrique, aussi long que la tête et le corselet, cylindrique, légèrement épaissi vers l'extrémité, presque droit; les antennes sont médiocres, le scape n'atteint pas les yeux, le corselet est en cône tronqué, les élytres sont angulées aux épaules, obtusément acuminées à l'extrémité, les jambes sont terminées par un crochet avec un pinceau de poils; le corps est couvert d'une pubescence serrée. *L. colon*, 9 à 10 mill., oblong, épais, peu convexe, d'un brun noir couvert d'une fine pubescence d'un fauve plus ou moins foncé, formant une bande sur chaque côté du corselet, élytres variées de brun, de fauve et de cendré, ayant chacune un gros point pâle au milieu du disque, corselet rétréci en avant, granuleux, ayant au milieu une fine carène, élytres à lignes de gros points, ne formant pas tout à fait des stries; sur les saules, commun.

Les **Hylobius** sont oblongs, leur rostre est assez allongé, cylindrique, avec des scrobes profonds, très obliques; le scape n'atteint pas tout à fait les yeux, les 2 premiers articles du funicule sont assez allongés, les suivants courts; l'écusson est bien visible, les élytres sont oblongues avec les épaules marquées, les jambes sont terminées par un fort crochet. Tous vivent sur les arbres résineux et occasionnent souvent des dégats considérables; leurs larves creusent leurs galeries sous l'écorce, dans les couches ligneuses superficielles, et c'est là qu'on trouve les loges ovalaires où elles se métamorphosent. *H. abietis*, 8 à 13 mill., d'un brun noir mat, avec des taches formées par une pubescence fauve assez longue, corselet rugueusement ponctué, élytres à stries fines, ponctuées en chaînettes, cuisses dentées; très commun sur les pins et les sapins. — *H. pineti*, 15 à 17 mill., tacheté de gris jaunâtre, élytres à stries profondes avec des points quadrangulaires, intervalles rugueux, cuisses dentées; Alpes, sur les mélèzes, moins commun.

Les **Molytes** sont courts, ovalaires, aptères, très épais et très convexes; le rostre est épais, cylindrique, un peu arqué avec des scrobes profonds se dirigeant vers le dessous de l'œil; les antennes sont assez fortes, les 2 premiers articles du funicule sont assez allongés, les suivants courts; les élytres sont larges, arrondies, avec les épaules saillantes, les cuisses sont parfois dentées, les jambes sont terminées par un fort crochet arqué. Ce sont des insectes épigés, de consistance extrêmement dure et très lents dans leurs mouvements. *M. coronatus*, 10 à 12 mill., d'un noir foncé, deux petites pubescences fauves et une bordure basilaire semblable sur le corselet, quelquefois de petites taches semblables sur les élytres qui sont finement rugueuses avec des lignes de points carrés, corselet densément ponctué, toutes les cuisses dentées; commun partout. — *M. germanus* (Pl. XVIII, fig. 231), 15 à 22 mill., noir, côtés du corselet et élytres couverts de taches d'un duvet roux, rugueusement ponctué partout; cuisses non ou obtusément dentées; commun dans les montagnes.

Les **Phytonomus**, au corps oblong ou ovalaire, ont

le rostre plus grêle que les genres précédents ; en même temps, les antennes sont insérées vers le tiers antérieur du rostre dont les scrobes, assez étroits, se dirigent obliquement vers les yeux ; les 2 premiers articles du funicule sont assez allongés, les suivants assez courts, le corselet, plus étroit que les élytres, est rétréci en avant, l'écusson est petit, les élytres ont généralement les épaules saillantes, les jambes sont sans épines terminales. Ces insectes vivent sur divers végétaux, et leurs larves tissent une coque assez fine pour se métamorphoser. *P. punctatus,* 7 à 8 mill., noir, couvert d'écailles serrées, brunes, avec les côtés grisâtres ou roussâtres, ainsi qu'une bande sur le milieu du corselet et sur la suture, le reste est piqueté de petites taches noires veloutées ; élytres carrées à la base, stries fortement ponctuées, intervalles alternativement un peu relevés ; très commun partout — *P. fasciculatus* (Pl. XVIII, fig. 232), même forme, mais plus petit, rostre plus grêle, gris cendré mélangé de roux brunâtre, avec 2 larges bandes plus foncées sur le corselet ; élytres plus claires sur les côtés, tachetées de brun sur les intervalles alternes et hérissées de soies très courtes ; Fr. mér. — *P. variabilis*, 4 à 5 mill., oblong, gris ou brunâtre, avec une bande brune ou noirâtre dentelée sur la suture, quelques taches sur les côtés des élytres et 2 larges bandes sur le corselet d'un brun foncé ainsi que le rostre. — *P. nigrirostris*, 2 1/2 mill., d'un vert gai, avec 2 bandes sur le corselet, le rostre et les pattes bruns ; extrêmement commun partout.

Les **Coniatus** ne diffèrent des précédents que par les yeux plus convexes et les scrobes effacés en arrière ; ce sont de charmants insectes, revêtus d'écailles brillantes et vivant sur les tamarix, au bord des fleuves et de la mer. *C. tamarisci*, 5 mill., d'un vert clair métallique avec des bandes cuivreuses, bordées de noir sur les élytres, jambes rousses; commun au bord de la Méditerranée. — *C. chrysochlora* (Pl. XVIII, fig. 233), 3 mill., d'un vert tendre, avec des bandes carnées sur le corselet et les élytres, ces dernières avec quelques fascies noirâtres, commun dans les landes, au bord de la mer. — *C. repandus*, 4 à 5 mill., d'un carné parfois un peu métallique, avec des bandes brunes sur le corselet et sur les élytres; au bord des torrents; dans les Alpes, au bord du Rhin.

4e Tribu. — Otiorhynchiens.

Les **Otiorhynchus** se distinguent de tous les groupes précédents par leur rostre droit, élargi et épaissi à l'extrémité; leurs yeux sont assez convexes, leurs antennes sont longues, assez grêles, le scape atteint au moins le bord antérieur du corselet qui est beaucoup plus étroit que les étytres; celles-ci sont ovalaires, à épaules arrondies, les crochets des tarses sont libres; ces insectes sont très durs; leurs espèces sont nombreuses, surtout dans les montagnes, où on les trouve soit sous les pierres, soit en battant les branches de sapins. *O. ligustici*, 12 à 14 mill., d'un gris cendré, finement chagriné, rostre caréné, corselet presque globuleux, élytres ovalaires-globuleuses, sans stries; extrêmement commun partout, au printemps, sur les routes. — *O. tenebricosus*, 10 mill., oblong, très convexe, noir, brillant, pattes d'un rougeâtre obscur, corselet finement ponctué, élytres un peu comprimées, à stries grossement ponctuées. — *O. unicolor*, 10 à 12 mill., plus gros, plus ovalaires, corselet plus globuleux, élytres ovalaires, à stries peu marquées. — *O. griseopunctatus*, 10 à 12 mill., oblong, convexe, atténué en avant et en arrière, d'un brun noir assez brillant, corselet finement et très densément ponctué, élytres à stries ponctuées assez larges, mais peu profondes, intervalles finement rugueux, à lignes de petits poils d'un gris fauve, cuisses un peu rougeâtres; commun dans toutes les montagnes. — *O. pyrenæus*, 8 à 10 mill., ovalaire, médiocrement convexe, d'un brun noir assez brillant avec les pattes et les antennes d'un brun rougeâtre, corselet assez étroit, couvert d'une fine granulation, élytres acuminées larges, ovales, à larges stries de gros points, les intervalles rugueux en travers; Pyrénées. — *O. meridionalis*, 7 à 9 mill., oblong, ovalaire, assez convexe, noir, brillant, corselet très granuleux, presque mat, élytres ovalaires, mais rétrécies seulement à l'extrémité, à stries ponctuées peu profondes, surtout latéralement, un peu plus à l'extrémité, intervalles assez fortement ridés en travers; Fr. mér. — *O. raucus*, 6 mill., ovalaire, couvert d'un enduit brun mélangé de roussâtre, qui cache la sculpture, corselet globuleux, élytres comprimées à l'extrémité, à stries formées de gros points, effacées avant l'extrémité. — *O. scabrosus*, 6 mill., ovalaire, d'un brun foncé, rostre court, corselet couvert de granulations, élytres à fortes stries, les intervalles rugueux transversalement et très pâles. — *O. monticola*, 6 à 8 mill., oblong-ovalaire, d'un noir brillant, pattes un peu rougeâtres, corselet lisse, élytres à fines stries ponctuées; très commun dans les Pyrénées et au mont Dore. — *O. picipes* (Pl. XIX, fig. 234), 7 à 8 mill., brun mélangé de gris roussâtre, corselet granuleux, élytres à stries formées par des points ocellés. — *O. ovatus*, 4 mill., d'un brun brillant, corselet presque globuleux, fortement plissé et ridé, élytres à lignes de gros points formant de faibles stries.

5e Tribu — Erirhiniens.

I. Cuisses postérieures non renflées, impropres au saut.
A. Corselet plus ou moine bisinué à la base. Crochets des tarses soudés.
a. Corps allongé subcylindrique. . . . . . . LIXUS.
b. Corps ovalaire . . . . LARINUS.
B. Corselet ordinairement tronqué à la base.
a. Scrobe plus ou moins oblique.
* Elytres ne recouvrant pas entièrement l'abdomen. . . . . MAGDALINUS.
** Elytres arrondies à l'extrémité et recouvrant l'abdomen. Crochets des tarses libres.
† Rostre assez épais et assez court. Antennes insérées un peu en avant du milieu.
α. Toutes les jambes terminées par un fort crochet . . . . PISSODES.
β. Jambes antérieures seulement terminées par un petit crochet. . . . . TYCHIUS.
†† Rostre grêle. Antennes insérées vers le tiers antérieur . . . . ERIRHINUS.
b. Scrobes non ou à peine oblique. Crochets des tarses soudés à la base, dentés ou bifides.
* Elytres ovalaires, recouvrant l'abdomen. . ANTHONOMUS.
** Elytres presque cordiformes, laissant à découvert l'extrémité de l'abdomen. . . . . . BALANINUS.
II. Cuisses postérieures renflées, propres au saut. . . . . ORCHESTES.

Les **Lixus** sont allongés, ailés ; le rostre est assez fort, non ou à peine arqué, avec des scrobes étroits, descendant vers le dessous des yeux ; les antennes sont insérées un peu avant le milieu du rostre, la massue est fusiforme, le corselet est presque conique, aussi large à la base que le corselet, avec le bord postérieur bisinué ;

l'écusson est très petit, les élytres, parfois acuminées, ont les lignes ponctuées. Ces insectes vivent dans l'intérieur des plantes à tige fistuleuse, comme celle de beaucoup d'ombellifères. *L. paraplecticus*, **10** à **15** mill., allongé, d'un brun noirâtre, recouvert d'une pubescence d'un brun cendré entièrement fine et serrée, rousse sur les côtés, élytres à lignes fortement ponctuées, avec l'extrémité prolongée en pointe aiguë et divergente; sur le *Phellandrium aquaticum*. — *L. gemellatus*, même taille, même coloration; mais plus gros, plus court, élytres à stries moins fortement ponctuées, avec l'extrémité prolongée en pointe aiguë mais non divergente; France méridionale, sur la ciguë. — *L. angustatus*, **12** à **17** mill., allongé, presque cylindrique, d'un brun noir assez brillant, revêtu, à l'état frais, d'une exsudation ferrugineuse, corselet et élytres grossement mais peu profondément ponctués; ces dernières obtusément arrondies à l'extrémité; sur les mauves, les fèves de marais. — *L. filiformis*, **8** mill., même forme, mais plus étroit et plus cylindrique, noir avec une pubescence d'un cendré roussâtre, formant 2 bandes sur le corselet et de nombreuses petites taches sur les élytres, qui sont obtuses ; sur divers chardons.

Les **Larinus** sont, au contraire, épais, ovalaires, mais de consistance non moins dure ; leur rostre est épais, un peu arqué, les élytres sont ovalaires, un peu plus larges que le corselet, arrondies chacune à la base. Ces insectes vivent surtout aux dépens des plantes de la famille des Carduacées. *L. maculosus* (Pl. XIX, fig. 235), **10** mill., ovalaire, noir, avec des fascies blanchâtres, corselet rugueusement ponctué, élytres à stries ponctuées très fines ; France méridionale, dans les têtes des *Echinops*. — *L. ursus*, 8 à 10 mill., d'un brun foncé, avec des bandes de pubescence cendrée, quelquefois un peu roussâtre ; France méridionale, sur la *Carlina corymbosa*. — *S. jaceæ*, 7 à 8 mill., noir, parsemé de petites taches pubescentes grises, corselet densément et finement ponctué ; sur la *Centaurea jacea*.

Les **Magdalinus** sont allongés, subcylindriques, un peu atténués en avant, arrondis en arrière ; le rostre est allongé, arqué, subcylindrique, à scrobes obliques ; le corselet est presque carré, parfois rétréci tout à fait en avant ; quelquefois les angles antérieurs sont épineux, les élytres ne recouvrent pas tout à fait l'abdomen, les cuisses sont partois dentées, les jambes sont armées d'un fort crochet ; les crochets des tarses sont libres. Ce sont des insectes à couleurs sombres, presque toujours noirs ou bleuâtres, à élytres sillonnées. Les stries plus ou moins profondes, mais marquées de points carrés, oblongs, peu serrés. *M. aterrimus* (Pl. XIX, fig. 236), 4 à 5 mill., oblong, atténué en avant, d'un noir foncé, corselet presque carré, avec les angles antérieurs épineux, élytres profondément striées, ces stries très grossement ponctuées ; sur les ormes. — *M. memnonius*, 8 mill., noir, corselet rétréci en avant, très finement ponctué, élytres à lignes d'énormes points ; sur les pins. — *M. duplicatus*, 4 mill., noir, avec les élytres d'un bleu foncé, à stries assez fines ; sur les pins.

Les **Pissodes** sont oblongs ; leur rostre est assez mince, arrondi, un peu arqué, avec des scrobes linéaires obliques fortement arqués sous les yeux, le scape atteint presque les yeux, l'écusson est bien distinct, les jambes sont terminées par un fort crochet ; les crochets des tarses sont libres ; ces insectes vivent sur les arbres résineux. *P. notatus* (Pl. XIX, fig. 237), 6 mill., d'un brun roussâtre, avec une bande transversale sur les élytres, un peu après le milieu, une autre tache transversale en avant l'écusson, et quelques points sur le corselet d'un roussâtre pâle; élytres à stries marquées de très gros points. — *P. pini*, plus petit, presque noir, avec les bandes et les taches plus petites et plus jaunes.

Les **Tychius** sont ovalaires ou oblongs, épais, couverts de fines écailles serrées ; le rostre est assez allongé, arqué, cylindrique, souvent aminci à l'extrémité, les antennes sont médiocres, le scape n'atteint pas les yeux, le corselet est transversal, tronqué à la base, arrondi sur les côtés, rétréci en avant, les élytres sont obtusément angulées aux épaules arrondies ensemble à l'extrémité, les cuisses sont dentées ou simples. *T. quinquepunctatus*, 3 1/2 mill., ovalaire, épais, convexe, d'un brun rougeâtre, soyeux, brillant, une bande médiane au corselet, une bande suturale et 2 grandes taches sur chaque élytre d'un gris blanchâtre, corselet fortement arrondi sur les côtés, élytres courtes, presque carrées à la base; commun.

Les **Erirhinus** sont allongés; leur rostre est long, souvent grêle, arqué, à scrobes linéaires obliques; les yeux sont arrondis; les antennes, assez grêles, n'atteignent pas tout à fait les yeux ; le corselet, un peu plus étroit que les élytres, est rétréci en avant ; l'écusson est bien visible, les élytres sont oblongues, obtusément angulées aux épaules, arrondies à l'extrémité, à stries ponctuées ; les jambes sont terminées par un crochet, les angles des tarses sont libres; ces insectes sont le plus souvent couverts d'une pubescence brune et grise : plusieurs vivent sur les plantes aquatiques ; mais les espèces les plus nombreuses se trouvent sur les peupliers et les saules de toute espèce, dont leurs larves rongent les chatons. *E festucæ*, (Pl. XIX, fig. 238), 6 mill., d'un brun foncé, côtés du corselet et élytres couverts d'une pubescence fine cendrée, ces dernières ayant vers le milieu chacune une tache brune et souvent des marbrures de même couleur ; sur les plantes aquatiques, dans les marais. — *E. vorax*, 6 à 7 mill., noirâtre, pubescent, avec des taches d'un roux sale nombreuses, rostre d'un brun noir, long, arqué, pattes antérieures plus grandes que les autres ; sur les peupliers, les saules, etc. — *E. dorsalis*, 3 mill., noir, élytres d'un rouge de sang avec la suture plus ou moins noire ; sur les saules marceaux.

Les **Anthonomus** ont le corps ovalaire très convexe, couvert généralement d'une pubescence serrée ; les yeux sont saillants, le rostre est assez fin, arqué, les antennes sont assez grêles, à funicule de 7 articles, le corselet est bisinué à la base, rétréci en avant ; les élytres, plus larges que le corselet, sont angulées aux épaules ; les pattes antérieures sont les plus longues, avec les cuisses dentées ; ces insectes se trouvent sur les fleurs de différentes plantes ; ils vivent à l'état de larves dans les bourgeons et les boutons, quelques-uns dans les noyaux. Ce sont surtout les pommiers et les poiriers qui souffrent de leurs ravages. *A pomorum*, (Pl. XIX, fig. 239), 5 à 6 mill., d'un brun plus ou moins rougeâtre ; la tête est courbe, ordinairement plus foncé, couvert d'une fine pubescence blanchâtre qui forme en se condensant ou une deux fascies obliques après le milieu de chaque élytre, écusson blanc. —

A. spilotus, un peu plus petit, plus oblong, plus noirâtre, élytres piquetées de petites taches blanches, ayant aux 2/3 postérieurs une large fascie transversale d'un gris roussâtre, écusson blanc, corselet cendré au milieu.

Les **Balaninus** sont reconnaissables à leur corps épais et court, qu'on pourrait dire formé de deux portions coniques, et à leur rostre extrêmement long et grêle; les yeux sont grands, ovalaires; les antennes, longues et grêles, sont terminées par une massue oblongue ou ovalaire; l'écusson est bien visible, arrondi; les élytres sont plus larges que le corselet, anguleusement arrondies aux épaules, laissant à découvert une partie de l'abdomen; les cuisses sont dentées, les jambes antérieures sont terminées par une épine aiguë; les crochets des tarses sont dentés à la base. Les *Balaninus* vivent dans les glands, les noisettes, les prunelles; quelques espèces déterminent des sortes de galles sur les feuilles des saules. *B. glandium* (Pl. XIX, fig. 240), 6 à 7 mill., roux, avec des marbrures brunes sur les élytres, et l'écusson gris; rostre aussi long que le corps chez les femelles; dans les glands. — *B. nucum*, brun moins rougeâtre, avec des marbrures cendrées; dans les noisettes. — *B. cerasorum*, 4 mill., d'un brun noir; élytres rougeâtres avec des fascies transversales grises; dans les noyaux du prunellier. — *B. crux*, 2 mill., noir, avec la suture des élytres et une bande transversale blanches; sur les saules.

Les **Orchestes** sont remarquables par la faculté qu'ils possèdent de sauter comme les puces et les altises, au moyen de leurs cuisses postérieures qui sont renflées; leur corps est ovalaire-oblong, la tête petite, avec des yeux saillants et un rostre infléchi; les antennes sont insérées un peu avant le milieu du rostre, assez grêles ; le corselet est presque conique, l'écusson est bien distinct, quoique petit ; les élytres sont ovalaires, plus larges que le corselet ; ces insectes sont quelquefois ornés de dessins élégants, et presque toujours ils sont couverts d'une pubescence serrée ; leurs larves rongent les feuilles de beaucoup d'espèces d'arbres, surtout les chênes, les peupliers et les saules. *O. alni* (Pl. XIX, fig. 241), 2 mill., noir, antennes et tarses roux, corselet et élytres d'un rouge un peu testacé ; élytres avec une bande basilaire se joignant par la suture à une tache médiane, noire ; sur les aulnes. — *O. populi*, 2 mill., noir, antennes et pattes rousses, pattes postérieures presque entièrement noires, corselet fortement ponctué, écusson pâle, élytres fortement striées, ponctuées ; sur les peupliers. — *O. quercus*, 3 1/2 mill., rougeâtre, couvert d'une pubescence fauve, avec des bandes dénudées sur les élytres, poitrine brune ; sur les chênes. — *O. fagi*, 2 mill., allongé, noirâtre, recouvert d'une pubescence cendrée, serrée, élytres à stries ponctuées ; sur les hêtres.

6e Tribu. — Cryptorhynchiens.

A. Poitrine distinctement canaliculée entre les hanches antérieures ou au devant.	
a. Canal de la poitrine coupé à pic sur les côtés et terminé brusquement.	
* Elytres couvrant entièrement l'abdomen. .	CRYPTORHYNCHUS.
** Elytres ne recouvrant pas entièrement l'abdomen	MONONYCHUS.
b. Canal de la poitrine moins profond, non terminé brusquement	CEUTORHYNCHUS.
B. Poitrine indistinctement canaliculée entre les hanches antérieures	BARIDIUS.

Dans tous les genres qui précèdent, le rostre est libre,

et, même quand il s'infléchit, il n'est pas logé en dessous du prothorax ; dans les 2 groupes suivants, le rostre peut se renverser complètement entre les pattes antérieures, dans un canal destiné à le recevoir.

Le g. **Cryptorhynchus** est un exemple frappant de cette disposition ; le corps est très épais, oblong, le rostre est arqué, presque cylindrique et presque aussi long que le corselet, avec des scrobes profondes, les 3 premiers articles du funicule allongés ; le corselet est fortement rétréci en avant ; les élytres ont les épaules angulées ; en dessous, le canal rostral se prolonge jusque entre les pattes intermédiaires ; les pattes sont robustes, mais assez courtes. *B. lapathi* (Pl. XIX, fig. 242), 6 mill., noir, avec une grande tache d'un gris farineux, sur le tiers postérieur des élytres ; antennes rousses, corselet grossement ponctué, un peu caréné au milieu de la base ; élytres à stries ponctuées, intervalles un peu convexes ; une bande transversale grisâtre, vague après la base ; cuisses grosses, annelées de brun et de gris ; dans les endroits marécageux.

Les **Mononychus** ont le corps court, très épais, mais peu convexe en dessus, presque composé de 2 portions coniques accolées, comme celui des *Balaninus* ; la tête est creusée entre les yeux qui sont peu écartés et convexes, le rostre est assez mince, un peu arqué, les antennes sont courtes et grêles ; insérées un peu avant le milieu, le corselet est fortement rétréci en avant, le bord postérieur est prolongé vers l'écusson qui est enfoncé et à peine visible ; les élytres sont largement arrondies aux épaules et laissent le pygidium à découvert, les jambes sont coupées obliquement vers l'extrémité, et les tarses n'offrent chacun qu'un crochet; sur les plantes, au bord des eaux. *M. pseudacori*, 4 1/2 mill., d'un noir mat, avec le dessous du corps, les côtés du corselet, la base des cuisses et une tache derrière l'écusson couverts d'écailles serrées d'un gris cendré ; corselet fortement rétréci en avant, couvert de fines aspérités, canaliculé au milieu, élytres à stries larges, ponctuées, la première arquée, se rapprochant de la suture à la base ; commun sur l'iris jaune des marais.

Les **Ceutorhynchus** sont aussi épais et assez convexes en dessus, le rostre est cylindrique, assez gros ou filiforme, arqué, aussi long que la tête et le corselet, avec des scrobes linéaires et profonds ; les antennes sont assez grêles, insérées un peu avant le milieu ; le sillon qui reçoit le rostre est assez bien marqué, l'écusson est peu visible, les élytres sont assez courtes, laissant à découvert le pygidium. Ces insectes, très nombreux, vivent sur des plantes très variées, et quelques-uns y produisent des galles où se développent leurs larves ; beaucoup préfèrent les crucifères, ensuite les borraginées et les carduacées. La plus grande espèce est le *C. echii*, 5 mill., d'un brun foncé, avec 3 lignes blanchâtres sur le rostre et sur le corselet, et sur les élytres plusieurs lignes longitudinales avec des zigzags blanchâtres; commun sur la vipérine. — *C. litura*, 2 1/2 mill., noir, dessous du corps, côtés du corselet et une tache à la base, côtés et extrémité des élytres avec une grande tache scutellaire et une petite tache latérale blancs; corselet angulé latéralement, élytres fortement striées; sur les chardons. — *C. asperifoliarum*, 2 mill., d'un brun noir, élytres striées, saupoudrées de gris, ayant chacune une ache sublatérale blanche, un point blanc commun derrière l'écusson et souvent une fascie apicale blanche; sur les orties. — *C. sulcicollis*, 2 1/2 mill., noir, couvert d'une pubescence grise extrêmement fine, corselet angulé latéralement, densément ponctué, sillonné au milieu, élytres à stries assez fortes, intervalles plans, densément ponctués ; nuisibles aux cultures de choux de toute espèce, pique le collet des plantes et y détermine des galles.

Les **Baridius** ont le corps étroit, presque parallèle, assez épais, mais médiocrement convexe en dessus ; le corselet est fortement bisinué à la base, les élytres sont obtusément arrondies à l'extrémité et ne recouvrent pas entièrement l'abdomen ; presque tous sont lisses et brillants, beaucoup sont métalliques. Presque tous vivent sur les crucifères et plusieurs sont nuisibles aux choux, aux colzas, etc., *B. nitens*, 5 mill., entièrement d'un noir foncé, assez brillant, courts, presque ovalaire, à corselet presque carré, finement ponctué, élytres à stries assez nettes ; Midi. — *B. chloris*, 3 à 4 mill., oblong, assez épais, d'un bleu un peu verdâtre en dessus, noir en dessous, brillant, corselet presque carré, fortement ponctué, élytres à stries bien marquées, intervalles lisses. — *B. Talbum*, 4 à 5 mill., oblong, épais, noir, à fine pubescence blanche, peu serrée en dessus, mais très serrée sur les côtés, et formant grossièrement un T, corselet fort ponctué, élytres bien striées, suture un peu ponctuée.

7e Tribu. — Cioniens.

Les **Cionus** ont le corps brièvement ovalaire et très

convexe ; le rostre est allongé, un peu arqué avec des scrobes linéaires et profonds, les yeux sont à peine convexes et un peu rapprochés sur le front; les antennes sont assez courtes, à funicules de 5 articles; le corselet est petit, bien plus étroit que les élytres qui sont presque carrées, arrondies en arrière, à stries ponctuées avec les intervalles alternativement un peu convexes ; les hanches antérieures sont contiguës, l'écusson est bien distinct, les cuisses sont dentées, les crochets des tarses sont plus ou moins inégaux. Ces insectes ne vivent guère que sur les verbascum, les thapsus et les scrophulaires; leur coloration est peu variée et se compose surtout de brun avec des taches noires veloutées. *C. scrophulariæ*, 4 1/2 mill., noir, corselet et poitrine couverts d'une pulvérulence blanche, élytres à stries ponctuées, intervalles alternativement relevés et ornés de taches noires veloutées, séparées par de petites taches blanchâtres, une grande tache noire veloutée, ronde sur la suture derrière l'écusson, une autre plus petite à l'extrémité; sur les scrophulaires. — *C. hapsus*, 4 mill., plus petit, sans pulvérulence blanche sur les côtés du corselet et couvert d'une villosité fauve, fine et écartée, corselet ayant 4 bandes foncées assez vagues, la 2e tache veloutée de la suture peu distincte; sur les thapsus ou bouillon blanc. — *C. blattariæ*. 3 mill., gris, élytres ayant à la base de la suture une grande tache noire à l'extrémité de la suture; sur les scrophulaires, surtout dans les endroits humides.

8e Tribu. — Calandriens.

A. Rostre assez long, assez grêle.
a. Antennes insérées presque à la base du rostre. Corps épais.
* Insectes de petite taille. Coloration brunâtre ou rougeâtre. . . . . CALANDRA.
** Insectes d'assez grande taille. Coloration noire . . . . SPHENOPHORUS.
b. Antennes insérées presque au milieu du rostre. Corps déprimé . . . . COSSONUS.
B. Rostre court, épais . . . . RHYNCOLUS.

Les **Calandra**, si connues par les ravages qu'elles causent dans les approvisionnements de céréales, sont de petits insectes oblongs, assez épais, mais assez déprimés en dessus; leur rostre est un peu plus court que le corselet, aminci vers l'extrémité, avec des scrobes très courts; les antennes sont insérées presque à la base du rostre; le funicule est de 6 articles, terminé par une massue oblongue de 2 articles apparents, le 2e petit; le corselet est grand, un peu allongé, l'écusson est très petit; les élytres sont courtes, atténuées en arrière et laissent à découvert le pygidium. *C. granaria* (Pl. XIX, fig. 243), 3 à 4 mill., oblongue, un peu déprimée, d'un brun rougeâtre foncé, très clair chez les individus fraîchement éclos; corselet plus long que large, atténué en avant, percé de gros points oblongs, laissant une petite ligne médiane lisse, élytres à stries finement ponctuées, plus profondes à la base où elles se réunissent 2 par 2; trop commune dans tous les grains. — *C. oryzæ*, 2 1/2 à 3 mill., plus épaisse, brune avec 4 taches rougeâtres sur les élytres, très variable de grandeur et de teinte; corselet densément ponctué, un peu moins sur la ligne médiane; élytres à stries fortement ponctuées, intervalles alternativement un peu relevés et garnis d'une rangée de soies courtes, grisâtres ; très commune dans le riz.

Les **Sphenophorus** sont oblongs, épais, d'une consistance très dure et d'assez grande taille pour cette famille ; le rostre, presque aussi long que le corselet, est épais jusqu'aux antennes, puis aminci ; les yeux sont très oblongs, rapprochés en dessous, les scrobes sont très courts, en forme de fossettes oblongues ; les antennes sont insérées presque à la base du rostre ; le funicule est formé de 6 articles devenant plus larges vers la massue qui est courte, comprimée, cunéiforme, de 2 articles seulement ; le corselet est grand, droit sur les côtés rétréci en avant, arrondi à la base ; les élytres sont ovalaires, striées, laissant le pygidium à découvert ; les jambes sont terminées par un fort crochet. Ces insectes se rencontrent sur les chemins, sous les pierres ; leur démarche est lente. *S. piceus*, 12 à 16 mill., noir, avec les élytres souvent d'un brun rougeâtre, corselet à ponctuation fine, peu serrée, laissant au milieu une bande lisse, un peu élevée ; élytres plus larges que le corselet, ovalaires, à stries bien marquées, finement ponctuées ; intervalles plans, très finement ponctués ; moitié apicale du pygidium rugueusement ponctuée. — *S. abbreviatus*, 7 à 8 mill., noir, élytres à stries bien marquées, non ponctuées intervalles fortement ponctués paraissant striés à la base, pygidium simplement ponctué. — *S. meridionalis* (Pl. XIX, fig. 244), même taille, même coloration, mais plus mat, avec une teinte grisâtre, et les élytres ainsi que les jambes d'un rouge brique ; Fr. mér.

Les **Cossonus** ont le corps un peu allongé, assez déprimé, presque parallèle, le rostre assez long et assez grêle, épaissi et élargi à l'extrémité, à scrobes bien marqués, les antennes insérées presque au milieu du rostre, à funicule de 7 articles devenant peu à peu plus larges et à massue ovalaire grande ; le corselet est aussi large que les élytres, rétréci en avant, impressionné en dessus les jambes sont terminées par un fort crochet, les tarses sont étroits. *C. linearis* (Pl. XX, fig. 245), 6 à 7 mill., d'un brun noir brillant, avec les élytres parfois rougeâtres, corselet percé de gros points médiocrement serrés, ayant au milieu de la base, une ligne élevée, bordée de chaque côté par une dépression plus fortement ponctuée; élytres à stries très fortement ponctuées, les intervalles un peu convexes; dans les souches de peupliers en décomposition, ou sous leurs écorces.

Les **Rhyncolus**, par leur rostre court et épais, par leurs mœurs xylophages, forment bien la transition entre les Curculionides et les Scolytides ; ce sont des insectes assez petits, presque cylindriques, d'un brun noir, très ponctués; les antennes sont courtes, assez épaisses, à articles serrés, s'élargissant peu à peu jusqu'à la massue, qui est petite, ovalaire; le corselet est oblong, rétréci en avant; les élytres ne sont pas plus larges que le corselet; elles sont fortement striées et arrondies, parfois même rebordées à l'extrémité ; les pattes sont courtes, les jambes sont terminées par un fort crochet; sous les écorces ou dans le bois pourri. *R. truncorum* (Pl. XX, fig. 246), 3 mill., d'un brun foncé, corselet un peu plus étroit que les élytres, densément ponctué; élytres presque parallèles, profondément striées, ces stries fortement ponctuées.

A la suite des Curculionides vient la famille des Scolytides ou Xylophages, qu'il est presque impossible de séparer de la première; les *Rhyncolus* forment une transition toute naturelle à ces insectes par leur rostre extrêmement court et aussi gros que la tête, comme celui que présentent les vrais *Scolytus* et les *Hylastes*. Les Scolytides ont les antennes moins coudées par suite du moindre développement du scape et, en outre, les jambes sont crénelées; de plus, leurs mandibules sont plus grandes et forment souvent saillie au dehors : chez les *Bostrichus*, ce sont elles qui déterminent une sorte de museau très court. Tous les insectes de cette famille vivent sur les arbres de nos forêts et de nos plantations, soit en perçant le bois, soit en rongeant les bourgeons; ce sont les larves qui, dans leurs développements successifs, forment par leurs galeries rampantes ces dessins ramifiés que l'on voit quand on soulève l'écorche d'un chêne, d'un orme, d'un pin ou d'un sapin malade; c'est la multiplicité de ces petites galeries qui occasionne des écoulements excessifs de sève, et amène par suite le dépérissement complet des arbres attaqués, quelquefois sur d'immenses étendues de terrain.

Les **Hylastes** ont le rostre assez distinct, les antennes ont un funicule de 7 articles, le corselet presque cylindrique avec le prosternum fortement impressionné. *H. ater* (Pl. XX, fig. 247), 4 1/2 mill., noir avec les antennes et les tarses roussâtres, rostre un peu caréné, corselet oblong, densément ponctué, avec une ligne médiane lisse, un peu élevée, de chaque côté une légère impression.

Les **Hylurgus** ont un rostre à peine marqué, le funicule des antennes présente 5 ou 6 articles, les élytres sont un peu relevées à la base, les jambes sont crénelées.

H. piniperda (Pl. XX, fig. 248), 4 à 4 1/2 mill., d'un brun noirâtre ou rougeâtre, élytres plus claires, à peine striolées; sous les écorces des pins dont ces insectes font souvent périr des plantations entières.

Le g. **Phlœotribus** ne renferme qu'un petit insecte à corps trapu, cylindrique, dont les antennes insérées au devant des yeux ont une massue de 3 articles prolongés en lamelle étroite. *P. oleæ*. 2 mill., ovalaire assez court, très convexe, d'un brun noir, à pubescence cendrée base des antennes et tarse roux, corselet finement et densément ponctué, bord postérieur fortement échancré de chaque côté, élytres très déclives et arrondies à l'extrémité, assez finement striées, les intervalles ponctués en lignes; Fr. mér.; très nuisible aux oliviers.

Les **Scolytus** ont le corps extrêmement épais, mais très convexe en dessous et déprimé en dessus; la tête forme un museau très court; les antennes, à funicule de 5 articles, sont terminées par une massue ovalaire, courte; le corselet est très grand, oblong, les élytres sont assez courtes, tronquées, l'abdomen est brusquement coupé en arrière et muni, chez les mâles, de tubercules en nombre variable; les jambes sont comprimées, terminées par un crochet. Les insectes des genres précédents s'attaquent aux conifères, les Scolytes n'attaquent que les arbres des familles des Amentacées et des Rosacées. *S. Ratzeburgii*, 5 mill., d'un noir brillant, élytres et pattes d'un brun marron, tête couverte d'un duvet doux serré, corselet très lisse, élytres à stries ponctuées ; abdomen des mâles armé d'un seul tubercule; sur les ormes et les chênes. — *S. destructor* (Pl. XX, fig. 249), plus grand et plus noir, abdomen des mâles armé de 2 tubercules; sur les bouleaux, — *S. pygmæus*, 3 mill., d'un noir brillant, élytres rousses, à stries fines, serrées; abdomen inerme.

Les **Bostrichus** sont cylindriques, souvent hérissés de poils, à tète courte, en forme de museau triangulaire; les antennes ont un funicule de 5 articles et une massue solide brièvement ovalaire, le corselet est avancé au bord antérieur et recouvre la tête qui est très inclinée; il est souvent râpeux dans sa partie antérieure; les élytres sont tronquées et dentées à l'extrémité, surtout chez les mâles, Ces insectes vivent sur tous les arbres. *B. typographus*, 6 à 7 mill., roux, à villosité fauve, très ponctué, élytres striées, les intervalles un peu rugueux, extrémité tronquée, un peu concave, bordée de plusieurs dents inégales; commun sur les sapins daus les montagnes. — *B. chalcographus*, 3 mill., d'un brun foncé assez brillant, un peu velu, corselet ponctué, élytres striées, intervalles ponctués, extrémité tronquée et dentée; sur les chênes. *B. eurygraphus* (Pl. XX, fig. 250), 3 1/2 mill., d'un brun rougeâtre, élytres striées, intervalles ponctués, extrémité brusquement arrondie avec quelques petites dents, corselet très rugueux en avant, très convexe au milieu, ayant en avant, chez les mâles, une large et profonde impression; sur les pins.

Le g. **Platypus** est remarquable par sa tête transversale, ses antennes se repliant en dessous, terminées par une massue en forme de disque, son corselet oblong échancré sur les côtés pour recevoir les pattes antérieures des élytres un peu plus larges que le corselet, profondément striées, ses pattes comprimées avec les tarses longs et grêles, le 1er article étant très allongé, le 3e non bilobé. *P. cylindrus*, 5 à 6 mill., allongé, presque cylindrique, d'un brun plus ou moins noirâtre; antennes et pattes roussâtres, corselet finement ponctué, élytres ponctuées, à stries fortes et larges, les intervalles en forme de côtes, extrémité presque tronquée avec une dent aiguë au bout de la 3e strie; sur les chênes. — *P. oxyurus* (Pl. XX, fig. 251), un peu plus petit, plus brun, élytres plus élargies en arrière, terminées par une pointe conique un peu divergente; sur les sapins, dans les Pyrénées.

FAMILLE DES LONGICORNES

(CÉRAMBYCIDES)

Les insectes de cette famille sont de grande ou de moyenne taille, rarement assez petits; leur forme est allongée, leurs antennes sont longues, de 11 ou 12 articles, insérées près des yeux qui sont généralement échancrés; leur mandibules sont robustes, les tarses de 4 articles, dont le 3e presque toujours cordiforme ou bilobé[1]. Ce caractère d'avoir 4 articles aux tarses leur est commun avec les Chrysomélides, et il est difficile de séparer nettement ces 2 familles; tout ce qu'on peut dire, c'est que chez les Longicornes, les mandibules sont plus robustes, plus aiguës, que le corps n'est jamais globu-

[1] Un seul genre, *Spondylis*, a 5 articles aux tarses.

leux ni ovalaire, que les antennes sont plus longues et plutôt atténuées que renflées vers l'extrémité.

On trouve ces insectes soit sur les fleurs, soit sur les arbres où leurs larves ont vécu; quelques-unes, dont les élytres sont soudées, se trouvent à terre et se réfugient sous les pierres.

I. Hanches antérieures transversales. Tête enchâssée dans le corselet, non rétrécie derrière les yeux; ceux-ci réniformes, échancrés. Dernier article des palpes, tronqué. Cavités cotyloïdes largement angulées en dehors. Crochets des tarses simples . . . . PRIONIENS.
II. Hanches antérieures globuleuses.
A. Tête oblique ou penchée, sans col distinct. Yeux réniformes. Dernier article des palpes, presque toujours tronqué. Jambes antérieures sans sillon oblique . . . . . . CÉRAMBYCIENS.
B. Tête courte, perpendiculaire, sans col. Yeux réniformes. Dernier article des palpes, fusiforme. Jambes antérieures ayant vers l'extrémité un sillon oblique. . LAMIENS.
III. Hanches antérieures coniques très saillantes. Tête saillante, rétrécie en col plus ou moins marqué. Dernier article des palpes, ordinairement allongé, un peu triangulaire. Yeux échancrés ou entiers . . . . LEPTURIENS.

1re Tribu. — Prioniens

A. Corps cylindrique. Corselet globuleux, inerme, non rebordé, 3e article des antennes pas plus long que le 4e . . . . . SPONDYLIS.
B. Corps non cylindrique. Corselet rebordé et plus ou moins épineux latéralement. 3e article des antennes toujours plus long que le 4e.
* Antennes de 12 articles. Tête fortement inclinée. Corselet triépineux de chaque côté. PRIONUS.
** Antennes de 11 articles.
† Tête assez inclinée. Corselet garni latéralement de fines crénelures avec quelques épines . . . . ERGATES.

††Tête presque horizontale, saillante, les yeux éloignés du corselet. Corselet non rebordé, ayant une seule épine aux angles postérieurs. . . . . OEGOSOMA.

Le g. **Spondylis**, remarquable par ses tarses de 5 articles et ses antennes courtes, commence cette tribu ; corps cylindrique, tête presque aussi large que le corselet, ce dernier globuleux. *S. buprestoïdes* (Pl. XX, fig. 252), 16 à 20 mill., noir, médiocrement brillant, très ponctué, élytres ayant chacune deux lignes élevées ; dans les souches des pins et des sapins ; reste immobile le jour, vole le soir et mord assez fortement. Midi et Alpes.

Le g. **Prionus** a 3 larges épines de chaque côté du corselet, les antennes robustes, surtout chez les mâles, qui ont 12 articles imbriqués, tandis que les antennes des femelles sont grêles et composées de 11 articles ; tête bien plus étroite que le corselet, fortement inclinée ; élytres grandes et larges. *P. coriarius*, 25 à 35 mill., d'un brun noir assez brillant, rougeâtre en dessous, poitrine couverte de poils gris serrés, élytres rugueusement ponctuées avec quelques lignes élevées ; dans les vieux chênes, où la larve perce des trous profonds.

Dans le g. **Ergates**, le corselet, presque aussi large que les élytres, est finement crénelé sur les côtés avec quelques petites épines, le disque est sculpté chez les mâles qui ont les antennes un peu plus longues que le corps ; les élytres sont grandes, allongées, avec une petite épine à l'angle sutural. *E. faber* (Pl. XX, fig. 253), 30 à 38 mill., l'un de nos plus grands insectes, d'un brun noir ou rougeâtre, densément ponctué ; le 1er article des antennes est gros, rugueux ; dans les souches de pins, dans le Midi de la France.

Le g. **Ægoroma** se distingue facilement par les antennes couvertes de fines aspérités, le corselet petit, atténué en avant, non rebordé latéralement avec les angles postérieurs en épine courte; les élytres sont longues, à peine convexes, avec une épine à l'angle sutural. *Æ. scabricorne* (Pl. XX, fig. 254), 40 à 50 mill., allongé, d'un brun roussâtre mat, plus clair sur les élytres et les pattes; sur les vieux tilleuls, les hêtres, les ormes; plus commun dans le Midi.

2e Tribu. — Cérambyciens.

I. Cavités cotyloïdes antérieures largement angulées en dehors et largement ouvertes en arrière. Corselet sans tubercules épineux de chaque côté.
A. Yeux très peu convexes, à peine sinués. . ASEMUM.
B. Yeux convexes.
a. 2e article des antennes aussi long ou plus long que la moitié du 3e.
* Yeux à peine sinués . . . . CRIOCEPHALUS.
** Yeux partagés en deux parties. . . . . . . TETROPIUM.
b. 2e article des antennes plus court que a moitié du 3e.
* Antennes nues.
† Corps épais, convexe. Palpes presque égaux. Corselet globuleux . . . . HESPEROPHANES.
†† Corps plus ou moins déprimé. Palpes inégaux. Corselet souvent angulé latéralement et antennes plus longues que la 1/2 du corps. . . . . CALLIDIUM.
b. Antennes plus courtes. . . . . HYLOTRUPES.
** Antennes à houppes de poils. Elytres planes et flexibles. . . . . ROSALIA.
II. Cavités cotyloïdes antérieures à angulation externe très étroite ou presque nulle, et étroitement ouverte en arrière.
A. Corselet ayant de chaque côté un tubercule plus ou moins pointu. Cuisses à peine rétrécies à la base.
a. Dernier article des palpes maxillaires plus long que les deux précédents réunis . . . . CALLICHROMA.
b. Dernier article des palpes maxillaires moins long que les deux précédents réunis.

* Corselet fortement ridé en dessus. Couleur brune ou noirâtre . . . . CERAMBYX.

** Corselet uni en dessus, couleur rouge, à taches noires. . . . . PURPURICENUS.

B. Corselet presque globuleux, sans tubercules latéraux. Cuisses notablement rétrécies à la base . . . . CLYTUS.

III. Cavités cotyloïdes antérieures complètement fermées en arrière.

A. Elytres entières. Corselet cylindrique. 1er segment abdominal aussi long que les deux suivants ♂, plus longque tous les autres ♀. . . . . CARTALLUM

B. Elytres plus ou moins rétrécies et déhiscentes vers l'extrémité. Corselet transversal à tubercules lisses . . . . STENOPTERUS.

C. Elytres extrêmement courtes, à peine plus longues que le corselet, qui est plus long que large. . . . . MOLORCHUS.

Le g. **Asemum** rappelle les *Spondylis* par le corps cylindrique et les antennes courtes, mais il s'en distingue par les tarses de 4 articles, les antennes grêles, le orps moins convexe; les yeux sont petits, faiblement sinués; le corselet est anguleusement arrondi sur les ôtés, les élytres présentent plusieurs côtes peu saillantes, interrompues, les hanches antérieures, très découvertes, paraissent un peu transversales. *A. striatum* (Pl. XXI, fig. 255), 12 à 15 mill., d'un brun foncé, parfois rougeâtre sur les élytres, presque mat, très finement et densément ponctué; se tient immobile sur les écorces des pins.

Dans le g. **Criocephalus** les antennes, quoique plus longues, n'atteignent pas l'extrémité du corps, le 2e article est aussi long que la moitié du 3e, la tête est assez grosse, les yeux sont très écartés, seulement échancrés; le dernier article des palpes maxillaires est tronqué, le corselet est arrondi, les élytres sont longues. *C. rusticus*

(Pl. XXI, fig. 256), 15 à 30 mill., entièrement d'un brun roux plus ou moins foncé, mat, densément et très finement ponctué, corselet ayant deux impressions, élytres ayant chacune 3 lignes élevées très fines; sur les souches de pins; plus commun dans le Midi.

Le g. **Tetropium** se distingue du précédent par les antennes plus robutes, le dernier article des palpes élargi et tronqué obliquement; les élytres sont aussi atténuées en arrière, mais les épaules sont plus marquées: le mésosternum forme une pointe en arrière, les hanches antérieures sont rapprochées et les cuisses épaisses. *T. luridum* (Pl. XXI, fig. 257), 10 à 15 mill., d'un brun noir brillant, élytres et pattes souvent rougeâtres, densément et finement ponctuées, corselet ayant une impression au milieu; commun sur les sapins, dans les Alpes.

Le g. **Hesperophanes** renferme des insectes à corps cylindrique, recouvert d'une pubescence serrée; les yeux sont fortement échancrés, les antennes sont aussi longues que le corps chez les mâles, plus courtes chez les femelles; les yeux sont très échancrés, le corselet a quelques petites saillies ou de faibles impressions. Ils sont nocturnes et plus communs dans le Midi. *H. cinereus.*, 14 à 18 mill., d'un brun roussâtre, couvert de nombreuses taches formées par une pubescence cendrée, corselet un peu angulé sur les côtés en avant, sur le dessus 3 saillies oblongues, 2 arrondies. — *H. pallidus*, 12 à 16 mill., roussâtre, couvert d'une fine pubescence grisâtre, tête et corselet plus foncés, élytres ayant, après le milieu, une large fascie brune s'effaçant en arrière, corselet ayant 3 saillies oblongues; rare.

Les **Callidium** diffèrent des genres précédents par le

2e article des antennes plus court que la moitié du 3e et par le corps déprimé ; le corselet est rarement angulé sur les côtés, les antennes sont aussi longues ou un peu plus longues que le corps, assez robustes, les élytres sont largement arrondies, souvent un peu élargies en arrière, les pattes postérieures sont plus longues que les autres, les cuisses sont grêles à la base et grosses à l'extrémité. Chez les uns, les hanches antérieures sont contiguës : *C. variabile*, 10 à 15 mill., couleur passant du roussâtre clair au bleu ardoisé, corselet ayant plusieurs petites élévations ; antennes non comprimées, 3e et 4e articles égaux ; très commun, surtout dans les maisons, les bûchers, les celliers. — *C. sanguineum*, 10 mill., noir, avec le dessus d'un beau rouge velouté, corselet inégal, angulé latéralement ; aussi commun que le précédent, au printemps, dans les maisons, sortant des bûches de chêne. — *C. alni*, 4 à 6 mill., noir brillant, antennes, base des élytres et des cuisses, jambes et tarses rougeâtres, élytres ayant deux bandes transversales arquées, blanches. — *C. violaceum* (Pl. XXI, fig. 258), 12 mill., d'un bleu foncé, rugueusement ponctué, antennes et pattes d'un bleu noir ; élytres larges ; dans les montagnes, sur les sapins. Chez les autres, les hanches sont largement séparées : — *C. clavipes*, 6 à 12 mill., entièrement noir, dessus densément et assez fortement ponctué, mat, dessous et pattes brillantes ; élytres un peu élargies en arrière.

Le g. **Hylotrupes** ne diffère que par ses antennes grêles, courtes, ne dépassant pas le milieu du corps. il a le 3e article beaucoup plus long que le 5e, le 4e plus court que les 3e et 5e ; le corselet transversal, fortement arrondi sur les côtés, présente sur le disque 2 tubercules lisses, les élytres sont un peu déhiscentes à l'extrémité, les pattes sont grêles, assez courtes, les cuisses brusquement renflées. *H. bajulus* (Pl. XXI, fig. 259), 12 à 16 mill., épais, noir, à villosité blanche ; élytres parfois rousses, ayant au milieu une large tache pubescente ; commun partout.

Le g. **Rosalia**, qui renferme le plus joli coléoptère de nos pays, est remarquable par les antennes ornées de houppes soyeuses, la tète presque horizontale, à mandibules robustes, dentées en dehors, par les élytres flexibles, déprimées, les cuisses postérieures de largeur presque égale et les cavités cotyloïdes antérieures larges et arrondies. *R. alpina* (Pl. XXI, fig. 260), 20 à 28 mill., d'un bleu cendré pâle, avec des taches d'un noir velouté ; corselet inégal, angulé sur les côtés ; Alpes, Pyrénées, sur les hêtres ; Nantes, sur les saules.

Le g. **Callichroma** se distingue au premier coup d'œil, par sa couleur métallique ; mais, en outre, les palpes maxillaires ne dépassent pas le lobe externe des mâchoires. *C. moschata* (Pl. XXI, fig. 261), 15 à 25 mill., d'un vert métallique brillant, parfois bleuâtre ou un peu doré, parfois d'un bleu foncé, élytres très finement et densément ponctuées ; sur les saules, les osiers ; exhale une odeur musquée ou rosée très forte.

Les **Cerambyx** ou Capricornes sont de grands et robustes insectes, à couleurs sombres, à longues antennes, épaisses et même noduleuses à la base, mais s'amincissant beaucoup vers l'extrémité ; les palpes maxillaires sont saillants : le corselet, plissé ou ridé, est armé sur les côtés d'un fort tubercule épineux ; les élytres allongées, convexes, sont souvent atténuées à l'extrémité, couvertes de fines rugosités, plus marquées à la base; les pattes sont assez grandes, robustes, un peu comprimées. *C. heros*, 30 à 50 mill., d'un brun noir, assez brillant ; élytres finement rugueuses, très atténuées en arrière, presque lisses et rougeâtres à l'extrémité, angle sutural muni d'une très courte épine ; corselet fortement ridé en travers ; antennes ayant les 3 ou 4 premiers articles noduleux, bien plus longues que le corps chez les mâles, un peu plus courtes que le corps chez les femelles ; sur les chênes. — *C. miles*, 30 mill., plus petit, même coloration, un peu pubescent ; élytres moins atténuées en arrière, arrondies à l'angle sutural ; corselet moins profondément ridé ; antennes à peine plus longues que le corps chez les mâles, articles très gros ; Fr. mér. — *C. velutinus*. (Pl. XXII, fig. 262), 40 à 50 mill., d'un brun un peu rougeâtre à pubescence cendrée très fine ; élytres à peine atténuées en arrière, tronquées obliquement, avec l'angle sutural épineux ; corselet fortement et irrégulièrement ridé ; antennes assez longues chez les mâles, dépassant à peine le milieu du corps chez les femelles ; Fr. mér. ; sur les chênes. — *C. cerdo*, 20 à 25 mill., plus petit, non atténué en arrière ; tout noir, très chagriné ; corselet plus finement ridé ; antennes cendrées, ne dépassant guère le corps chez les mâles, nullement noduleuses à la base ; très commun, vit dans les troncs de pommiers, poiriers, etc.

Les **Purpuricenus** se reconnaissent facilement à leur corps épais, non atténué en arrière ; le corselet globuleux, également ponctué, sans rides, ayant de chaque côté un tubercule conique ; cuisses postérieures un peu comprimées ; les élytres sont rouges, quelquefois même une partie du corselet. *P. Kœhleri*, 15 à 20 mill., d'un noir mat; élytres mates, d'un beau rouge, ayant souvent sur la suture une tache noire très variable; corselet souvent taché de rouge ; vit dans divers arbres fruitiers ; se trouve souvent sur les fleurs d'oignons.

Les **Clytus** ont la tête fortement inclinée, la face aplatie en avant, les antennes moins longues que le corps, les yeux courts et obliques, les palpes courts, le corselets plus ou moins globuleux, le corps épais, convexe, orné de couleurs très variées ; le prosternum est assez étroit, les pattes postérieures sont assez longues. Les uns ont une tête grosse, ayant au milieu deux carènes aplaties et une autre carène longeant les yeux, sous laquelle les antennes sont insérées ; le corselet est couvert de fines aspérités. *C. liciatus*, 15 mill., d'un noir mat, à pubescence éparse, d'un gris roussâtre, formant sur le corselet 4 lignes interrompues et sur les élytres plusieurs lignes en zigzag plus ou moins régulières ; antennes très courtes ; sur les peupliers. Les autres ont une tête ordinaire, sans carènes, le corselet sans aspérités : — *C. detritus* (Pl. XXI, fig. 263), 13 à 20 mill., d'un brun foncé ou rougeâtre, élytres avec 4 ou 5 bandes transversales jaunes, les dernières plus ou moins élargies et confondues ; corselet couvert d'une fine pubescence jaune, avec deux bandes noires, une au milieu, l'autre à la base. — *C. arcuatus*, 15 à 16 mill., d'un noir foncé, antennes et pattes rousses, corselet ayant deux bandes étroites, fortement interrompues, élytres ayant à la base 4 points jaunes, dont un sur l'écusson et un autre sur la suture, plus 4 bandes jaunes arquées, la dernière terminale ; très commun sur les chênes récemment abattus. — *C.*

arietis, 9 à 15 mill., d'un noir mat, corselet étroitement bordé de jaune en avant et en arrière ; élytres parallèles, ayant au milieu une bande transversale oblique, remontant sur la suture ; en arrière 2 bandes transversales, la dernière terminale ; à la base une courte bande transversale n'atteignant pas la suture et l'écusson d'un beau jaune ; pattes et antennes rousses, ces dernières obscures à l'extrémité. — *C. gazella*, plus petit, même coloration, dessins plus étroits, corps plus grêle ; antennes plus longues, plus minces ; cuisses postérieures noirâtres. — *C. trifasciatus*, 7 à 12 mill., antennes, pattes et corselet d'un rouge un peu brique, ce dernier avec une bande obscure, élytres d'un brun noir, avec 4 bandes blanchâtres, la deuxième remontant par la suture jusqu'à la bande basilaire très étroite ; Fr. mér. — *C. plebejus*, 7 à 10 mill., noir, corselet, antennes et pattes à pubescence cendrée, élytres ayant une tache subhumérale, une bande très oblique, remontant sur la suture, puis deux bandes transversales d'un gris cendré. — *C. massiliensis*, plus petit, d'un noir plus brillant, à bandes blanches, plus étroites, la médiane oblique et remontant jusque sur la suture ; très commun. — *C. quadripunctatus*, 10 à 12 mill., couvert d'une pubescence rousse-olivâtre extrêmement serrée, avec 3 ou 4 points noirs dénudés sur chaque élytre. — *C. ornatus*, 8 à 10 mill., couvert d'une pubescence jaune un peu verdâtre, une bande noire transversale au milieu du corselet, 3 bandes noires sur les élytres, la première en forme de C ; Fr. mér. — Chez quelques-uns, les élytres présentent chacune à la base 2 saillies oblongues : *C. mysticus* (Pl. XXI, fig. 264), 9 à 10 mill., noir. corselet presque globuleux, élytres larges à la base, presque tronquées à l'extrémité, base rougeâtre, puis une large bande noire et le dernier quart d'un cendré grisâtre pubescent, plus clair en avant.

Chez le g. **Cartallum**, la tête est aussi large ou plus large que le corselet, avec les yeux triangulaires à peine sinués ; corselet plus long que large, angulé latéralement, élytres à peine atténuées vers l'extrémité qui est arrondie, les cuisses sont fortement renflées au milieu. *C. ebulinum* (Pl. XXII, fig. 265), 6 à 10 mill., corselet rougeâtre, tête presque noire, élytres bleues ou vertes, Fr. mér.

Le g. **Stenopterus**, à élytres rétrécies et déhiscentes en arrière, tête oblique, yeux fortement échancrés, corselet ayant 3 élévations lisses. *S. rufus* (Pl. XXII, fig. 266), 5 à 10 mill., noir, élytres d'un jaune rougeâtre, noires à la base, corselet couvert de poils dorés à la base, et au bord antérieur, abdomen à anneaux également de poils dorés ; très commun sur les ombellifères.

Le g. **Molorchus**, élytres beaucoup plus courtes que l'abdomen, corselet allongé, yeux profondément échancrés, les antennes parfois plus longues que le corps, cuisses très grêles à la base, très renflées à l'extrémité. *M. minor* (Pl. XXII, fig. 267), 8 à 10 mill., d'un brun noir, élytres, antennes et pattes, sauf l'extrémité des cuisses, d'un brun rougeâtre, corselet très densément ponctué, élytres ayant une raie blanche près de l'extrémité ; antennes des mâles bien plus longues que le corps ; dans les montagnes. — *M. umbellatarum* (Pl. XXII, fig. 268), rétréci à la base et en avant, ayant une petite élévation au milieu, élytres sans tache, antennes plus courtes que le corps, cuisses peu renflées.

3e Tribu. — Lamiens

I. Corselet ayant de chaque côté une épine ou un tubercule pointu. Crochets des tarses simples.

A. Cuisses claviformes. Epaules saillantes.

a. Antennes nues, 1er article allongé, presque aussi long que le 3e.

* Pygidium dépassant les élytres. Mésosternum large. . . . . OEDILIS.

** Pygidium caché. Mésosternum étroit. . . . LIOPUS.

b. Antennes ciliées intérieurement dans toute leur longueur. 1er article des antennes gros, plus court que le 3e.

* Palpes dépassant la bouche. . . . . ACANTHODERES.

** Palpes ne dépassant pas la bouche. . . . POGONOCHERUS.

B. Cuisses non claviformes.

a. Epaules saillantes.

* Tête horizontale en dessus, à face étroite, très inclinée en dessous. . . . . MONOHAMMUS.

** Tête arquée dès le sommet, à face large, presque carrée.

† Ailes développées, élytres non soudées. Antennes moins longues que le corps. . . LAMIA.

†† Ailes rudimentaires, élytres soudées. Antennes souvent plus longues que le corps. MORIMUS.

b. Epaules non saillantes Pas d'ailes. Pattes intermédiaires aussi rapprochées des postérieures que des antérieures.

* Corselet épineux latéralement. Corps couvert d'une fine pubescence. . . . . DORCADION.

** Corselet seulement tuberculé. Corps à villosité hérissée. . . . . PARMENA.

II. Corselet dépourvu latéralement d'une épine ou d'un tubercule pointu.

A. Crochets des tarses simples.

a. Cavités cotyloïdes antérieures étroitement et brièvement angulées en dehors . . . . . . MESOSA.

b. Cavités cotyloïdes assez largement et fortement angulées en dehors.

* Antennes de 12 articles, rapprochées à la base. . . . . AGAPANTHIA.

** Antennes de 11 articles, très écartées à la base. . . . . SAPERDA.

B. Crochets des tarses lobés à la base . . . TETROPS.

C. Crochets des tarses fendus dans leur longueur.

a. Elytres parallèles rétrécies seulement à l'extrémité, qui est tronquée ou échancrée. OBEREA.

b. Elytres atténuées de la base à l'extrémité. PHYTOECIA.

Le g. **Ædilis** a les antennes grêles, nues, le 1er article allongé, fusiforme, presque aussi long que le 3e, le corselet épineux de chaque côté ; chez les mâles, les antennes sont souvent plus de 2 fois aussi longues que le corps. *Æ. montana*, 15 à 20 mill., d'un gris cendré avec des nébulosités plus foncées, 4 tubercules jaunes en ligne transversale sur le corselet ; commun sur les tas de bûches de pins, au mois de mai ; sa larve fait beaucoup de dégâts sur les arbres de cette espèce.

Le g. **Liopus**, qui ressemble beaucoup au précédent, en diffère par le corps plus étroit, plus convexe, les antennes plus courtes, le pygidium caché et le mésosternum étroit. *L. nebulosus*, 5 à 6 mill., d'un gris cendré piqueté de noir ; articles des antennes fauves avec l'extrémité obscure ; une bande noirâtre assez vague, transversale, noirâtre vers les 2/3 des élytres ; commun dans les bois de chênes.

Le g. **Acanthoderes** a le corps court, épais, la tête large, très aplatie en devant, les mandibules obliques, les antennes robustes à la base, ciliées en dessous, le corselet transversal s'élargissant au milieu de chaque côté en un angle pointu, les élytres assez courtes, plus larges à la base que le corselet, à épaules bien marquées, se rétrécissant peu à peu presque dès la base, les cuisses fortement renflées. *A. varius*, 7 à 10 mill., noir, ponctué et tacheté de gris blanchâtre avec quelques petites taches d'un roussâtre pâle, antennes annelées de noir et de blanchâtre, extrémité des élytres tronquée obliquement parties montueuses du Centre et de l'Est.

Les **Pogonocherus** sont de petits Longicornes à antennes ciliées, avec le 1er article plus gros, plus court que le 3e ; leurs palpes sont courts et ne dépassent pas la bouche ; le corselet est armé latéralement d'une courte épine et tuberculé en dessus ; les élytres, à nervures assez saillantes, sont déprimées en demi-cercle derrière l'écusson ; elles sont souvent tronquées et épineuses à l'extrémité. *P. dentatus*, 4 à 6 mill., brun, à pubescence variée de brun et de fauve, écusson noir, élytres épineuses à l'extrémité externe, testacées, tachetées de noir, une bande oblique blanchâtre allant de l'épaule vers le milieu de la suture ; en avant, sur la nervure intermédiaire, une touffe de poils noirs soyeux, et en arrière 2 faisceaux moins relevés ; assez commun dans les fagots de chêne. Chez d'autres, les élytres sont simplement tronquées à l'extrémité. — *P. ovatus*, 4 à 5 mill. ; brun, couvert de pubescence cendrée, écusson gris, élytres ovalaires bordées de noir en arrière, ayant une bande oblique cendrée partant de l'épaule, la nervure interne ayant en arrière 2 faisceaux noirs ; dans les branches sèches des pins.

Les **Monohammus** sont de grands insectes d'un brun brillant, légèrement bronzé, tachetés de gris ou de roussâtre, à pattes antérieures plus grandes que les autres, chez les mâles ; la tête est horizontale en dessus, à face étroite très inclinée en dessous, fortement creusée entre les antennes ; ils sont ailés et propres surtout aux montagnes. *M. sartor*, 18 à 20 mill., écusson couvert d'un duvet jaune serré ; antennes noires chez les mâles annelées de gris chez les femelles ; Alpes. — *M. sutor*, 27 à 30 mill., diffère par la taille plus grande et l'écusson sillonné de noir ; Alpes, Jura. — *M. galloprovincialis* (Pl. XXII, fig. 269), 18 à 22 mill., plus brun, à taches rousses, pattes fauves, écusson roux ; dans les bois de pins du Midi de la France.

Le g. **Lamia** se compose d'une seule espèce qui vit sur les saules ; la tête est arquée depuis le sommet, la face est large, presque carrée, à peine sillonnée entre les antennes qui sont écartées, robustes et moins longues que chez le genre précédent. *L. textor* (Pl. XXIII, fig. 270), 17 à 25 mill., d'un brun noir, presque mat, à pubescence grise assez serrée ; élytres chagrinées, parsemées de quelques taches fauves peu marquées ; commune partout.

Les **Morimus** diffèrent par les élytres soudées, les ailes rudimentaires et la forme plus courte ; les élytres sont d'un brun noir velouté. *M. lugubris* (Pl. XXIII, fig. 271), 20 à 50 mill., élytres assez fortement élargies au milieu, déprimées vers la base, antennes très longues, 1er article de moitié au moins plus court que le 3e ; dans le saule, l'osier, le poirier. — *M. funestus*, 15 à 25 mill. élytres régulièrement convexes, à peine élargies au milieu ; antennes assez courtes, 1er article à peine aussi long que le 3e ; France méridionale.

Les **Dorcadion** se distinguent par les épaules arrondies, les élytres soudées, la tête arquée depuis le sommet, à peine sillonnée entre les antennes qui sont écartées ; on les trouve à terre et même sous les pierres ; ils font entendre, lorsqu'on les saisit, un bruit causé par le frottement du corselet contre l'écusson. *D. fuliginator*, 15 mill., noir, élytres couvertes d'une pubescence fine, courte, serrée, soyeuse, d'un gris cendré ou blanchâtre uniforme, ou brunes avec des bandes grises ; corselet rugueusement ponctué avec une ligne médiane lisse, élevée ;

commun partout et très variable; paraît se nourrir des racines de chiendent.

Le g. **Parmena**, propre au Midi, diffère par le corps très velu, et le corselet tuberculé latéralement et non épineux; les élytres sont plus ovalaires. *P. pilosa*, 8 à 10 mill., d'un brun assez foncé, à pubescence grise, soyeuse; antennes ciliées; corselet impressionné au milieu, élytres fortement ponctuées, ayant parfois une fascie médiane noirâtre; dans les tiges d'euphorbes.

Les **Mesosa** ont le corps trapu, court, la face large, aplatie, le corselet plus ou moins plissé latéralement, le mésosternum angulé à la base. *M. curculionoides* (Pl. XXIII, fig. 272), 12 mill., noire; couverte d'une pubescence grise, parsemée de petites taches jaunâtres; sur le corselet 4 taches d'un noir velouté, cerclées de jaune, deux taches semblables sur chaque élytre. — *M. nubila*, 12 mill., diffère par les élytres sans taches noires, ayant des fascies grises, jaunâtres et noirâtres, ayant en dehors une grande tache grisâtre; corselet à lignes longitudinales noires.

Les **Agapanthia** ont le corps allongé, les antennes de 12 articles longues, la tête étroite, la face très renversée en dessous, le corselet angulé latéralement; ce sont des insectes élégants, dont les larves vivent dans les chardons, les asphodèles, etc. *V. asphodeli*, 15 à 20 mill., d'un vert olivâtre, à pubescence roussâtre, corselet ayant 2 larges bandes noires, écusson orangé, antennes ayant les 2 premiers articles noirs, les autres noirs avec la base d'un rosé brunâtre; Fr. mér. — *V. angusticollis*, 14 mill., allongée, d'un brun noir un peu bronzé, tacheté de roux, antennes ayant les 2 premiers articles noirs, les autres gris à la base, corselet ayant 3 bandes fauves; élytres étroites, très ponctuées; dans les endroits humides. — *A. violacea*, 10 à 12 mill., entièrement d'un bleu verdâtre ou violacé, densément ponctuée; sa larve vit dans les tiges de la valériane et du chardon à foulon. — *A. gracilis* (Pl. XXIII, fig. 273), 6 à 10 mill., très étroite, tête proéminente entre les antennes, qui sont très grêles et très longues; d'un brun noir, à pubescence d'un cendré jaunâtre formant une bande sur la suture; Fr. mér. et cent.; sa larve vit dans la tige du blé et est connue sous le nom d'aiguillonnier; elle fait des ravages sérieux dans certaines années.

Les **Saperda** ont des antennes de 11 articles, le corselet cylindrique; leurs antennes sont robustes, leur tête est aussi assez inclinée en dessous; vivent sur les peupliers, les saules, les bouleaux. Les unes ont le corps presque cylindrique, les élytres arrondies à l'extrémité et convexes : *S. populnea* (Pl. XXIII, fig. 275), 10 à 12 mill., velues, brunes, à pubescence fauve, 2 ou 3 bandes fauves sur le corselet, élytres fortement et rugueusement ponctuées de fauve, ayant en outre 4 ou 5 petites taches rousses; antennes annelées. Les autres ont les élytres un peu déprimées, très larges aux épaules, acuminées à l'extrémité : — *S. carcharias* (Pl. XXIV, fig. 281), 22 à 25 mill., brune, mais couverte d'une villosité serrée d'un jaune roux ou un peu cendrée; corselet un peu caréné au milieu; élytres grossement ponctuées; antennes cendrées avec l'extrémité des articles noire ; dévaste souvent les plantations de peupliers.

D'autres ont les élytres tronquées et déprimées : *S. scalaris*. 15 mill., noir, corselet à duvet jaune, marqué de

3 taches noires, élytres à grandes taches d'un beau jaune, parfois verdâtre, souvent confluentes ; dessous à pubescence d'un jaune verdâtre ; sur les bouleaux, les cerisiers, etc. — *S. punctata*, 12 à 15 mill., d'un vert tendre ou bleuâtre, 6 points noirs sur le corselet, 6 taches sur chaque élytre et une rangée de points noirs sur chaque côté de l'abdomen ; sur les ormes.

Chez le genre **Tetrops** les yeux sont complètement partagés en 2 parties, les crochets des tarses sont simplement lobés à la base ; le corps est parallèle, les antennes ne sont pas plus longues que le corps. *T. præusta* (Pl. XXIII, fig. 276), 4 mill., noir, élytres d'un jaune d'ocre avec le bout noir, pattes jaunes, les 4 dernières cuisses noires ; sur les chênes, les poiriers. les ormes, etc.

Les **Oberea** sont reconnaissables à leur corps allongé, aux élytres parallèles, rétrécies seulement à l'extrémité, qui est tronquée ou échancrée, percée de gros trous ; leurs antennes sont fortes. *O. oculata*, 15 à 17 mill., dessous, corselet, écusson d'un beau jaune d'ocre ; deux gros points noirs sur le corselet ; tête, antennes et élytres noires ; ces dernières couvertes d'une pubescence cendrée et percée de gros points ; sur les osiers et les saules. — *O. pupillata* (Pl. XXIII, fig. 277), 14 mill., diffère par le corselet n'ayant qu'un seul point noir et les élytres ayant une tache jaune sur l'écusson ; sur les chèvrefeuilles. — *O. linearis*, 13 mill., plus étroite, noire, très ponctuée, avec les pattes d'un jaune pâle ; sur les noisetiers. — *O. erythrocephala*, 10 mill., noire, couverte de duvet cendré, tête et souvent le disque du corselet d'un jaune rouge, ainsi que les pattes et les 2 derniers segments abdominaux ; sur les euphorbes ; France méridionale.

Les **Phytæcia** ont les élytres atténuées de la base à l'extrémité, la tête grosse, les antennes cylindriques, assez grêles; leurs larves vivent dans diverses plantes, surtout les Borraginées, les Solanées. *P. affinis*, 11 à 13 mill., d'un brun foncé, couverte d'une fine pubescence cendrée, corselet, pattes et une petite tache à chaque épaule d'un jaune roux, corselet ayant les bords antérieur et postérieur noirs, ainsi que deux gros points sur le disque, élytres finement granulées de noir, tarses noirâtres; Fr. mér. — *P. ephippium*, 8 à 9 mill., allongée, d'un brun noirâtre avec une fine pubescence jaune, couvrant le devant de la tête, formant une bande longitudinale au milieu du corselet, couvrant l'écusson et le devant de la poitrine, cuisses d'un jaune rougeâtre avec la base noire; Fr. mér.— *P. nigricornis*, 10 à 12 mill., d'un noir un peu verdâtre, à fine pubescence d'un cendré un peu verdâtre très serrée, 3 bandes plus pâles sur le corselet, écusson plus pâle, élytres presque arrondies à l'extrémité, ayant une faible côte en dehors; toute la Fr. — *P. lineola*, 5 à 6 mill., noire, couverte d'une pubescence ardoisée, corselet ayant au milieu une carène obtuse d'un jaune roussâtre, élytres ponctuées, pattes noires, jambes antérieures et seconde moitié des cuisses d'un jaune rougeâtre. — *P. virescens* (Pl. XXIV, fig. 278), 8 à 12 mill., yeux partagés en deux parties distinctes, couverte d'une pubescence d'un vert cendré et hérissée de poils obscurs, corselet ayant deux bandes vagues plus pâles, écusson d'un blanc cendré verdâtre; sur la vipérine.

4e Tribu. — Lepturiens.

I. Yeux largement et fortement échancrés. Elytres très courtes . . . . NECYDALIS.

II. Yeux faiblement ou non échancrés. Elytres de grandeur ordinaire.

A. Hanches antérieures et intermédiaires allongées, contiguës. Corselet inerme. Tête renflée . . . . VESPERUS.

B. Hanches antérieures et intermédiaires non contiguës. Corselet épineux ou fortement angulé sur les côtés. Tête quadrangulaire.

* Corselet presque uni en dessus . . . . . . STENOCORUS.

** Corselet ayant 4 tubercules en travers. . . RHAMNUSIUM.

C. Hanches antérieures contigues, mais non les intermédiaires. Tête ovoïde ou triangulaire. Yeux saillants.

* Antennes insérées en avant du bord antérieur des yeux.

† Corselet ayant une épine de chaque côté . TOXOTUS.

†† Corselet anguleusement arrondi sur les côtés . . . . PACHYTA.

** Antennes insérées en arrière du bord antérieur des yeux. Corselet arrondi ou à peine obtusément angulé sur les côtés.

† Tête portée sur un col distinct, séparée par une brusque section transversale . . . . . LEPTURA.

· Tête assez courte, portée sur un col très court et non brusquement séparé . . . . . GRAMMOPTERA.

Les **Necydalis** sont remarquables par leurs élytres, qui recouvrent à peine la base de l'abdomen, leur tête renflée derrière les yeux, les antennes robustes. *N. major* (Pl. XXIII, fig. 279), 25 à 30 mill., tête et corselet noirs, ce dernier ayant 2 sillons transversaux, couvert d'une pubescence dorée, élytres fauves bordées de noir en arrière, à pubescence dorée le long de la suture; cuisses intermédiaires et postérieures arquées à la base; sur les ormes, les chênes.

Le g. **Vesperus**, propre au Midi, est remarquable, par sa coloration pâle, ses téguments mous, sa tête grosse, renflée en arrière, ses gros yeux, ses antennes grêles, plus longues que le corps chez les mâles; le corselet est conique, les hanches antérieures sont saillantes, contiguës; les femelles ont les élytres très courtes, déhiscentes. V. *strepens*, 20 mill., d'un fauve pâle; élytres d'un jaunâtre pâle, grandes et dépassant l'abdomen chez les mâles, seulement un peu plus courtes chez les femelles. — *V. Xartatii*, 20 à 22 mill., même coloration, tête et corselet bien plus étroits, ce dernier prolongé en avant, la tête ayant une petite fossette en dessus; la femelle a les élytres bien plus courtes que l'abdomen et déhiscentes; Pyr. or.; nuisible aux vignes.

Les **Stenocorus** ont aussi une grosse tête, mais leurs téguments sont solides; les antennes sont très courtes et robustes, le corselet est fortement épineux sur les côtés; les élytres sont grandes et amples dans les 2 sexes, les hanches ne sont pas contiguës. *S. mordax*, 15 à 20 mill., couvert d'une pubescence d'un jaune fauve, formant de nombreuses taches sur les élytres; écusson dénudé à la base; élytres ayant 2 bandes transversales rousses, plus ou moins distinctes; tête parfois énorme chez les mâles; commun dans les bois de chênes. — *S. inquisitor*, 15 à 18 mill., ressemble beaucoup au précédent, en diffère par la forme un peu moins massive, l'écusson dénudé à l'extrémité et les élytres ayant de chaque côté, vers le milieu, une tache noire; dans les montagnes, sur les pins et les sapins. — *S. indagator*, 10 à 12 mill., couvert d'une pubescence cendrée, tête et corselet dénudés de chaque côté, ce dernier dénudé au milieu, ainsi que l'écusson, élytres ayant chacune 3 côtes assez saillantes, tachetées de nombreux points noirs dénudés; avec le précédent. — *S. bifasciatus* (Pl. XXIII, fig. 280), 15 à 20 mill., noir, peu pubescent; élytres très ponctuées, ayant chacune 4 nervures, rougeâtres sur les côtés, avec 2 bandes jaunes, la 1re un peu oblique, la 2e transversale, arquée; extrémité des élytres souvent d'un fauve rougeâtre; dans les souches de sapins et de châtaigniers.

Le g. **Rhamnusium** diffère par la tête courte et large, le corselet ayant 4 tubercules sur le disque; les antennes sont plus longues, les élytres, moins convexes, sont plus amples. *R. bicolor* (Pl. XXIII, fig. 274), 15 à 20 mill., tantôt entièrement d'un rouge brique, tantôt ayant les élytres d'un bleu ardoisé; sur les vieux ormes.

Le dernier groupe se distingue par la tête plutôt triangulaire, les yeux assez gros, saillants, les antennes assez longues, et par les hanches antérieures seules contiguës.

Le corselet est armé latéralement d'une épine ou d'un angle chez les **Toxotus**, dont les antennes présentent le 4e article plus court ou à peine plus long que la moitié du 5e; le dernier article des palpes maxillaires est élargi à l'extrémité. *T. meridianus*, 15 à 20 mill., fauve, couvert d'une fine pubescence soyeuse cendrée ou jaunâtre; corselet un peu relevé au bord postérieur, élytres peu convexes, obliquement tronquées à l'extrémité; sur les arbres fruitiers et les aubépines en fleurs. — *T. cursor* (Pl. XXIV, fig. 282), 20 mill., noir, à pubescence cendrée; corselet ayant de chaque côté une saillie allongée, élytres convexes, terminées par une courte épine, à bandes rougeâtres chez les femelles, qui sont plus grandes et plus larges que les mâles; dans les montagnes.

Le corselet est simplement tuberculé ou angulé sur les côtés chez les **Pachyta**, dont les antennes ont le 4e article au moins aussi long que les 2/3 du 3e ; leur corps est assez épais, convexe, les antennes sont assez grandes. Les cuisses postérieures dépassent les élytres chez la : *P. quadrimaculata*, 11 à 15 mill., noire avec les élytres d'un jaune pâle, ornées chacune de 2 grandes taches noires ; Alpes. Les cuisses postérieures ne dépassent pas les élytres chez les suivantes : *P. interrogationis*, 10 à 12 mill., épaisse, peu convexe, noire, avec les élytres d'un jaune paille, ayant chacune, à l'état normal, 5 taches noires qui s'allongent et s'anastomosent de manière à produire une foule de variétés jusqu'aux élytres entièrement noires avec une petite tache jaune marginale ; commune dans les Alpes. — *P. clathrata*, 6 à 10 mill., oblongue, épaisse, un peu comprimée latéralement, mais très peu convexe, noire, élytres finement et rugueusement ponctuées, irrégulièrement sillonnées surtout en arrière, marbrées de jaune, pattes d'un roux plus ou moins brunâtre ; Alpes, assez commune sur les fleurs de la *Spiræa aruncus*. — *P. virginea* (Pl. XXIV, fig. 283), 10 mill., courte, épaisse, noire, abdomen rouge, élytres d'un bleu métallique ; Alpes. — *P. collaris*, 8 à 9 mill., d'un noir brillant, corselet presque globuleux, d'un rouge plus ou moins foncé.

Les **Leptura** se distinguent par la tête brusquement rétrécie à la base, portée sur un col distinct ; les antennes insérées en arrière du bord antérieur des yeux, le corselet non angulé ni épineux ; les élytres sont généralement rétrécies de la base à l'extrémité, qui est tronquée ou échancrée. *L. calcarata*, 15 à 18 mill., allongée, noire, antennes annelées de jaune, élytres jaunes, ayant chacune, en arrière, 2 bandes transversales noires, et en avant des taches noires disposées en bande et une tache arquée ; cuisses jaunes, les postérieures noires à la base ; jambes jaunes à la base, les postérieures dentées ou anguleuses en dedans chez les mâles ; très commune partout. — *L. attenuata* (Pl. XXIV, fig. 284), 12 mill., très étroite et comprimée, noire, extrémités des antennes rousses, élytres jaunes, à 4 bandes noires, bordées de noir sur la suture et en dehors, pattes jaunâtres avec l'extrémité des cuisses et jambes noire ; dans les montagnes. — *L. quadrifasciata*, 13 à 15 mill., même coloration, mais plus grande et bien plus large, corselet sillonné transversalement à la base ; dans les endroits froids et montagneux, sur les saules, etc. — *L. aurulenta*, 13 à 18 mill., même forme et même dessin, mais élytres d'un rouge roussâtre, antennes rousses chez les femelles. — *L. bifasciata*, 10 mill., étroite, subparallèle, d'un noir brillant, corselet arqué sur les côtés, élytres d'un rouge foncé, échancrées à l'extrémité, ayant, chez les femelles, une bande transversale noire, placée aux 2/3 en arrière, élargie sur la suture ; très commune sur les ombellifères. — *L. melanura*, 8 à 9 mill., noire, élytres d'un rouge livide chez les mâles, d'un rouge lisse foncé chez les femelles, avec la suture et l'extrémité noires. — *L. lævis*, 6 à 7 mill., petite, étroite, noire, à pubescence soyeuse, élytres tronquées obliquement, d'un roussâtre livide, suture, bord externe et extrémité noires, commune partout sur les ombellifères. — *L. nigra*, 8 à 9 mill , entièrement noire, avec la moitié postérieure de l'abdomen rouge, élytres très ponctuées, obliquement tronquées ;

sur la lisière des bois. — *L. atra*, 10 à 11 mill., ressemble extrêmement à *L. nigra*, mais entièrement noire; dessous garni d'une fine pubescence blanchâtre, soyeuse, corselet moins élargi en arrière, un peu angulé sur les côtés, largement ponctué, presque mat, avec une fine ligne élevée ; plus commune dans le Nord et les montagnes. — *L. revestita*, 10 à 12 mill., allongée, noire, avec la tête, le corselet, l'abdomen, les antennes et les pattes d'un roux testacé, très souvent les élytres de cette dernière couleur ; corselet presque anguleusement arrondi sur les côtés ; en avant, tout le dessus assez finement et densément ponctué ; répandue partout. — *L. cerambyciformis*, 8 à 10 mill., courte, noire, très convexe ; élytres d'un jaune paille avec plusieurs points et taches noires, bordée de noir à la base; commune dans les localités froides et montagneuses. — *L. scutellata*, 15 à 18 mill., robuste, très ponctuée, noire, avec l'écusson couvert d'une pubescence grise ; sur les hêtres. — *L. testacea*, 15 à 18 mill., le mâle noir avec les élytres d'un roux jaune, la femelle plus grande et plus grosse, ayant le corselet et les élytres rouges, les jambes testacées dans les 2 sexes ; dans les bois de pins et de sapins. — *L. hastata*, 15 mill., noire, avec les élytres d'un beau rouge et une tache noire, commune, suturale, formant un fer de lance renversé. — *L. tomentosa*, 10 à 12 mill., noire, pubescente ; élytres jaunes, extrémité noire, échancrée ; sur diverses fleurs, très commune ; souvent la villosité du corselet est couverte du pollen des fleurs. — *L. maculicornis*, 8 à 9 mill., forme et coloration de la précédente, mais antennes annelées de roux à la base des articles, corselet moins globuleux, élytres moins fortement ponctuées, simplement tronquées et non échancrées à l'extrémité; plus commune dans les endroits froids. — *L. livida*, 6 mill., même coloration, mais plus brillante, plus étroite ; antennes entièrement noires, presque cylindriques, corselet très globuleux, élytres presque arrondies à l'extrémité ; commune. — *L. sanguinolenta*, 10 mill., noire, avec les élytres d'un rouge de sang chez les femelles, d'un jaune d'ocre avec l'extrémité noire chez les mâles ; dans les montagnes, sur les ombellifères. — *L. cincta* 10 à 12 mill., allongée, un peu déprimée en dessus, élytres noires ou rougeâtres, avec le bord externe noir, corselet très peu rétréci en avant, à villosité fauve, lytres finement ponctuées, obliquement tronquées ; Alpes. — *L. unipunctata*, 8 à 10 mill., peu atténuée en arrière, convexe, noire, à villosité d'un gris roussâtre, noire, élytres rouges, ayant chacune un gros point noir avant le milieu, et la suture étroitement noire ; Midi. — *L. rufipes*, 7 à 10 mill., allongée, noire à longue villosité d'un gris fauve, d'un noir brillant, avec les cuisses et les tibias rouges ; élytres fortement ponctuées, simplement tronquées ; contrées froides. — *L. sexguttata*, 7 à 10 mill., presque parallèle, très peu convexe, élytres densément ponctuées, tronquées, ayant chacune 3 grandes taches d'un jaune roux, souvent confluentes ; contrées montagneuses.

Les **Grammoptera** diffèrent des **Leptura** par la tête plus courte, portée sur un col extrêmement court dont elle est séparée par une brusque section transversale ; les élytres sont amples, à peine atténuées en arrière et arrondies ou tronquées à l'extrémité. *G. lurida*, 10 mill., noire, élytres et devant de la tête d'un testacé livide, pattes testacées avec l'extrémité des cuisses et les jambes postérieures noires ; tête ovalaire, dégagée du corselet qui est fortement rétréci en avant. — *G. quadriguttata* (Pl. XXIV, fig. 285), 10 mill., noire, tête et corselet à pubescence fauve, élytres d'un testacé pâle ; tête courte, quadrangulaire ; corselet court, médiocrement convexe ; dans les bois. — *G. lævis*, 7 à 8 mill., oblongue, assez convexe, noire, brillante, finement pubescente, élytres d'un roux testacé, avec l'extrémité arrondie, un peu noirâtre, densément et un peu ruguleusement ponctuée, corselet presque parallèle en arrière, les côtés arrondis en avant, pattes et bouches d'un roux testacé ; t. la Fr. — *G. ruficornis*, 6 à 7 mill., étroite, noire, à pubescence soyeuse, presque dorée, les 2 premiers articles des antennes fauves, les suivants annelés de noir ; pattes fauves, extrémité des cuisses noire ; commune sur diverses fleurs. — *G. ustulata*, 6 à 7 mill., noire, couverte d'une pubescence dorée, serrée, noire sur l'extrémité des élytres ; dessous à pubescence bronzée ; pattes rousses, tarses noirs.

FAMILLE DES CHRYSOMÉLIDES

Ces nombreux insectes, vivant tous sur les plantes, ont, comme les Longicornes, des antennes filiformes et des tarses de 4 articles, et il est difficile d'établir une limite très nette entre ces deux familles ; on peut dire néanmoins que chez les Chrysomélides les antennes sont toujours plus courtes, plus épaisses vers l'extrémité, que les hanches antérieures sont plus souvent contiguës, que les cuisses postérieures sont parfois propres au saut et que le corps est généralement plus court.

I. Corps sans épines ni expansions latérales. Antennes insérées au milieu ou au bas du front, près des yeux, écartées ou rapprochées à la base.
A. Tête saillante, dégagée du corselet, plus ou moins rétrécie à la base en forme de col.
a. Antennes un peu rapprochées à la base. 1er segment abdominal aussi long que les autres réunis. . . . . DONACIENS.
b. Antennes écartées, 1er segment abdominal plus court que les autres réunis. . . . . . . CRIOCÉRIENS.
B. Tête enfoncée dans le corselet, plus ou moins perpendiculaire, jamais rétrécie à la base.
a. Antennes écartées à la base, rapprochées des yeux.
* Saillie prosternale nulle ou très mince. . . CLYTHRIENS.
** Saillie prosternale large
† 3e article des tarses bilobé. Front perpendiculaire ou incliné en dessous.
α Pygidium découvert. Crochets des tarses simples. Corps cylindrique. . . . . CRYPTOCÉPHALIENS.
β Pygidium caché. Crochets des tarses bifides ou dentés. Corps ovalaire. . . . . EUMOLPIENS.
†† 3e article des tarses sinué ou échancré. Front plus ou moins oblique. . . . .
b. Antennes rapprochées à la base, insérées dans des fossettes frontales. . . . . GALÉRUCIENS
II. Corps épineux ou dilaté latéralement en lame mince. Front renversé en dessous. Antennes contiguës, insérées au sommet ou au milieu du front.
A. Corps épineux. Tête saillante. . . . . HISPIENS.
B. Corselet et élytres dilatés en lame mince. Tête cachée. . . . . CASSIDIENS.

1re Tribu. — Donaciens.

Les **Donacia** se séparent des autres groupes de la famille par leur tête dégagée du corselet les antennes assez longues, rapprochées à la base, les hanches antérieures contiguës et leurs mœurs aquatiques ; le dessous de leur corps est revêtu d'une pubescence satinée, serrée ; le 1er segment de l'abdomen est aussi long que les autres réunis, les jambes postérieures sont plus grandes que les autres, avec les cuisses souvent épaisses et dentelées en dessous. Tous vivent sur les plantes aquatiques. Les unes ont deux dents aux cuisses postérieures : *D. crassipes*, 10 mill., large, peu convexe, d'un vert métallique en dessus, avec reflet bleuâtre, base des articles des antennes et dessous des pattes rougeâtres ; corselet presque lisse, ayant de chaque côté une forte saillie, élytres fortement striées-ponctuées. — *D. bidens*, 7 mill., même coloration, plus petite, plus courte ; corselet rugueux, avec un sillon médian ; cuisses postérieures proportionnellement plus courtes, plus renflées. Chez d'autres, il n'y a qu'une seule dent en épine aux cuisses postérieures. *D. reticulata* (Pl. XXV, fig. 286), 12 mill., la plus grande et la plus belle des Donacies, d'un bronzé cuivreux un peu doré, à teintes verdâtres ; antennes presque aussi longues que le corps, corselet à angles antérieurs très saillants, surface rugueusement ponctuée, ayant au milieu un court sillon, élytres grandes, prolongées en arrière, fortement ridées en travers et à stries ponctuées ; commune dans le Midi, ne dépasse guère Paris. — *D. dentipes*, 8 à 9 mill., d'un vert bronzé avec une large bande cuivreuse sur chaque élytre ; ces dernières tronquées à l'extrémité avec des lignes ponctuées, serrées. — *D. sagittariæ*, 8 à 10 mill., d'un vert métallique un peu soyeux, corselet presque carré, densément ponctué, sillonné au milieu, angles antérieurs un peu saillants, élytres à lignes ponctuées et à impressions oblongues bien marquées. — *D. sericea*, 7 à 8 mill., convexe, tête et corselet soyeux, variant du bronzé au vert métallique, corselet très finement ponctué, fortement sillonné au milieu, élytres obtusément arrondies à l'extrémité, à stries ponctuées et à rides transversales. — *D. nigra*, 8 à 11 mill., d'un noir verdâtre, avec la tête bronzée, les antennes et les pattes d'un roux testacé ; corselet convexe, à peine ponctué ; élytres arrondies à l'extrémité, à stries ponctuées et à rides transversales ; chez les autres, les cuisses postérieures n'ont ni dents ni épines. — *D. menyanthidis*, 8 à 10 mill., allongée, d'un beau vert un peu doré, antennes et pattes rousses, corselet presque carré, finement ridé, sillonné au milieu, avec deux saillies antérieures, élytres arrondies à l'extrémité, à stries ponctuées assez fortes. — *D. hydrocharidis*, 8 mill., convexe, d'un brun bronzé, couverte d'une pubescence cendrée, fine, très serrée. — *D. simplex*, 5 à 6 mill., convexe, d'un vert bronzé avec une teinte un peu cuivreuse sur la suture, antennes et pattes d'un brun rouge ou noirâtre, corselet presque carré, fortement et assez densément ponctué ; au milieu un sillon court, profond ; élytres assez courtes, tronquées, à stries ponctuées, avec les intervalles finement ridés en travers.

Les **Hæmonia**, très voisines des *Donacia*, s'en distinguent aisément par les élytres épineuses à l'extrémité, à intervalles relevés, par les tarses grêles, à dernier article extrêmement long, l'avant-dernier étant simple et non bilobé. Au lieu de vivre, à l'état parfait, sur les parties émergées des plantes aquatiques, ces insectes ne sortent pas de l'eau et se tiennent au pied des *Potamogeton*, dans les ruisseaux, les marais, etc. *H. equiseti* (Pl. XXVI, fig. 287), 6 à 7 mill., jaune avec la tête soyeuse, plus foncée, corselet sans points ni rides, rétréci en arrière, sillonné au milieu, avec deux taches noires : stries des élytres fortement ponctuées et noires.

2e Tribu. — Criocériens.

Les **Orsodacna** ont les antennes plus courtes, écartées à la base ; le 1er segment de l'abdomen est bien plus court, les hanches antérieures sont séparées par le prosternum et les crochets des tarses sont bifides ; les antennes sont assez grêles, le corselet est assez fortement cordiforme. Ces insectes vivent sur les fleurs de plusieurs Rosacées et ressemblent à certains Longicornes. *O. cerasi* (Pl. XXV, fig. 288), 5 à 7 mill., entièrement d'un jaune pâle, parfois rembruni sur le corselet, élytres convexes, finement et densément ponctuées.

Les **Crioceris** ont également les antennes écartées à la base, mais plus épaisses, leur corselet est beaucoup plus étroit que les élytres, souvent angulé latéralement ; les hanches antérieures sont contiguës, les pattes sont assez courtes, robustes, les crochets des tarses sont simples, tantôt libres, tantôt soudés à la base, enfin les yeux sont presque toujours échancrés. Tout le monde connaît la Criocère du lis, *Crioceris merdigera*, 7 à 9 mill., d'un beau rouge corail, avec les pattes noires ; une autre de même couleur, mais à cuisses rouges, vit sur les muguets, *C. brunnea.* — Sur les asperges, on trouve la *C. asparagi*, à corselet non anguleux, d'un bleu d'acier ou bronzé, avec le corselet rouge et 4 taches d'un jaune clair, souvent confluentes sur chaque élytre, dont la bordure est rouge, et la *C. duodecimpunctata*, qui est convexe, d'un beau jaune d'ocre, avec 6 points noirs sur chaque élytre. On ne connaît pas au juste les plantes qui nourrissent les espèces suivantes, très communes : *C. cyanella*, 3 mill., convexe, entièrement d'un bleu d'acier, à corselet lisse et à élytres fortement striées, ponctuées. — Dans le Midi on trouve la *C. flavipes*, de même taille, même coloration, sauf les pattes jaunes, sur les jeunes graminées. — *C. melanopa*, même forme, d'un bleu d'acier et un peu verdâtre, à corselet et à pattes d'un jaune testacé.

3e Tribu. — Clythriens.

Le g. **Clythra** forme un groupe assez nombreux, caractérisé par un corps cylindrique, les antennes courtes, larges, presque toujours en scie, et les hanches antérieures contiguës ; chez les mâles, la tête est plus grosse, les mandibules sont plus grandes, parfois en forme de tenailles, et les pattes antérieures sont très développées. Leurs espèces, nombreuses dans le Midi, sont rares dans le Nord ; on les trouve souvent sur les chardons, mais aussi sur les graminées.

Les uns ont la tête aussi large que le corselet, avec un petit angle saillant sous les yeux ; l'épistome est profondément échancré, les mandibules sont en forme de tenailles, les antennes, courtes et larges, sont fortement dentées, le corselet a les angles postérieurs un peu saillants et relevés, les jambes antérieures sont longues et arquées, les tarses antérieurs sont longs; ils sont d'un vert bronzé ou bleuâtre, avec les élytres jaunes : *C. taxicornis* (Pl. XXV, fig. 289), 8 à 12 mill., antennes très larges, tête et corselet rugueusement ponctués, ce dernier obtusément angulé sur les côtés ; angles postérieurs obtus, relevés, élytres densément ponctuées, pattes antérieures presque aussi longues que le corps, cuisses antérieures obtusément dentées en dessous ; Midi. — On trouve dans presque toute la France, le *C. longimana*, 3 à 5 mill., à antennes violacées, roussâtres en dessous, à front rugueux, impressionné, à corselet très ponctué, assez convexe, à élytres d'un jaune paille, avec un petit point huméral brun.

D'autres ont le corps très lisse ou pubescent, la tête plus étroite que le corselet, faiblement creusée au milieu, les antennes courtes, fortement dentées, le corselet rétréci en avant, tombant sur les côtés, les hanches antérieures sont très saillantes. Les pattes antérieures sont grandes avec les jambes arquées. Les uns sont lisses, avec le corselet mélangé de jaune et de noir, les élytres jaunes, ayant chacune 3 ou 4 taches noires, *C sexpunctata*; d'autres ont le corps pubescent, le corselet tranchant sur les bords ; la coloration est d'un noir bleu, avec les élytres jaunes, maculées de noir, *C. palmata* ; tous sont propres aux bords de la Méditerranée.

D'autres, très lisses et très cylindriques, ont la tête de grosseur ordinaire, toutes les pattes de même grandeur dans les deux sexes, les antennes courtes, fortement dentées, le corselet court, rétréci en avant, les hanches antérieures peu saillantes; ils sont d'un noir bleu avec les élytres d'un beau jaune, ayant 2 points noirs sur chacune. *C. quadripunctata*, 6 à 10 mill.; toute la Fr., sur les chênes, les noisetiers, les saules, les bouleaux, etc.

D'autres, de plus petite taille, ont les sexes à peu près semblables, les hanches antérieures peu saillantes, les pattes courtes, égales, les antennes grêles, très faiblement dentées. *C. concolor*, 3 mill., d'un bleu d'acier ou verdâtre brillant, front rugueux, corselet transversal, ponctué, un peu inégal, écusson lisse, élytres fortement et régulièrement ponctuées; sur les blés, l'orge, etc. — *C. cyanea*, 4 à 6 mill., court, parallèle, d'un noir bleuâtre, brillant, corselet, pattes et base des antennes d'un roux fauve; yeux assez gros, saillants; tête rugueuse, corselet lisse, élytres densément ponctuées. — *C. affinis*, 2 à 4 mill., diffère du précédent par le corselet d'un noir bleu, avec les côtés d'un jaune testacé, faiblement ponctué au milieu et les élytres plus bleues. — *C. aurita*, 4 à 6 mill., diffère par les cuisses d'un bleu noir, la tête rugueuse, à sillons angulés, le corselet lisse, plus largement taché de jaune et les élytres à ponctuation confuse à la base, mais formant au milieu des rangées assez distinctes; sur le tremble, le bouleau, le saule marceau, etc.

Enfin quelques espèces présentent encore des différences entre les sexes : la tête des mâles est plus grande, les mandibules sont plus robustes, les jambes antérieures plus allongées; les antennes sont étroites, à peine dentelées. Ce sont des insectes propres au Midi;

d'un jaune plus ou moins fauve, avec la tête et des taches sur les élytres d'un noir bleuâtre : *C. scopolina*, 4 à 6 mill.

4e Tribu. — Cryptocéphaliens

Les **Crytocephalus** ou Gribouris ont, comme les *Clythra*, le corps cylindrique, mais il est plus court ; la tête aplatie rentre complètement dans le corselet et ne se voit que quand on regarde l'insecte en dessous; le corselet est grand, très convexe, surtout en avant, les élytres sont échancrées ou sinuées derrière les épaules, les antennes sont longues, filiformes ; enfin le prosternum sépare largement les hanches antérieures, le pygidium est grand et découvert, les pattes antérieures sont rarement plus longues que les autres. Les larves, comme celles des *Crioceris* et des *Clythra*, vivent dans des fourreaux formés de leurs excréments. Les nombreuses espèces de ce genre se trouvent sur les fleurs de diverses familles et surtout sur les chênes, les peupliers, les saules.

Les unes ont le corps noir ou d'un noir bleu avec les élytres d'un jaune testacé ou rouge, et tachetées de points noirs. *C. sexmaculatus*, 7 mill., à fine pubescence grisâtre, corselet très finement ponctué ; élytres finement ponctuées en lignes, ayant chacune 3 points noirs, 1 à l'épaule, les 2 autres en travers après le milieu ; France mér.— *C. imperialis*, 5 à 7 mill.. plus court, même coloration, corselet non pubescent, à ponctuation extrêmement fine, élytres à ponctuation fine, serrée, irrégulière, ayant chacune 5 points noirs ; 2 en avant, 2 après le milieu, 1 en arrière; ces points varient beaucoup. — *C.*

rugicollis, 4 mill., petit, court à corselet globuleux, fortement ponctué ou striolé, élytres jaunes, très finement ponctuées, à point huméral noir, quelquefois une bande de même couleur sur le bord; Fr. mér.

D'autres sont d'un bleu d'acier avec les pattes noires, *C. violaceus*. 5 mill., corselet très convexe, très finement ponctué, élytres presque rugueusement ponctuées, relevées en bosse de chaque côté de l'écusson; ou d'un vert métallique un peu bleuâtre ou un peu doré :— *C. sericeus*, 7 mill., corselet convexe, densément ponctué, presque striolé, élytres rugueuses et ponctuées. — *C. hypochœridis*, 4 à 5 mill., commun sur les fleurs de pissenlit, corselet plus atténué en avant, plus conique, bien plus finement ponctué, élytres plus ponctuées et moins rugueuses. — *C. globicollis*, 7 mill., plus gros, corselet plus gobuleux, plus finement ponctué, élytres moins rugueusement ponctuées ; coloration souvent dorée, parfois bleuâtre ; France mér.

5e Tribu.— Eumolpiens.

Le g. **Eumolpus** ne renferme qu'une seule espèce européenne, à corps épais, ovalaire, très convexe, glabre, le dernier article des palpes est ovalaire, les antennes grossissent sensiblement vers l'extrémité qui est comprimée, le 3e article est à peine plus long que le 4e, mais beaucoup plus long que le 2e ; les élytres sont assez grandes, à épaules bien marquées, les cuisses un peu en massue, mais comprimées ; les crochets sont fendus à l'extrémité. *E. pretiosus* (Pl. XXV, fig. 290), 8 mill., entièrement d'un beau bleu d'acier brillant, vit en familles assez nombreuses sur l'*Asclepias vincetoxicum.*

Le g. **Bromius** se distingue du précédent par une coloration sombre, le corps pubescent, les antennes plus grêles, 2e et 3e articles égaux. *B. vitis* (Pl. XXV, fig. 291), 4 mill., noir, avec les élytres rousses, vit sur les vignes auxquelles il nuit souvent ; connu sous les noms de lisette, écrivain, bêche, tête-cache, etc. — *B. obscurus*, même taille, entièrement noir ; vit sur les épilobes au bord des eaux.

6e Tribu. — Chrysoméliens.

I. Article des tarses de largeur égale. Cavités cotyloïdes fermées en arrière. . . . . TIMARCHA.
II. 2e article des tarses plus étroit que le 1er et surtout que le 3e. Cavités cotyloïdes ouvertes en arrière.
A. Hanches antérieures écartées, globuleuses ou transversales.
a. Crochets des tarses simples.
* Dernier article des palpes tronqué. . . . . CHRYSOMELA.
** Dernier article des palpes conique. . . . . . LINA.
b. Crochets des tarses dentés. . . . . GONIOCTENA.
B. Hanches antérieures presque contiguës, presque coniques, saillantes.
a. Yeux peu saillants, sinués. Elytres métalliques . . . . GASTROPHYSA.
b. Yeux très saillants, très globuleux. Corps noir. COLASPIDEMA.

Le groupe des véritables Chrysomèles se distingue des précédents par le corps ovalaire, souvent hémisphérique, le corselet moins convexe, presque toujours rebordé, les antennes plus robustes, grossissant généralement vers l'extrémité ; les hanches antérieures sont toujours séparées, le 1er segment abdominal est plus court que les suivants réunis, le 3e article des tarses est plus ou moins cordiforme, mais non partagé en 2 lobes.

Les **Timarcha** ont un corps massif, épais, très bombé, de grosses antennes moniliformes ; leurs élytres sont soudées, les articles des tarses sont de largeur égale et très larges chez les mâles ; le dernier article des palpes est gros, ovoïde, tronqué ; toutes sont d'une couleur noire ou d'un noir bleu, parfois très brillant. *T. tenebricosa*, **10** à **12** mill., commune partout, passant du noir au noir bleu, presque mat en dessus, brillant en dessous, ainsi que sur les pattes ; corselet rétréci en arrière, finement rebordé tout autour, à ponctuation très fine et serrée ; élytres globuleuses, à ponctuation semblable. — *T. coriaria* (Pl. XXV, fig. 292), **8** à **10** mill., plus globuleuse, d'un noir bleu, parfois presque violet, assez brillant, pattes bleu d'acier, très brillantes, corselet presque aussi large en arrière qu'en avant, densément ponctué, élytres assez finement ponctuées, parsemées de points plus gros ; ces espèces sont communes partout, à terre ; quand on les prend, elles exsudent une liqueur rougeâtre. — *T. interstitialis*, **7** à **10** mill., plus globuleuse, d'un noir brillant, corselet non rétréci en arrière, densément ponctuée, élytres globuleuses, à ponctuation double, serrée ; Midi et Pyr.Or. — *T. gallica*, **7** à **9** mill., globuleuse, finement et très densément ponctuée, mate en dessus, avec l'écusson lisse ; Midi. — *T. metallica*, **7** à **8** mill., bronzée, brillante, corselet non rebordé, finement ponctué, élytres à ponctuation peu serrée, antennes et pattes d'un brun rougeâtre à reflet métallique ; Vosges.

Les **Chrysomela** sont moins grosses et moins massives que les *Timarcha* ; elles en diffèrent par les tarses à articles inégaux, le 2ᵉ étant plus étroit que les 2 autres, et par les cavités cotyloïdes ouvertes en arrière ; le dernier article des palpes maxillaires est généralement sécuriforme ou ovalaire. Chez les *Chrysomela* proprement dites, le corselet est rétréci en avant, au moins pas plus large au milieu qu'à la base, qui est presque aussi large que les élytres ; le corps est ovalaire ou hémisphérique, de consistance très cornée. Leurs espèces sont fort nombreuses ; chez les unes, le bord latéral du corselet est séparé du disque par un sillon profond, allant de la base au bord antérieur. *C. Banksii*, 8 à 10 mill., ovalaire, très convexe, d'un bronzé brillant, avec les antennes et les pattes d'un roux testacé ; corselet presque lisse, sillon latéral ponctué, élytres couvertes de gros points formant des lignes irrégulières. — *C. staphylea*, 6 à 8 mill., ovalaire, entièrement d'un rougeâtre brillant, corselet finement ponctué, bords latéraux un peu épaissis en bourrelets, élytres ponctuées, avec quelques lignes régulières laissant entre elles un espace lisse.

Chez d'autres, le sillon latéral du corselet est étroit, mais marqué seulement à la base. — *C. molluginis*, 8 à 9 mill., ovalaire, d'un noir bleu, à peine brillant, corselet court, rétréci en avant, presque lisse ; élytres légèrement coriacées, ayant chacune 4 rangées géminées de points réguliers, le reste irrégulièrement ponctué. — *C. opaca*, 8 à 9 mill., plus grande, plus bombée en arrière, plus noire, aussi peu brillante, corselet lisse, moins rapidement rétréci en avant ; élytres à ponctuation analogue, mais plus fine ; France mér. — *C. femoralis*, 8 à 9 mill., même forme, d'un noir faiblement bronzé, plus brillant, cuisses rouges, corselet finement ponctué, élytres à séries géminées plus distinctes, leurs intervalles un peu relevés.

Chez d'autres, ce sillon latéral est effacé ; les élytres sont tantôt à ponctuation irrégulière : *C. gœttingensis*, 6 à 9 mill., ovalaire ; d'un noir bronzé un peu brillant, un peu violacé en dessous et sur les pattes, corselet à ponctuation extrêmement fine, plus marquée sur les bords ; élytres à peine plus larges que le corselet ; ponctuation assez fine, très serrée ; tantôt à ponctuation formant des séries bien marquées : *C. hœmoptera*, 5 à 8 mill., brièvement ovalaire, d'un bleu noir brillant ; corselet très finement ponctué vers les angles postérieurs, les antérieurs très pointus, élytres courtes, à séries de gros points peu réguliers.

D'autres, plus oblongues, sont noires ou bronzées, avec une bordure rouge autour des élytres ; les côtés du corselet sont épais et séparés par une longue impression assez large et ponctuée : *C. sanguinolenta*, 7 à 9 mil., d'un noir assez brillant, faiblement bleuâtre, corselet court, lisse ; impressions latérales couvertes de très gros points ; élytres à très gros points assez réguliers, avec des rides ; une bordure rouge allant de l'épaule à l'angle sutural. — *C. marginalis*, 6 à 8 mill., plus petite, plus étroite, même coloration, élytres plus longues, à ponctuation plus en ligne ; Vosges. — *C. limbata*, 5 à 7 mill., d'un noir presque mat, bordure des élytres plus large, couvrant toute la base, corselet à impressions latérales profondes à la base, élytres densément et finement ponctuées, avec des lignes régulières. — *C. marginata*, 4 à 6 mill., un peu allongée, d'un bronzé plus ou moins foncé, bordure des élytres d'un rouge jaune, corselet très finement ponctué, élytres à stries ponctuées, les intervalles presque lisses ; dans les montagnes.

D'autres ont le corps oblong, très convexe, le corselet sans sillons latéraux, les élytres à lignes de points assez régulières et serrées, mais non géminées ; elles sont d'un vert métallique ou doré, ou d'un bleu d'acier : *C. menthastri*, 8 mill., d'un beau vert brillant un peu doré, très ponctuée, corselet très rétréci en avant, avec de gros points sur les côtés ; commune dans les endroits humides, sur les feuilles des menthes. — La *C. graminis*, 7 à 10 mill., lui ressemble beaucoup ; mais elle a des teintes cuivreuses, le corselet est plus convexe, très peu rétréci en avant, et est aussi large au milieu qu'à la base ; la ponctuation des élytres est un peu plus régulière ; sur les roseaux. — *C. fastuosa*, 4 à 6 mill., l'une des plus petites, d'un beau bleu verdâtre avec une large bande cuivreuse sur chaque élytre ; corselet peu convexe, peu ponctué sur le disque, à peine rétréci en avant, élytres très convexes. — *C. violacea*, 6 mill., est entièrement d'un bleu foncé brillant ; très convexe ; propre à l'est de la France.

Enfin, chez d'autres, les élytres présentent des lignes ponctuées géminées, c'est-à-dire rapprochées deux par deux : *C. americana*, 6 à 8 mill., ovalaire, très convexe, d'un vert bronzé avec des bandes étroites, d'un violet cuivreux sur les élytres ; corselet lisse, grossement ponctué sur les côtés, élytres à lignes géminées de points serrés, les intervalles lisses ; France mér. ; commune sur le romarin. — La *C. cerealis*, 7 à 8 mill., se rapproche de cette espèce comme coloration ; oblongue, cuivreuse, avec une bande bleue, sur le milieu du corselet et sur ses bords, et 4 bandes de même couleur sur les élytres, qui sont finement et moins régulièrement ponctuées; corselet finement et densément ponctué, avec une impression aux angles postérieurs; c'est une des plus belles Chrysomèles; assez commune. — *C. fucata*, 5 mill., oblongue, peu convexe, d'un bronzé verdâtre, peu brillant en dessus, d'un bleu brillant en dessous: corselet avec une courte strie aux angles postérieurs; élytres ayant chacune 4 rangées géminées de points très écartés, un peu cuivreux. — *C. geminata*, 6 mill., un peu plus ovalaire, d'un beau bleu foncé, médiocrement brillant, à lignes géminées de points assez fins, serrés, corselet semblable.

Quelques *Chrysomela* ont les élytres entièrement rouges : *C. lurida*, 6 mill., brièvement ovalaire, corps noir, brillant, corselet ayant une petite strie aux angles postérieurs ; élytres à lignes fortement ponctuées, formant presque des stries assez rapprochées. — *C. polita*, 5 à 7 mill., ovalaire, oblongue, d'un vert métallique brillant, un peu doré en dessus, corselet lisse, ayant de chaque côté une longue impression fortement ponctuée, élytres à lignes de points assez fins, serrées, médiocrement régulières. — *C. grossa*, 9 à 11 mill., même coloration, mais forme plus large, moins atténuée en avant, corselet large, court, ponctué de même sur les côtés, élytres plus carrées; Fr. mér. — *C. diluta*, 5 à 6 mill., presque globuleuse, corselet n'ayant qu'une très petite strie aux angles postérieurs, élytres à lignes d'assez gros points, les intervalles un peu relevés, disque parfois un peu plus foncé ; France méridionale.

Un autre groupe de *Chrysomela* se compose d'espèces plus oblongues; le corselet est notablement plus étroit que les élytres ; sa plus grande largeur est en avant, le corps est moins coriace ; ce sont des insectes propres aux parties montagneuses, où on les trouve souvent en familles nombreuses sur les séneçons, les cacalies, les tussilages, etc. La plus belle espèce est la *C. superba*, 8 à 11 mill., d'un vert métallique, les élytres d'un rouge cuivreux, avec la suture en deux bandes d'un beau bleu. — *C. senecionis*, 7 à 8 mill., allongée, d'un bleu indigo peu brillant, avec une bande plus foncée sur les élytres. — *C. nigriceps*, 8 à 9 mill., allongée, parallèle, d'un rouge brique, avec la tête noire ; Pyrénées, Gavarnie.

Les **Lina** sont des Chrysomèles à corps plus oblong, à corselet bien plus petit, plus étroit, à antennes courtes atteignant à peine la base du corselet, grossissant beaucoup vers l'extrémité ; le dernier article des palpes est plus conique ; presque toutes vivent sur les saules, les aulnes et les peupliers qu'elles dépouillent souvent de leurs feuilles. — *L. populi*, 9 à 11 mill., d'un vert métallique très foncé, élytres d'un beau rouge très finement et très densément ponctuées, avec un point noir à l'angle sutural. — *L. tremulæ*, plus petite, plus allongée, corselet moins étroit, à impressions latérales plus fortes, élytres plus arrondies à l'extrémité, sans tache. — *L. ænea*, 5 à 7 mill., d'un vert métallique, parfois doré ou bleu, élytres ovalaires, rebordées tout autour, finement ponctuées avec des lignes régulières, corselet sans impressions latérales ; sur les aulnes. — *L. viginti-punctata* (Pl. XXV, fig. 293), 7 à 8 mill., dessous d'un vert bronzé, dessus d'un jaune paille, tête et disque du corselet bronzés, ainsi qu'une étroite bande suturale ; sur chaque élytre, dix petites taches bronzées ; Alpes, Jura.

Les **Gonioctena** diffèrent des genres précédents par

les crochets des tarses dentés à la base et par les jambes offrant une large dent pointue au bord externe ; le corps est convexe et généralement jaune ou rouge avec des taches noires. On trouve abondamment sur les genêts : *G. litura*, 4 mill., courte, très convexe, jaune, tantôt sans taches, tantôt à bandes longitudinales noires sur les élytres qui ont de fortes stries ponctuées, assez écartées ; — *G. spartii*, 6 mill., tantôt jaune, tantôt rouge, soit unicolore, soit tachetée ou linéolée de noir, soit presque entièrement noire, élytres à lignes ponctuées, assez serrées, presque géminées ; Fr. mér.

Les **Gastrophysa** ont le corps ovalaire, très convexe, la tête courte, les antennes assez fortes avec les 6 derniers articles formant une sorte de massue allongée, le corselet court, un peu plus étroit que les élytres, les élytres finement rebordées, fortement ponctuées, le prosternum étroit, les pattes courtes, les tarses larges. L'abdomen des femelles est souvent énorme comme chez les *Galéruques*. — *G. raphani*, 4 à 5 mill., ovalaire, entièrement d'un vert métallique brillant, densément et assez finement ponctuée ; commune sur les crucifères et très nuisible à l'oseille. — *G. polygoni* (Pl. XXV, fig. 294), 3 1/2 à 7 mill., un peu ovalaire, d'un vert brillant avec le corselet et les pattes d'un roux testacé ; commune partout.

Le g. **Colaspidema** n'est représenté en France que par une seule espèce ; le corps est brièvement ovalaire, la tête large, perpendiculaire, les antennes sont assez grêles avec les 5 derniers articles plus gros ; le corselet est court, finement marginé, les élytres ont leur plus grande largeur à la base, s'atténuant insensiblement jusqu'au milieu, puis plus rapidement en arrière ; l'abdomen des femelles devient aussi énorme. *C. atra*, 5 mill., entièrement noir, avec la base des antennes roussâtre, finement pubescent ; répandu depuis la Méditerranée jusqu'aux bords de la Loire ; fait souvent des ravages dans les luzernes.

7e Tribu. — Galéruciens.

I. Hanches antérieures contiguës ou à peine séparées. 3e article des tarses entier. Cuisses postérieures non renflées.	GALÉRUCITES.
II. Hanches antérieures nettement séparées. 3e article des tarses presque toujours bilobé. Cuisses postérieures renflées	HALTICITES.

1er Groupe. — Galérucites.

A. Crochets des tarses fendus en deux parties inégales, grèles, aiguës. Corps souvent grossement ponctué et inégal.	GALERUCA.
B. Crochets munis à la base d'une large dent triangulaire. Corps lisse ou finement ponctué	
a. Antennes robustes. Coloration jaune. . . .	MALACOSOMA.
b. Antennes médiocres. Coloration bleue. . .	AGELASTICA.
c. Antennes longues, grèles. Coloration jaune et blanche.	LUPERUS.

Les **Galeruca** ont le corps oblong ou ovalaire, la tête courte, les antennes assez fortes insérées dans des fossettes placées entre les yeux, rapprochées, le dernier article des palpes acuminé, le corselet court, les élytres rebordées, les hanches antérieures contiguës, et les crochets des tarses bifides, l'abdomen souvent énorme chez les femelles ; beaucoup sont aptères. Chez les unes, les élytres ne dépassent pas le milieu de l'abdomen ;

G. brevipennis (Pl. XXV, fig. 295), 5 à 10 mill., d'un noir plombé, les élytres plates, bordées de jaune, ainsi que le corselet, qui est angulé sur les côtés; les mâles sont petits, les femelles beaucoup plus grandes; ressemble, étant vivantes, à un petit **Meloe**; Fr. mér. Chez d'autres, les élytres sont grandes, fortement ponctuées; les antennes sont robustes. — *G. tanaceti*, 7 mill., noire, assez brillante, élytres recouvrant complètement l'abdomen des mâles, mais dépassées chez les femelles par l'abdomen, qui devient souvent énorme. — *G. rustica*, 8 à 10 mill., noire, avec le dessus d'un jaune brunâtre, élytres très amples, fortement ponctuées, avec des lignes élevées, fines. — *G. interrupta*, 6 à 7 mill., même coloration, mais plus mate, forme plus étroite, élytres densément ponctuées, avec des côtes interrompues d'un brun noirâtre, lisses. Toutes ces espèces se trouvent à terre et même sous les pierres; les suivantes, à antennes plus grêles, à ponctuation fine, vivent sur diverses plantes. — *G. capreæ* et *sanguinea*, 3 à 4 mill., noires en dessous, d'un roux testacé en dessus, la première à tête noire, corselet à impressions noires; sur les saules; la deuxième entièrement rouge; sur les aubépines en fleurs. — *G. xanthomelæna*, 6 mill., d'un jaune sale un peu verdâtre, avec des points noirs sur le corselet et une bande noire presque marginale sur chaque élytre; fait quelquefois beaucoup de mal aux ormes. On trouve sur les feuilles des nymphéas ou nénuphars la *G. nympheæ*, 6 mill., oblongue, presque parallèle, d'un roux grisâtre, à pubescence soyeuse, fine et serrée, corselet hexagonal, ayant sur le dos plusieurs fossettes avec des taches noirâtres; sur chaque élytre une bande noirâtre partant de l'épaule, s'effaçant après le milieu. — *G. calmariensis*, 4 mill., plus ovalaire, d'un roussâtre plus clair, corselet plus fortement impressionné, élytres ayant à chaque épaule une bande rembrunie plus ou moins courte.

Le g. **Malacosoma** se distingue des genres voisins par un corps très convexe, presque parallèle; les antennes sont assez robustes et atteignent les 3/4 de la longueur du corps; la tête présente un fort sillon transversal au-dessus des yeux, le chaperon est relevé en bourrelet au-dessus de l'épistome, le corselet très uni et notablement plus étroit que les élytres; ces dernières sont arrondies à l'extrémité, lisses, avec les épaules relevées et le bord réfléchi rapidement effacé; les hanches antérieures sont presque contiguës; les pattes postérieures sont sensiblement plus longues que les autres, les crochets des tarses sont lobés à la base. La seule espèce qui représente ce genre dans notre pays, *M. lusitanica*, 6 à 9 mill., est d'un beau jaune d'ocre brillant, avec la poitrine, le corselet et les antennes noirs, les cuisses rembrunies; le corselet est transversal, avec les angles postérieurs arrondis, les élytres sont très finement ponctuées; Fr. mér., sur les chardons, reste immobile.

Les **Agelastica** sont aussi convexes, mais plus ovalaires, élargies et arrondies en arrière; les cavités antennaires sont séparées par un sillon longitudinal, les antennes ne dépassent pas le milieu du corps; le corselet est court, notablement plus étroit que les élytres, un peu rétréci en avant et en arrière, avec quelques impressions assez profondes; les élytres sont nettement rebordées jusqu'à l'extrémité, le 3e article des tarses est beaucoup plus large que le 2e, les crochets sont fortement lobés. *A. alni*, 5 mill., entièrement d'un bleu d'acier brillant, élytres très finement et densément ponctuées ; très commun sur les aulnes, que cet insecte dépouille parfois presque entièrement de leurs feuilles. — *A. halensis* (Pl. XXV, fig. 296), 4 à 5 mill., d'un roux fauve, avec les antennes brunes, le sommet de la tête et les élytres d'un vert métallique parfois bleuâtre.

Les **Luperus** forment un genre nombreux et remarquable par la mollesse des téguments ainsi que par la longueur des antennes ; le bord antérieur de la tête est relevé au-dessus de l'épistome et se prolonge en dessus entre les antennes ; ces dernières sont grêles, souvent aussi longues, parfois même plus longues que le corps, chez les mâles ; le corselet est plus étroit que les élytres, arrondi généralement sur les côtés, avec les angles postérieurs formant une très petite dent, rarement arrondis ; les crochets des tarses sont munis à la base d'une dent aiguë. Bien que vivant sur des plantes assez variées, ces insectes semblent préférer les aulnes et les saules ; ils sont plus nombreux vers le Nord et dans les régions montagneuses. Les uns ont les 2e et 3e articles des antennes à peu près égaux : *L. circumfusus*, 2 1/2 mill., d'un noir brillant avec la moitié antérieure du corselet, les élytres, sauf la suture et une étroite bande marginale et les jambes, d'un jaune très clair, antennes roussâtres à la base ; un peu plus longues que le corps chez les mâles ; très commun sur les genêts. — Chez les autres, le 2e article des antennes est plus court que le 3e : *L. pyrenæus*, 2 à 3 mill., d'un roux testacé, avec les élytres d'un vert un peu métallique, la tête noire, les antennes brunes, avec la base testacée, élytres finement ponctuées ; commun dans les Pyrénées et les Alpes. — *L. flavipes*, 3 à 4 mill., noir, brillant, base des antennes, corselet et pattes d'un jaune testacé, élytres finement ponctuées ; mâles avec les antennes beaucoup plus longues que le corps et les yeux très gros, saillants ; commun sur les aulnes. — *L. rufipes*, 4 à 5 mill., entièrement noir en dessus, base des antennes et pattes d'un roux testacé ; corselet ayant les angles un peu marqués ; élytres à ponctuation extrêmement fine, nulle vers la suture ; très commun.

2e Groupe. — Halticites.

I. Mésosternum visible.
A. Antennes de 10 articles. Tarses postérieurs insérés à l'extrémité des jambes.
a. Jambes intermédiaires simples.
* Corps oblong ou ovalaire.
† 1er article des tarses postérieurs plus court que la moitié de la jambe. Jambes postérieures entières non sillonnées en dehors. HALTICA.
†† 1er article des tarses postérieurs aussi long au moins que la moitié de la jambe. Jambes postérieures sillonnées en dehors. LONGITARSUS.
** Corps presque globuleux.
† Toutes les jambes simples. . . . . SPHOERODERMA.
†† Toutes les jambes sillonnées. . . . . ARGOPUS.
b. Jambes intermédiaires et postérieures angulées au milieu, puis fortement sillonnées en dehors. . . . . PLECTROSCELIS.
B. Antennes de 10 articles. Tarses insérés avant l'extrémité des jambes. . . . . PSYLLIODES.
II. Mésosternum caché par le prosternum et le métasternum qui se touchent. Corps presque globuleux. . . . . APTEROPEDA.

Les insectes de ce groupe, presque tous de très petite taille, sont remarquables par la faculté qu'ils ont de sauter au moyen de leurs cuisses postérieures, ce qui leur fait souvent donner le nom de Puces de terre.

Leurs larves vivent en mineuses dans le parenchyme des feuilles.

Le g. **Haltica** ou Altise a le corps ovalaire ou oblong, les jambes intermédiaires simples, les postérieures non sillonnées, terminées par un petit éperon, avec le 1er article des tarses plus court que la moitié de la jambe; les tarses sont insérés à l'extrémité des jambes; la tête est souvent carénée entre les antennes qui sont très rapprochées, et présente souvent entre les yeux de petites élévations déterminées par des sillons plus ou moins marqués; le corselet est ordinairement plus étroit que les élytres et souvent impressionné; les élytres sont tantôt couvertes d'une ponctuation irrégulière, tantôt assez régulièrement striées-ponctuées; les antennes sont grêles et assez longues. Tous ces insectes vivent sur des végétaux très variés, et causent souvent par leur masse des ravages sérieux à certaines cultures. Leurs espèces sont nombreuses et souvent bien difficiles à déterminer; la connaissance des plantes qui les nourrissent facilite beaucoup cette étude. Les unes entièrement d'un bleu foncé ou un peu verdâtre, les plus grandes du genre, présentent sur le corselet une impression transversale non limitée en dehors par un sillon longitudinal; leur corselet est notablement plus étroit que les élytres qui sont amples, un peu élargies et arrondies en arrière, avec une ponctuation fine et serrée. *H. erucæ* (Pl. XXV, fig. 297), 4 mill., d'un bleu faiblement verdâtre, corselet lisse, ayant avant le milieu un sillon transversal atteignant presque les bords latéraux; élytres à ponctuation très fine, ayant un gros pli le long du bord externe; sur les chênes. — *H. coryli*, 4 mill., d'un bleu verdâtre très brillant, élytres plus arrondies en arrière, très finement ponctué, avec de faibles vestiges de côtes; sur les noisetiers. — *H. oleracea*, 3 à 3 1/2 mill., d'un bleu faiblement verdâtre, élytres plus fortement et plus densément ponctuées; trop commune dans nos potagers, sur plusieurs légumes de la famille des crucifères; quelquefois très nuisible à la vigne. — *H. hippophaes*, 4 1/2 mill., d'un bleu foncé, médiocrement brillant, corselet presque anguleusement arrondi sur les côtés, élytres à ponctuation à peine distincte; très commune sur l'*Hippophae rhamnoïdes*, au bord des torrents, dans les montagnes.

Chez d'autres, le corselet présente également en arrière un sillon transversal profond, mais limité de chaque côté par un sillon longitudinal court; le bord latéral forme une dent obtuse près des angles antérieurs, les élytres ont des lignes ponctuées régulières, formant presque des stries. *H. lineata*, 4 mill., d'un jaune roussâtre, avec quelques taches rougeâtres sur le corselet, élytres avec quelques linéoles brunes courtes, suture rougeâtre, corselet ponctué, élytres à stries peu profondes, mais grossement ponctuées; Fr. mér. — *H. impressa*, 4 mill., entièrement d'un testacé rougeâtre brillant, élytres à lignes de points serrés, réguliers à la base, mais confuses et effacées en arrière; moins commune. — *H. ferruginea*, 2 1/2 à 3 mill., même coloration, élytres à stries régulièrement ponctuées, ne s'effaçant qu'à l'extrémité même; très commune partout. — *H. rufipes*, 3 mill., d'un roux jaunâtre, yeux, poitrine et abdomen noirs, élytres bleues ou vertes, les stries atteignant l'extrémité, corselet lisse, assez commun. — *H. helxines*, 3 à 4 mill., d'un vert doré métallique très brillant, souvent avec le corselet doré, base des antennes rousse, corselet ponctué, élytres à stries ponctuées, profondes, régulières la suturale courte ; très commune sur les saules, les aulnes, etc. — *H. Modeeri*, 2 mill., brièvement ovalaire, d'un bronze foncé, très brillant, avec une large tache jaune à l'extrémité des élytres, pattes et base des antennes rousses, corselet très finement ponctué, à impression transversale peu marquée, les latérales profondes ; terrains sablonneux. — *H. pubescens*, 2 mill., pubescente, d'un noir brillant, base des antennes et pattes d'un jaune roussâtre, corselet densément et fortement ponctué, élytres à stries larges, profondes, ponctuées; les intervalles assez étroits, quelquefois l'extrémité et même les épaules roussâtres.

D'autres ont le corselet sans impression transversale, mais offrant de chaque côté un court sillon, les côtés sont arrondis, la tête a le front large, impressionné entre les yeux; les élytres sont arrondies postérieurement, à ponctuation confuse, formant souvent à la base des lignes plus ou moins régulières ; leur coloration est uniforme, la tête et le corselet sont d'un testacé rougeâtre, les élytres d'un bleu d'acier ou d'un bleu verdâtre ou bronzé. Toutes ces espèces vivent sur des plantes de la famille des Malvacées. — *H. fuscipes*, 2 1/2 à 3 mill., noire, élytres bleues ou d'un bleu vert, base des antennes rousse, élytres finement striées, ponctuées à la base. — *H. malvæ*, 3 mill., même coloration, écusson et abdomen seulement noirs, élytres d'un bleu vert ou d'un vert bronzé, à stries ponctuées, pattes rousses, les cuisses postérieures, parfois noirâtres; commun sur diverses mauves. — *H. fuscicornis*, 3 à 4 mill., noire, corselet, tête, antennes et pattes roux, élytres bleues, à ponctuation irrégulière; sur les *Althœa*.

Dans un autre groupe, le corselet présente encore les stries ou impressions latérales, mais il est ponctué sur les côtés ; le corps est elliptique, presque parallèle, assez déprimé ; la tête est courte et large, les élytres ne sont pas plus larges à la base que le corselet; elles ont des stries ponctuées régulières et entières ; les pattes postérieures sont assez courtes, les jambes sont presque droites, le 1er article des tarses est égal au tiers de la jambe. — *H. rustica*, 2 à 3 mill., d'un noir bronzé ou bleuâtre, souvent verdâtre, base des antennes et pattes rousses ; corselet ponctué, élytres à stries ponctuées régulières, leur extrémité rousse ; dans les terrains secs, se prend souvent, après la pluie, dans les ornières des chemins.

Enfin, dans un groupe très nombreux, le corselet ne présente aucune strie ni impression ; la tête est assez petite, le front forme, entre les antennes, une carène saillante, bifurquée au-dessus de l'épistome, les antennes sont grêles, le 2e article est ordinairement un peu plus long que le 3e ; les 4e, 5e ou 6e sont parfois dilatés chez les mâles, l'écusson est assez large, les élytres sont à ponctuation confuse rarement en lignes, les jambes postérieures ont en dehors, à l'extrémité, un court sillon, le 3e article des tarses est bilobé. — *H. antennata*, 2 mill., allongée, noire au dessous, d'un noir bronzé au dessus, base des antennes roussâtre ; élytres assez densément ponctuées ; 4e article des antennes fortement dilaté chez les mâles ; au printemps sur les résédas sauvages. — *H. nemorum*, 2 mill., noire avec un reflet verdâtre, base des antennes, jambes et tarses roux ; dessus assez densément et peu régulièrement ponctué, élytres elliptiques notablement plus larges que le corselet, ayant de chaque côté sur le disque une bande large d'un jaune soufre, qui se recourbe un peu en dedans à l'extrémité. — *H. parallela*, 1 3/4 mill., étroite, noire, finement ponctuée, brillante, élytres ayant chacune une large bande d'un jaune pâle qui atteint presque le bord externe, en laissant une tache humérale noire ; Fr. mér. — *H. brassicæ*, 1 1/2 mill., ovalaire, convexe, d'un noir faiblement bronzé, assez brillant, à ponctuation très fine sur le corselet, assez forte sur les élytres qui ont chacune une bande rousse fortement étranglée au milieu et formant souvent 2 taches ; jambes et antennes rousses, ces dernières renflées à l'extrémité ; sur les choux.

Un dernier groupe ne se distingue guère du précédent que par les jambes postérieures largement, mais faiblement canaliculées vers l'extrémité, et le 3e article des tarses seulement sinué à l'extrémité, au lieu d'être bilobé ; le corps est aussi plus convexe et plus généralement ovalaire. Le sillon des jambes rapproche ce groupe des *Longitarsus*, mais ce sillon n'est jamais aussi long ni aussi profond et ne saurait recevoir le tarse, dont le 1er article est bien plus court que la moitié de la jambe. — *H. lævigata*, 2 1/2 mill., oblongue ovalaire, d'un beau jaune un peu ochracé brillant, avec l'extrémité des antennes noires, élytres à ponctuation à peine marquée ; Fr. mér — *H. pseudacori*, 2 à 3 mill., ovalaire, d'un bleu d'acier brillant, pattes et base des antennes rousses, cuisses postérieures bronzées en grande partie, corselet lisse, élytres finement et densément ponctuées ; commune sur les plantes aquatiques. — *A. herbigrada*, 1 3/4 mill., ovale, très convexe, d'un bronzé verdâtre ou un peu bleuâtre, très brillant, pattes et base des antennes rousses, corselet lisse, élytres densément et fortement ponctuées.

Les **Longitarsus** diffèrent des *Haltica* par la forme des jambes postérieures qui sont sillonnées de manière à pouvoir recevoir le tarse, lequel est au moins aussi long que la moitié de la jambe ; en outre, leur bord externe est finement denticulé et le bord interne est presque élargi en cuillère à l'extrémité ; le corselet est convexe, sans impression, presque aussi large que les élytres ; ces dernières sont à ponctuation le plus souvent irrégulière, rarement en lignes, le prosternum est étroit ; les crochets des tarses sont à peine angulés à la base. Ce genre est très nombreux en espèces, fort difficiles souvent à distinguer à cause de leur sculpture et de leur coloration peu variée et pourtant variable. *L. verbasci*, 3 à 3 1/2 mill., ovalaire, un peu atténué en avant, très convexe, d'un fauve pâle brillant, avec l'extrémité des antennes brune, élytres finement ponctuées, ayant parfois la suture et une bande marginale brunes ; commun sur le bouillon blanc. — *L. tabidus*, 3 mill., oblong ovalaire, d'un fauve pâle, bouche, extrémité des antennes et yeux noirs, dessous et cuisses postérieures généralement d'un roussâtre obscur, corselet très brillant, à ponctuation excessivement fine, élytres finement, mais densément et nettement ponctuées. — *L. melanocephalus*, 2 mill., ovalaire, tête, extrémité des antennes, yeux, dessous du corps et cuisses noirs, corselet d'un roussâtre obscur à peine ponctué, élytres d'un brun foncé, finement et densément ponctuées. — *L. femoralis*, 2 1/2 à 3 mill., oblong, ovalaire, aptère, finement ponctué, élytres d'un fauve pâle, tête, corselet et suture des élytres d'un roux brunâtre, pattes et antennes fauves, bouche et cuisses postérieures noires, dessous du corps brunâtre, élytres un peu élargies à l'extrémité. — *L. atricillus*, 2 mill., dessous du corps d'un brun foncé, ainsi que la tête, corselet d'un fauve foncé, élytres ovalaires d'un jaune roussâtre pâle, leur suture noire, pattes fauves, à l'exception des cuisses postérieures qui sont noires. — *L. Linnæi*, 3 1/3 mill., ovalaire, noir en dessous, d'un bleu d'acier brillant en dessus, souvent avec un reflet verdâtre, pattes et antennes rousses, extrémité de ces dernières noirâtre comme les cuisses postérieures, corselet plus finement ponctué que les élytres ; ces dernières, ovalaires, arrondies à l'extrémité, beaucoup plus larges que le corselet, à ponctuation profonde et égale. — *L. Echii*, 3 1/2 mill., coloration de la précédente, variant au brun bronzé, base des antennes et jambes fauves, élytres elliptiques deux fois aussi longues que larges, bord latéral fortement sinué après le milieu, ponctuation profonde et égale ; sur la vipérine.

Les **Psylliodes** ont, au premier abord, beaucoup d'analogie avec les *Plectroscelis*, mais ils en diffèrent essentiellement par les antennes de 10 articles seulement et par la forme des pattes postérieures dont le tarse est inséré avant l'extrémité de la jambe, qui est sillonnée et se prolonge, après l'insertion du tarse, en une sorte de cuillère étroite, dont les bords sont finement dentés ; le 1er article du tarse est presque aussi long que la moitié de la jambe ; le corselet est très convexe, atténué en avant, marqué à la base de 2 ou 4 impressions ; les élytres ont des stries ponctuées régulières. Ces insectes paraissent affectionner les solanées, les carduacées et surtout les crucifères; quelques-uns font des ravages dans les cultures de colza. *P. chrysocephala*, 3 mill., elliptique, très convexe, d'un vert bronzé brillant, avec les pattes, sauf les cuisses postérieures, et la moitié des antennes rousses, ainsi que le devant de la tête ; corselet très finement ponctué ; élytres à stries ponctuées bien marquées, les intervalles à ponctuation excessivement fine ; sur les crucifères et surtout les colzas. — On trouve avec cette espèce, dans le Nord de la France : *P. nigricollis*, même taille, d'un noir faiblement bronzé, avec la moitié des antennes, la bouche, les pattes et les élytres rousses. — *P hyoscyami*, 3 mill., ovalaire, d'un vert bronzé assez brillant, parfois un peu cuivreux ; pattes, sauf les cuisses postérieures, et moitié des antennes rousses ; corselet assez fortement ponctué ; élytres très convexes, à stries ponctuées, les intervalles finement ponctués ; commun sur la jusquiame. — *P. attenuata*, 2 mill., elliptique, d'un vert plus ou moins bronzé brillant, antennes et pattes, sauf les cuisses postérieures, rousses ; corselet très finement ponctué ; élytres à stries ponctuées, bien marquées, intervalles finement, mais visiblement et densément ponctués ; sur les pariétaires. — *P. affinis*, 2 1/2 mill., assez brièvement ovalaire, entièrement d'un roux testacé, avec la suture étroitement rembrunie ; tête noire, corselet indistinctement ponctué, élytres à stries assez fines très ponctuées. — *P. pallidipennis*, 2 1/2 à 3 mill., ovalaire-elliptique, d'un roux assez pâle, brillant, avec une légère teinte bronzée sur le corselet, plus foncée sur la tête, cuisses postérieures bronzées ; corselet à ponctuation indistincte ; élytres à stries fines et finement ponctuées ; sur les herbes, au bord de la mer ; Fr. mér.

Les **Sphœroderma** et les **Argopus** se distinguent des autres Altises par leur forme presque hémisphérique et très convexe ; leur coloration est d'un rouge brique brillant, uniforme ; leurs antennes sont assez écartées ; leur prosternum et leur mésosternum sont assez larges. Ces insectes semblent vivre de préférence sur les chardons ; ils sautent moins bien que leurs congénères. Les premiers ont l'épistome entier, plan, le labre profondément échancré, cilié, les antennes grossissant un peu vers l'extrémité, les jambes sont un peu arquées à la base, s'élargissent un peu vers l'extrémité, les postérieures ne sont pas sillonnées. *S. testacea*, 3 mill., presque lisse, corselet indistinctement ponctué, bord postérieur un peu lobé au milieu, élytres à lignes fines, nombreuses, de points très petits et serrés ; commun partout. — *S. testacea*, 3 1/2 mill., plus ovalaire, corselet plus distinctement ponctué, élytres à ponctuation plus irrégulière et encore plus fine. *S. cardui* (Pl. XXVI, fig. 298).

Les *Argopus* ont l'épistome fortement bilobé avec les lobes épais et saillants, le labre coupé presque droit ; les jambes sont épaisses, tronquées obliquement à l'extrémité, les postérieures et les intermédiaires sont sillonnées largement et assez profondément en dehors ; les tarses sont plus larges. — *A. hemisphæricus*, 4 1/2 mill., semi-globuleux, corselet notablement plus étroit que les élytres, distinctement ponctué, ces dernières à ponctuation irrégulière bien visible ; peu commun.

Le **Plectroscelis** diffèrent des genres précédents par la conformation de l'abdomen dont les deux premiers segments sont soudés; leur corps est ovalaire ou oblong-ovalaire; leur corselet, toujours ponctué, présente ordinairement de chaque côté, à la base, une courte strie; les élytres ont des stries ponctuées, parfois confuses sur la partie dorsale, les jambes intermédiaires et postérieures sont élargies extérieurement en une saillie triangulaire obtuse, les postérieures sont creusées, après cette saillie, d'un profond sillon bordé de cils serrés; le 1er article des tarses postérieurs n'est pas plus long que le 1/4 de la jambe; malgré le sillon, les tarses postérieurs ne peuvent s'accoler à la jambe et forment avec elle un angle plus ou moins aigu. *P. chlorophana*, 3 mill., un peu allongé, d'un vert métallique brillant, parfois bleuâtre ou doré, base des antennes, des jambes et tarses rousse, corselet densément et fortement ponctué, élytres à stries régulières fortement ponctuéees; dans les endroits arides, sur les graminées. —*P. concinna*, 2 mill., oblongue ovalaire, bronzée avec le corselet plus foncé, base des antennes roussâtre, ainsi que les jambes qui sont rembrunies à l'extrémité. — *P. procerula*, 2 mill., allongé, d'un bronzé peu brillant, avec les élytres un peu bleuâtres; tête large, corselet peu atténué en avant, arrondi sur les côtés, finement ponctué; élytres à stries ponctuées bien marquées, régulières; Fr. mér. — *P. aridula*, 2 1/4 mill., oblongue ovalaire, d'un bronzé assez brillant, jambes, tarses et base des antennes roussâtres, corselet assez rétréci en avant, finement et densément ponctué, élytres à ponctuation bien marquée, confuse à la base, formant presque des stries en arrière. — *P. Mannerheimii*, 2 1/2 mill., oblongue, un peu ovalaire, d'un vert plus ou moins bleuâtre, assez brillant, jambes, tarses et base des antennes roussâtres, corselet peu atténué en avant, à ponctuation excessivement fine ; élytres à ponctuation bien marquée, formant presque des stries, mais irrégulière tout à fait à la base.

Dans les genres qui précèdent, le mésosternum est toujours visible ; les **Apteropeda**, au contraire, ont le mésosternum caché par le prosternum et le métasternum qui sont larges et se touchent ; le corps est subglobuleux, d'un bronzé brillant, la tête est très inclinée en dessous, à peine ou non visible dessus, les antennes sont assez fortes, le corselet est presque conique avec les bords latéraux épaissis, formant en avant une petite saillie, les élytres ont des lignes ponctuées plutôt que des stries. Ces insectes vivent dans les bois, les haies, les localités un peu humides ; ils sont aptères ; chez les uns, les antennes sont très rapprochées à la base, le corselet n'a pas de stries à la base et les jambes postérieures sont dentelées et ciliées : *A. splendida* (Pl. XXVI, fig. 299), 2 mill., ovalaire, d'un noir bronzé très brillant, antennes et pattes rousses, corselet lisse, élytres obtuses à l'extrémité, à stries peu profondes, mais grossement ponctuées ; dans les mousses, dans les contrées montagneuses. — *A. graminis*, 2 1/3 mill., courte, d'un bronzé très brillant, moitié basilaire des antennes, jambes et tarses roussâtres, corselet finement et densément ponctué, élytres à stries assez finement ponctuées, les intervalles très finement réticulés.

8e Tribu. — Hispiens.

Les **Hispa** sont couverts d'épines, leur tête est dégagée du corselet, les antennes sont insérées entre les yeux, le corselet est plus étroit que les élytres qui sont un peu élargies en arrière et fortement ponctuées en lignes. *H. atra*, 3 mill., tout noir. — *H. testacea* (Pl. XXVI, fig. 300), 5 mill., entièrement roussâtre avec les épines noires ; Fr. mér. ; sur les cistes, dont la larve mine les feuilles.

9e Tribu. — Cassidiens.

Les **Cassida** ressemblent à de petites tortues, leur corselet et leur élytres sont dilatés en expansions membraneuses qui recouvrent tout le corps, y compris la tête ; les antennes sont insérées au sommet du front, assez courtes et grossissant un peu vers l'extrémité ; les pattes sont assez courtes et assez robustes, le dessous du corps est très plat et les bords sont amincis, tranchants. Ces insectes vivent sur diverses plantes, dont leurs larves rongent les feuilles, et sont, souvent, à l'état vivant, ornés de bandes dorées et de teintes opalines ou argentées qui disparaissent assez promptement. *C. nobilis*, 5 mill., oblongue, un peu ovalaire, un peu comprimée, latéralement très convexe, d'un vert gai à l'état vivant, avec une bande dorée sur chaque élytre, mais d'un fauve plus ou moins rougeâtre après la mort ; poitrine et milieu de l'abdomen noirs. — *C. equestris*, 8 à 9 mill., en ovale court, d'un vert pâle, dessous noir avec le tour jaune, élytres très convexes vers l'écusson, un peu plus larges à la base que le corselet. — *C. murræa* (Pl. XXVI, fig. 301), 7 mill., presque également arrondie aux deux extrémités, verte ou rouge, avec des taches noires sur la suture et les côtés des élytres ; dessous et pattes entièrement noirs ; élytres à stries ponctuées, assez bien marquées. — *C. vibex*, 6 mill., courte, convexe, d'un roussâtre peu brillant, avec la suture brune, dessous noir, jambes et tarses jaunes, corselet aussi large que les élytres ; celles-ci à lignes ponctuées formant presque des stries vers la suture. — *C. thoracica*, 4 à 5 mill., ovalaire, courte, corselet aussi large que les élytres, roux, avec la base d'un brun rougeâtre, fortement ponctué ; élytres vertes, avec une tache scutellaire brune, large, s'étendant sur la suture, à lignes de gros points formant presque des stries ; dessous et base des cuisses noirs ; abdomen étroitement marginé de roux ; Fr. centr. et mér. — *C. margaritacea*, 3 mill., presque hémisphérique, d'un vert tendre, à reflet doré ou opalin, devenant roussâtre après la mort. — *C. nebulosa*, 6 mill., courte, assez convexe, arrondie en avant et en arrière, d'un vert tendre ou rougeâtre, pointillée de noir, dessous noir, tour de l'abdomen et pattes rougeâtres ; élytres à peine plus larges que le corselet, à ligne de très gros points presque transversaux. — *C. ferruginea*, 4 1/2 mill., même forme, plus convexe, d'un testacé un peu rougeâtre, dessous noir, sauf le tour de l'abdomen, élytres à lignes de gros points plus ou moins régulières et ayant chacune, outre la suture, 3 côtes bien marquées, plus 2 latérales moins régulières. — *C. meridionalis*, 4 1/2 mill., plus oblongue que la précédente, plus brillante ; abdomen noir, sauf l'extrémité, élytres à peine plus larges que le corselet, à lignes de points assez fins et ayant chacune, outre la suture, 4 côtes bien marquées ; dessus parfois d'un brun rougâtre ; Fr. mér. — *C. hemis-*

phærica, 4 mill., presque arrondie, d'un vert gai passant facilement au roussâtre, corselet lisse, aussi large que les élytres ; celles-ci couvertes de points assez gros et serrés, sans traces de côtes ; dessous d'un jaune roussâtre, poitrine et base de l'abdomen noires.

FAMILLE DES ENDOMYCHIDES

Les insectes, bien peu nombreux, qui composent cette famille, sont habitants presque exclusifs des champignons ; ils ont les tarses de 3 articles ; leur corps est oblong, assez convexe, lisse ; la tête est en forme de museau, enchâssée dans le corselet, le dernier article des palpes maxillaires est ovoïde et tronqué obliquement ; les antennes sont robustes, de 11 articles, insérées en avant des yeux, l'écusson est visible, le corselet est fortement sillonné de chaque côté vers la base ; les élytres n'ont qu'une strie suturale ; elles sont atténuées en arrière, le 1er segment de l'abdomen est très grand, les pattes sont assez grandes et non rétractiles, et les crochets des tarses sont toujours simples.

Les **Lycoperdina** ont le corps oblong, assez épais, la tête est sillonnée au milieu, les antennes sont insérées sur un tubercule ; les derniers articles grossissent à peine en s'allongeant un peu, le corselet est élargi en avant, très convexe au milieu, aplani de chaque côté ; il présente en arrière 2 sillons profonds qui s'arrêtent au milieu, les élytres sont ovalaires, parfois déprimées sur la suture ; les pattes sont grandes, les cuisses robustes, les jambes arquées. Ces insectes, de forme élégante, vivent dans les lycoperdons ou vesses-de-loup ; rarement on les trouve dans d'autres champignons. Chez les uns, les hanches antérieures sont contiguës. *L. bovistæ*, 5 mill., d'un noir et d'un brun foncé brillant ; antennes d'un brun roussâtre robustes, aussi longues que la moitié du corps, corselet élargi en avant, les côtés non sinués, suture assez fortement déprimée, ayant une strie suturale bien marquée qui, à sa base, se prolonge jusqu'à l'épaule ; pattes d'un brun rougeâtre, extrémité des élytres parfois de cette couleur ; assez commune en automne. — *L. succincta*, même taille, mais un peu plus large, d'un rougeâtre testacé assez brillant, avec une grande tache noire qui occupe tout le milieu des élytres ; côtés du corselet sinués en arrière, une strie en parallèle au bord postérieur, élytres finement ponctuées, non déprimées sur la suture, strie suturale peu marquée, jambes antérieures munies d'une dent chez les mâles.

Chez les autres, les hanches antérieures sont écartées. — *L. cruciata* (Pl. XXVI, fig. 302), 4 à 5 mill., d'un rouge orangé très brillant, avec une grande croix sur les élytres et la poitrine noires ; élytres finement ponctuées, corselet court, ayant à sa base un profond sillon transversal, les latéraux peu marqués ; antennes robustes ; peu commune ; dans les Alpes, les Pyrénées.

Les **Endomychus** sont de charmants insectes représentés par une seule espèce dans notre pays ; leur tête, assez petite, est enchâssée dans le corselet ; le 4e article des palpes maxillaires est obtusément tronqué et un peu sécuriforme ; les antennes, qui atteignent le milieu du corps, sont terminées par une massue oblongue, comprimée, de 3 articles ; le corselet, un peu plus étroit que les élytres, est trapézoïdal, légèrement rétréci en avant, largement échancré en avant ; les côtés sont fortement rebordés ; le 1er segment de l'abdomen est aussi long que les suivants réunis. Les *Endomychus* vivent dans les champignons semi-ligneux qui se développent sur les vieux arbres et sous les écorces. — *E. coccineus*, 5 à 6 mill., d'un rouge écarlate très brillant, disque du corselet, deux grandes taches noires sur chaque élytre, tête, antennes et côtés de la poitrine noirs, pattes brunes, corselet rétréci en avant, trapézoïdal, angles postérieurs aigus.

Le g. **Dapsa** se rapproche des véritables Lycoperdines par les hanches antérieures contiguës, non séparées par le prosternum ; il en diffère par la forme du corselet qui est angulé au milieu des côtés, avec les angles antérieurs plus ou moins saillants ; les antennes sont aussi longues que la moitié du corps et un peu épaissies à l'extrémité, les élytres sont ovalaires, l'écusson est en triangle obtus, les crochets des tarses sont simples. *D. trimaculata*, 4 mill., ovalaire, atténuée en avant, convexe, fortement et assez densément ponctuée, pubescente, d'un roux plus ou moins foncé, avec une bande courte sur la suture et une autre sur chaque élytre, d'un brun foncé, quelquefois peu marquées ; Fr. mér., sous les détritus végétaux.

FAMILLE DES COCCINELLIDES

Le corps de tous ces insectes est hémisphérique, rarement ovalaire, plat en dessous, plus ou moins convexe en dessus; la tête est courte, presque toujours enchâssée dans une large échancrure du corselet, le dernier article des palpes maxillaires est très grand, en forme de hache, de triangle, parfois coupé obliquement; les antennes ont presque toujours 11 articles, les 3 ou 4 derniers formant une massue comprimée ou fusiforme; elles sont courtes et peuvent se retirer sous les côtés du corselet; ce dernier est transversal, très déclive sur les côtés qui, presque toujours, convergent fortement en avant; l'écusson est petit, parfois presque indistinct, les élytres ne sont pas striées, le prosternum est large, le 1er segment de l'abdomen est grand, les autres diminuent peu à peu de longueur; les pattes sont courtes, comprimées, rétractiles et ne dépassent guère le bord externe des élytres qui est souvent sinué à l'endroit en contact avec les pattes; les tarses sont composés seulement de 3 articles garnis en dessous de brosses soyeuses; les crochets sont presque toujours dentés ou bifides.

Ces insectes sont bien connus sous le nom de *Bêtes du bon Dieu;* leur taille est toujours médiocre et souvent assez petite ; ils vivent, au moins à l'état de larve, aux dépens des pucerons dont ils font un grand ravage. Beaucoup présentent sur le dessous du 1er segment de l'abdomen, de chaque côté, et même quelquefois sur le métasternum, une petite ligne saillante ou relief en forme d'arc plus ou moins régulier qui est caractéristique pour la distinction de certains genres.

I. Corps lisse, sans pubescence évidente.
A. Antennes insérées à découvert, massue comprimée.
a. Pas d'impressions fémorales sur le 1er segment abdominal. Bord antérieur du corselet à peine sinué . . . . HIPPODAMIA.
b. Des impressions sur le 1er segment abdominal. Bord antérieur du corselet largement échancré.
* Ecusson bien distinct.
† Bord postérieur du corselet sinué de chaque côté et formant une dent obtuse aux angles postérieurs. . . . . ANISOSTICTA.
†† Bord postérieur non ou à peine sinué, angles postérieurs non saillants en arrière. COCCINELLA.
** Ecusson indistinct. . . . . MICRASPIS.
B. Antennes insérées sous un rebord du chaperon qui forme une lame entamant les yeux . . . . CHILOCORUS.
II. Corps pubescent.
A. Corps ovalaire, non strié.
a. Elytres notablement plus larges à la base que le corselet. Yeux globuleux ou oblongs et obliques.
* Crochets à divisions presque égales, ayant en outre une dent à la base. . . . . EPILACHNA.
** Crochets à divisions très inégales, sans dent basilaire. . . . . LASIA.
*** Crochets des tarses non divisés, n'ayant qu'une courte dent basilaire. . . . . CYNEGETIS.
b. Elytres aussi larges à la base que le corselet.
* Yeux oblongs presque parallèles . . . . . PLATYNASPIS.
** Yeux presque triangulaires.
† Antennes n'atteignant pas la base du corselet, les 2 premiers articles presque soudés. . . . . SCYMNUS.
†† Antennes atteignant la base du corselet, les 2 premiers articles bien distincts. . . . . RHIZOBIUS.
B Corps oblong. Elytres striées. . . . . COCCIDULA.

Les **Hippodamia** ont le corps oblong, ovalaire, peu convexe, un peu élargi en arrière, la tète est saillante, dégagée du corselet dont le bord antérieur est à peine entaillé ; les élytres sont ovalaires, plus larges à la base que le corselet, rebordées latéralement, un peu acuminées à l'extrémité, le prosternum est assez large ; les pattes sont assez grandes, peu contractiles ; les 2 premiers segments de l'abdomen sont plus longs que les autres. Les *Hippodamia* vivent sur les plantes aquatiques ; elles diffèrent des autres Coccinellides, non seulement par la forme des pattes et du corselet, mais par leurs mœurs ; quand on les saisit, elles cherchent à se sauver et non à contrefaire le mort.—*H. tredecimpunctata* (Pl. XXVI, fig. 303), 5 mill., noire, bords latéraux et antérieurs du corselet, tête, antennes, jambes et tarses d'un roux clair, sommet de la tête noir, élytres rouges, ayant chacune 6 taches, plus l'écusson noir ; ces taches se réunissent parfois et sont très variables ; dernier article des tarses noir, côtés de l'abdomen tachetés de rougeâtre.

Les **Anisosticta** ont à peu près la même forme ovalaire, mais le corps est plus convexe, la tête est enchâssée dans le corselet dont les angles postérieurs forment une dent obtuse ; en outre, les lignes arquées en relief existent sur l'abdomen, et les crochets des tarses sont simples. Comme les *Hippodamia*, ces insectes vivent sur les plantes aquatiques. *A novemdecimpunctata* (Pl. XXVI, fig. 304), 2 1/2 mill., d'un jaune roussâtre, 2 taches noires sur le sommet de la tête, 6 sur le corselet, une sur l'écusson, et 9 taches sur chaque élytre.

Les **Coccinella** ont le corps à peu près hémisphérique, plat en dessous, très convexe en dessus ; leur tête, presque perpendiculaire, est enchâssée dans une large échancrure du corselet, dont les angles postérieurs sont presque droits, les antennes sont courtes, les élytres sont grandes, plus ou moins rebordées, avec les épaules non saillantes ; le 1er segment de l'abdomen présente de chaque côté une ligne arquée en relief, les cuisses sont comprimées, ne dépassant pas le bord des élytres, les jambes sont échancrées obliquement en dessus, le 2e article des tarses est court. Ces insectes sont nombreux en espèces dont la détermination est souvent difficile, à cause des variétés infinies que présentent plusieurs d'entre elles ; tous vivent aux dépens des pucerons.

Chez les uns, les élytres sont à peine rebordées. Le corps est noir avec les élytres rouges, tachetées de noir dans les espèces suivantes : *C. bipunctata*, 4 à 5 mill., tête et corselet noirs, partie antérieure de la tête et côtés du corselet d'un blanc un peu jaunâtre, élytres ayant chacune un gros point noir au milieu du disque. — *C. septempunctata,* 5 à 6 mill., angles antérieurs du corselet d'un blanc jaunâtre, une teinte de même couleur de chaque côté du corselet, élytres ayant chacune, outre l'écusson et une tache subscutellaire, 3 gros points noirs disposés en triangle. — Le corps est roussâtre, avec des points noirs chez les : *C. marginepunctata*, 5 mill., entièrement d'un rougeâtre testacé, un peu plus clair sur le corselet, quelques points sur la tête, 9 taches sur le corselet et 7 taches sur chaque élytre, dont 2 sur le bord externe noires. — *C. Doublieri*, 3 mill., d'un jaune roussâtre, 6 points noirs sur le corselet, sur chaque élytre 8 taches noires dont plusieurs en forme de linéole angulée ; Fr. mér.

Le corps est noir avec des taches jaunes chez les *C. duodecimpustulata*, 4 mill., très convexe, tête jaune paille, parfois tachée de noir, côtés du corselet et 6 grandes taches sur chaque élytre, dont 2 marginales, d'un jaune paille. — *C. quatuordecimpustulata*, 3 1/2 mill., même coloration, mais sur chaque élytre 7 grandes taches, dont 3 marginales.

Le corps est d'un roux foncé, avec des taches pâles chez les espèces suivantes : *C. decemguttata*, 5 mill., tête plate, corselet mélangé de roux et de pâle, sur chaque élytre 5 grandes taches pâles.— *C. duodecimguttata*, 2 1/2 à 3 mill., d'un roux très foncé, tête et côtés du corselet pâles, sur chaque élytre 6 taches pâles, dont 2 marginales et une apicale. — *C. bisseptemguttata*, 5 mill., même système de coloration, mais le fond d'un roux foncé, forme un peu moins courte, élytres à peine rebordées, densément ponctuées, ayant chacune 7 taches pâles, 1 en avant, 3 près du milieu, 2 plus en arrière et 1 avant l'extrémité, corselet ayant une tache pâle aux angles postérieurs. Toute la France.

C. vigintiduopunctata, 4 1/2 mill., convexe, assez courte, d'un beau jaune avec 5 taches sur le corselet, l'écusson et 10 taches sur chaque élytres noires, parfois une toute petite 11e au milieu du bord interne, dessous noir ainsi que les cuisses. — *C. quatuordecimpunctata*, 4 mill., assez courte, assez convexe, jaune brillante, un point noir sur la tête, une grande tache sur la partie postérieure du corselet lobée en avant, écusson et suture noirs, sur chaque élytre 7 taches noires, oblongues, se rejoignant le plus souvent, et finissant par rendre l'élytre noire avec 3 ou 4 taches jaunes.

Chez les autres, les élytres sont assez largement rebordées : — *C. sexguttata*, 5 mill., fauve, à taches d'un jaune pâle, ainsi qu'une bande médiane, élytres largement rebordées, ayant chacune 6 taches pâles et le bord externe de même couleur. — *C. ocellata* (Pl. XXVI, fig. 305), 7 à 8 mill., noire, tête ayant quelques taches jaunes, corselet ayant les côtés, le bord antérieur et une double tache au milieu de la base jaune, élytres assez étroitement, mais nettement marginées, rouges, ayant chacune 8 ou 9 taches et points noirs souvent entourés d'un léger cercle jaunâtre ; la tranche externe elle-même étroitement noire ; au printemps, sur les pins en fleurs. — *C. oblongoguttata*, 5 à 7 mill., même forme, plus largement marginée, dessous d'un brun rougeâtre pâle, souvent avec une teinte brunâtre en dedans, élytres ayant des taches oblongues d'un jaune pâle, devenant des linéoles étroites au long de la suture et sur les côtés; comme la précédente, au printemps, sur les pins en fleurs.

Le g. **Micraspis** ne diffère guère des vraies Coccinelles que par la petitesse de l'écusson, qui est à peine distinct; le dernier article des palpes maxillaires est en outre cultriforme; les élytres sont indistinctement marginées, le bord réfléchi n'est pas creusé en gouttière; le prosternum est très étroit et sépare à peine les hanches antérieures; les lignes arquées de l'abdomen ne sont indiquées qu'en dedans et se confondent avec le bord postérieur du segment. *M. duodecimpunctata*, 2 1/4 mill., très convexe, d'un jaunâtre pâle, brillant, tête tachée de noir au milieu, corselet avec 6 points noirs, sur chaque élytre 8 ou 9 points noirs, les externes se joignant parfois, suture étroitement noire; commun partout.

Les **Chilocorus** sont faciles à reconnaître par la conformation de leur corselet qui est presque enchâssé dans la base des élytres, largement sinuées; les angles postérieurs sont nuls et s'arrondissent avec le bord postérieur, qui est même un peu lobé vis-à-vis de l'écusson, petit et enfoncé; les épaules des élytres sont très saillantes quoique arrondies, et le bord réfléchi forme une profonde gouttière, le rebord tranchant de l'élytre dépassant notablement le plan inférieur du corps; les lignes saillantes de l'abdomen sont fortement marquées en dedans, mais se confondent ensuite avec le bord postérieur du premier segment; les jambes sont élargies en dehors en un angle obtus formant une petite dent. Ces insectes sont d'un noir très luisant, comme vernissé, et quelquefois ornés de petites taches d'un rouge obscur. — *C. renipustulatus* (Pl. XXVI, fig. 306), 4 mill., arrondi, élytres nettement rebordées, ayant chacune une grande tache d'un rouge de sang. — *C. bipustulatus*, 3 mill., tête rougeâtre, sur chaque élytre deux taches petites, rougeâtres, obscures, placées l'une à côté de l'autre au milieu. — *C. auritus*, 3 1/2 mill., entièrement noir, avec les côtés du corselet roux; dans cette espèce, les angles postérieurs du corselet sont un peu marqués, es arcs de l'abdomen n'atteignent pas le bord du segment, et les jambes ne sont pas angulées.

Les **Epilachna**, quoique ressemblant beaucoup à certaines Coccinelles, se distinguent facilement par la fine pubescence qui recouvre leur corps; leur tête est enchâssée dans le corselet, les yeux presque cachés sous les angles antérieurs; les antennes sont courtes et atteignent à peine le milieu du corselet; ce dernier est bien plus étroit que les élytres, court, aplani sur les côtés qui sont tranchants et un peu relevés, les angles postérieurs presque arrondis et impressionnés; les élytres sont grandes, rebordées, et ont leur grande largeur au milieu, les lignes arquées de l'abdomen sont entières, les crochets des tarses sont bifides, la branche interne dentée à la base. Ces insectes vivent sur diverses espèces de cucurbitacées. *E. argus*, 6 mill., ovalaire, un peu atténuée en arrière, d'un fauve testacé, 5 points noirs sur chaque élytre, outre un point obscutellaire ; toute la France, sur la bryone. — *E. chrysomelina* (Pl. XXVI, fig. 307), 6 à 7 mill., plus arrondie, d'un fauve plus ou moins rougeâtre, élytres ayant chacune 6 grandes taches noires, dont 2 à la base, 2 au milieu, 2 obliques vers l'extrémité; ces taches sont parfois entourées d'un cercle fauve clair et souvent confluentes, surtout en arrière; métasternum et milieu des segments abdominaux noirs ; Fr. mér., sur la *Momordica elaterium*.

Le g. **Lasia** diffère du précédent par une taille beaucoup plus petite, les élytres plus arrondies et plus déclives en arrière, ne débordant qu'un peu le corselet ; leur bord réfléchi n'est pas creusé en gouttière, il est un peu impressionné pour l'extrémité des cuisses ; enfin les crochets des tarses sont bifides, mais à division très inégales, non ou à peine dentées à la base. Dans ce genre, comme dans les *Epilachna*, les mandibules sont armées de fortes dents, et ces insectes, au lieu de dévorer les pucerons, semblent phytophages. *L. globosa* (Pl. XXVI, fig. 308), 3 à 4 mill., un peu ovalaire, très convexe, d'un testacé rougeâtre, une tache noire au milieu du corselet, sur chaque élytre 11 ou 12 points noirs, souvent confluents, dessous noir, sauf l'extrémité de l'abdomen ; toute la France; sur la vesce, la saponaire, etc. ; fait quelquefois des dégâts sur la luzerne.

Le g. **Cynegetis** est plus arrondi que les précédents, les élytres sont à peine plus larges que le corselet, le dernier article des palpes maxillaires est seulement un peu plus large que le précédent et tronqué très obliquement, les élytres ne recouvrent pas d'ailes ; leur bord réfléchi, non creusé en gouttière, est largement impressionné pour l'extrémité des cuisses, les crochets des tarses sont seulement élargis à la base en une dent triangulaire. *C. impunctata* (Pl. XXVI, fig. 309), 3 mill., entièrement rousse avec une tache noire au milieu du corselet, élytres finement ponctuées.

Le g. **Platynaspis** s'éloigne des genres précédents par les élytres aussi larges que le corselet et les yeux oblongs, presque parallèles ; le corps, assez convexe, est couvert d'une pubescence fine, grisâtre, serrée, comme chez les *Scymnus*; la tête est large, les joues forment une lame tranchante qui coupe les yeux ; le corselet est large et court, les élytres sont brusquement arrondies à l'extrémité, presque tronquées ; le bord réfléchi est marqué de fossettes ; les lignes arquées de l'abdomen sont marquées en dedans ; les jambes sont larges, arquées en dehors. *P. villosa* (Pl. XXVI, fig, 310), 2 1/3 mill., noire, avec la tête, les côtes du corselet et les pattes d'un roux testacé, élytres ayant chacune au milieu une grande tache ronde d'un testacé rougeâtre et une plus petite derrière ; élytres densément et finement, mais bien nettement ponctuées.

Les **Scymnus** sont de petits insectes au corps brièvement ovalaire, très convexe, revêtu d'une pubescence cendrée ou grisâtre, fine, mais serrée et très visible; leur ponctuation est excessivement fine, leur tête est large avec des yeux presque triangulaires, peu convexes, les antennes, insérées à découvert, n'atteignent pas le bord postérieur du corselet et paraissent souvent n'avoir que 10 articles, les 2 premiers étant presque soudés, les 4 ou 5 derniers formant peu à peu une masse oblongue ovalaire; le corselet est aussi large que les élytres, ces dernières sont brusquement arrondies à l'extrémité et ont le bord réfléchi largement impressionné pour les cuisses postérieures; le posternum est assez large, les lignes arquées de l'abdomen sont variables. Ces insectes sont nombreux et font aussi la guerre aux pucerons; si beaucoup se trouvent sur les feuilles, les fleurs, les arbres, quelques-uns se rencontrent dans les débris végétaux. Leur coloration est peu variée et assez sombre, généralement noire, parfois ornée de taches jaunes ou rouges. *S. quadrilunulatus*, 2 mill., ovalaire, à fine pubescence fauve, élytres finement ponctuées, ayant chacune 2 taches grandes, souvent confluentes, d'un testacé rougeâtre; la postérieure, un peu transversale, ressemble en petit au *Platynaspis villosa*. — *S. frontalis*, 2 mill., en ovale court, noir, à fine pubescence fauve, tête testacée chez les mâles, élytres ayant chacune 2 grandes taches rouges arrondies. — *S. Apetzii*, même taille, un peu plus large, noir, ponctué, sur chaque élytre une tache ronde, rouge avant le milieu de chaque élytre. — *S. nigrinus*, 2 mill., tout noir, pubescent, pattes testacées; sur les pins. — *S. hæmorrhoïdalis*, 2 mill., brièvement ovalaire, noire, tête, côtés et devant du corselet, pattes et extrémités des élytres d'un roux testacé. — *S. arcuatus*, 1 1/4 mill., très brièvement ovalaire, brun, brillant, tête et côtés du corselet roux, élytres ayant, avant le milieu, une tache commune d'un brun noirâtre, arrondie, entourée d'un anneau roux, côtés des élytres peu foncés; sur les pins. — *S. minimus*, 1 mill., très brièvement ovalaire, très convexe, très ponctué, mais finement, entièrement noir, jambes roussâtres; sur les pins.

Le g. **Rhizobius** rappelle, pour la forme, le g. *Cynegetis*; le corps est assez brièvement ovalaire, convexe, assez grossement ponctué, avec une pubescence assez longue, médiocrement serrée; les antennes, insérées à découvert, atteignent la base du corselet; leurs deux premiers articles sont distincts, les trois derniers forment peu à peu une massue oblongue, le dernier est acuminé; les élytres, aussi larges que le corselet, ont leur plus grande largeur au milieu et se rétrécissent peu à peu en arrière, leur bord réfléchi n'a pas d'impressions pour les cuisses; les pattes sont assez grandes, dépassant un peu le bord des élytres; les rares espèces de ce genre vivent sur les pins. *R. litura* (Pl. XXVI, fig. 311), 2 à 3 mill., d'un testacé brillant tantôt unicolore, tantôt ayant une teinte brunâtre sur le corselet et sur le disque des élytres, quelquefois une ligne arquée ou une linéole brune au milieu des élytres; ces dernières très ponctuées; corselet plus finement ponctué; poitrine noirâtre. — *R. discimacula*, même taille, mais forme plus étroite, élytres ponctuées de même, ayant chacune le disque obscur; Fr. mér.

Les **Coccidula** forment presque une anomalie dans la famille des Coccinellides par leur corps peu convexe, oblong, presque parallèle, et leurs élytres striées ponctuées ; la tête est en museau obtus, les yeux sont grands, les antennes dépassent le bord postérieur du corselet, les trois derniers articles formant une massue peu serrée, dentée d'un côté ; le corselet est plus étroit que les élytres, les angles antérieurs ne sont pas saillants, les élytres sont oblongues, s'élargissant insensiblement jusqu'aux 2/3 postérieurs ; elles présentent des lignes ponctuées formant de faibles stries ; le prosternum est assez large, sillonné ; les lignes arquées de l'abdomen sont très peu développées, les pattes sont assez grandes et dépassent notablement les élytres ; les crochets des tarses sont bifides. Ces insectes vivent sur les plantes aquatiques où ils font aussi la chasse aux pucerons ; on les trouve souvent dans les détritus végétaux, au bord des marais. *C. scutellata* (Pl. XXVI, fig. 312), 3 mill., oblongue, d'un testacé rougeâtre, élytres ayant une large tache scutellaire, une tache marginale et une dorsale tout près de la suture, noire ; poitrine noire ; corselet, court, arrondi sur les côtés, élytres finement ponctuées avec quelques lignes formant de légères stries, surtout vers la suture. — *C. rufa*, 3 mill., entièrement rouge avec la poitrine et le milieu de l'abdomen noirs ; corselet plus large, plus convexe, plus ponctué, élytres plus finement ponctuées et à lignes plus légèrement marquées.

TABLE

Évreux, imprimerie de Ch. Hérissey.

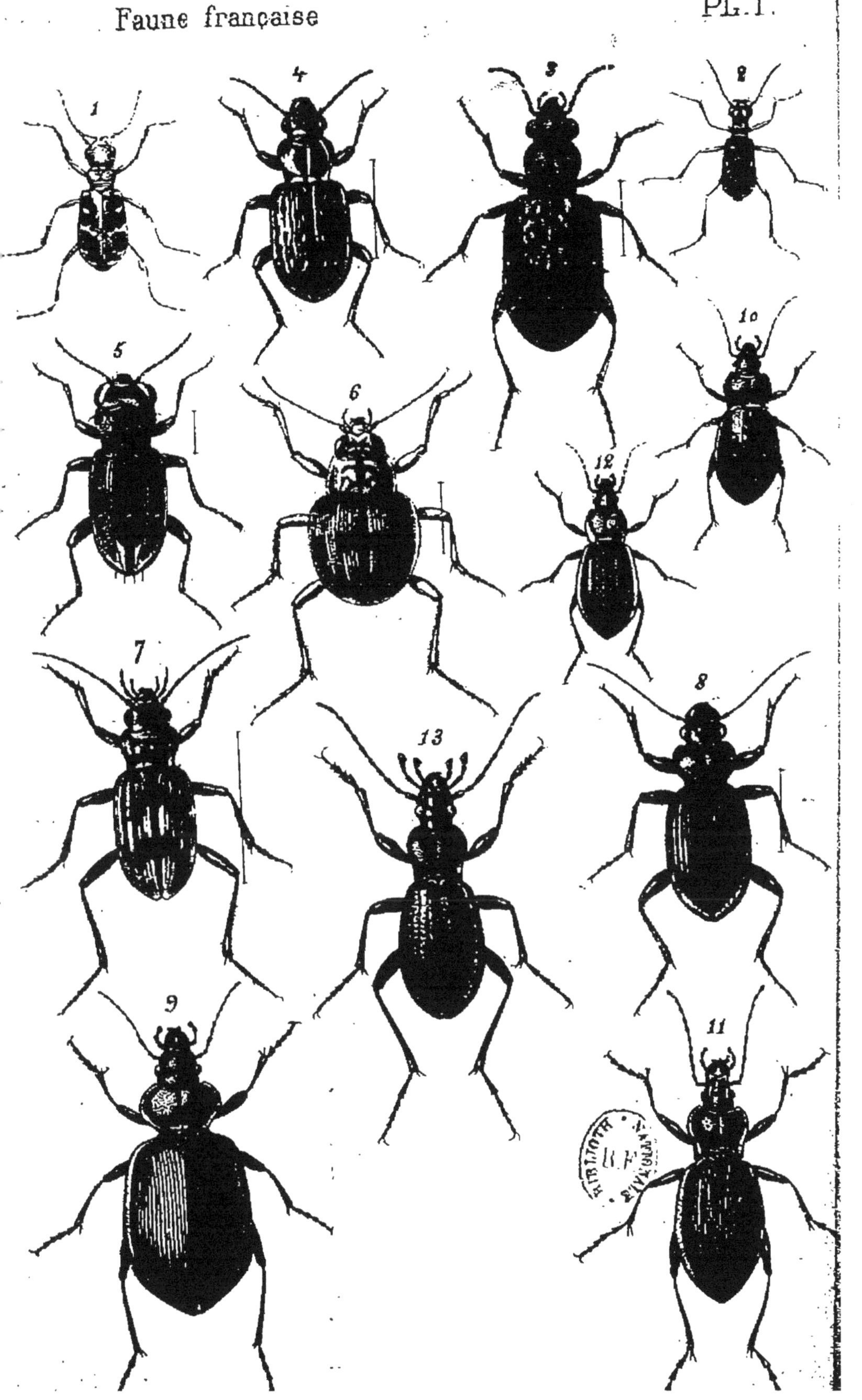
Faune française
PL. I.
1
2
3
4
5
6
7
8
9
10
11
12
13

PLANCHE I

			Pages.
Cicindélides.	Fig.	1. Cicindela hybrida.	17
		2. — germanica.	18
Carabides.		3. Elaphrus cupreus.	20
		4. Blethisa multipunctata.	20
		5. Notiophilus semipunctatus.	21
		6. Omophron limbatum.	21
		7. Nebria complanata.	22
		8. Leistus spinibarbis.	24
		9. Calosoma sycophanta.	24
		10. Carabus convexus.	26
		11. — catenulatus.	25
		12. — nitens.	29
		13. — hispanus.	29

PLANCHE II

14
15
16
17
18
19
20
21
22
23
24
25
26
27
29
28
30

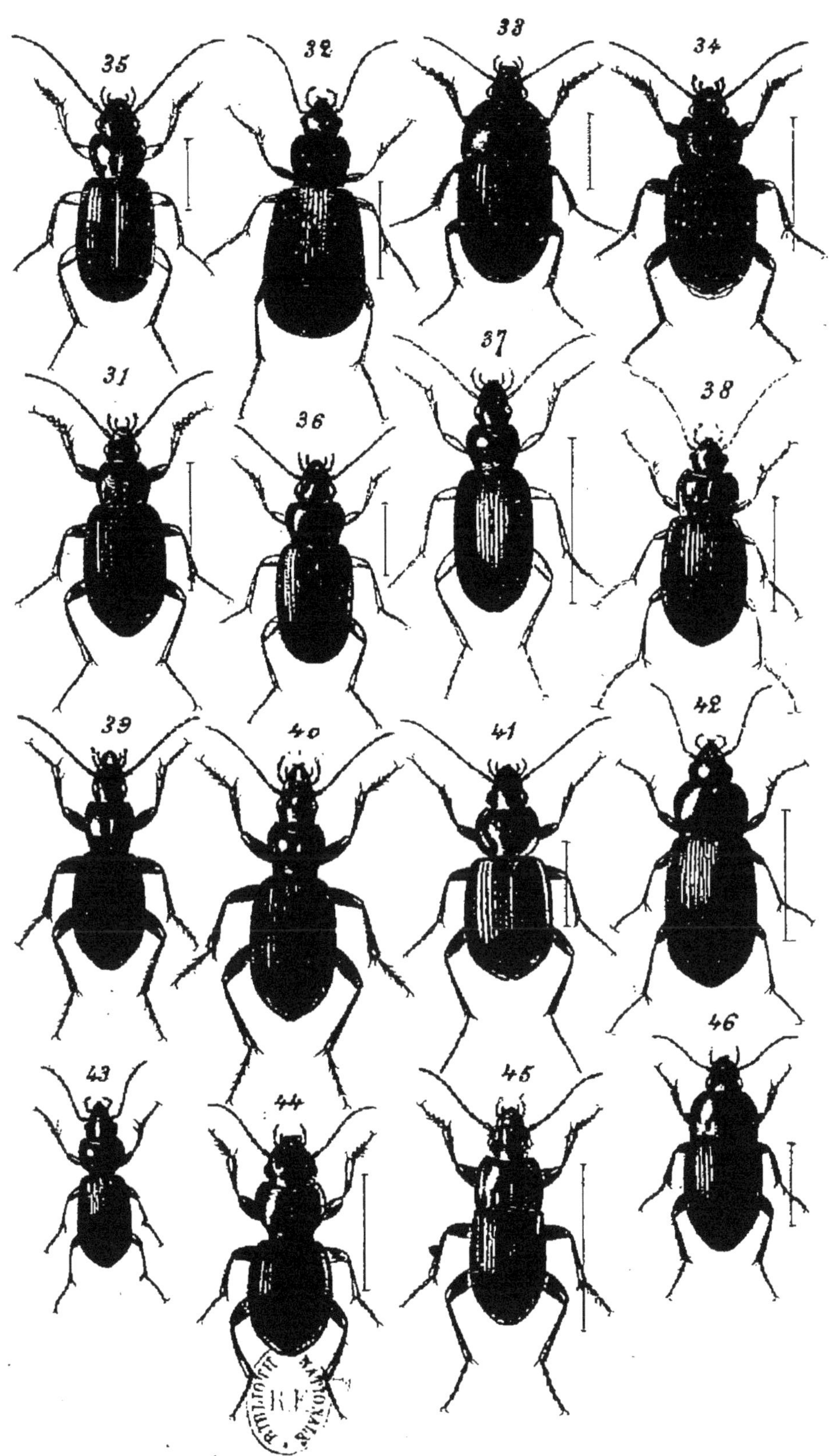
35
32
33
34
31
36
37
38
39
40
41
42
43
44
45
46

PLANCHE III

PLANCHE IV

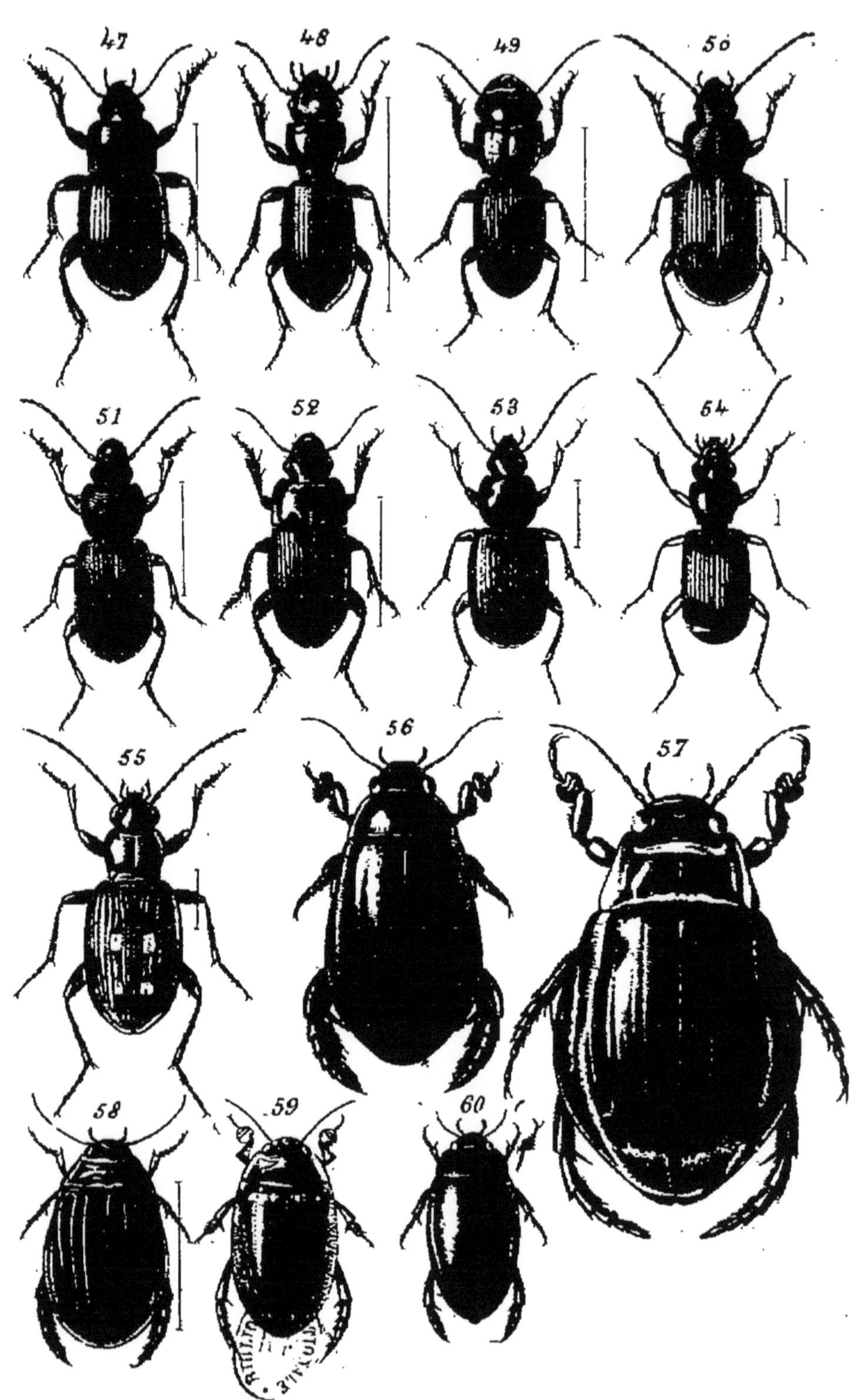
47
48
49
50
51
52
53
54
55
56
57
58
59
60

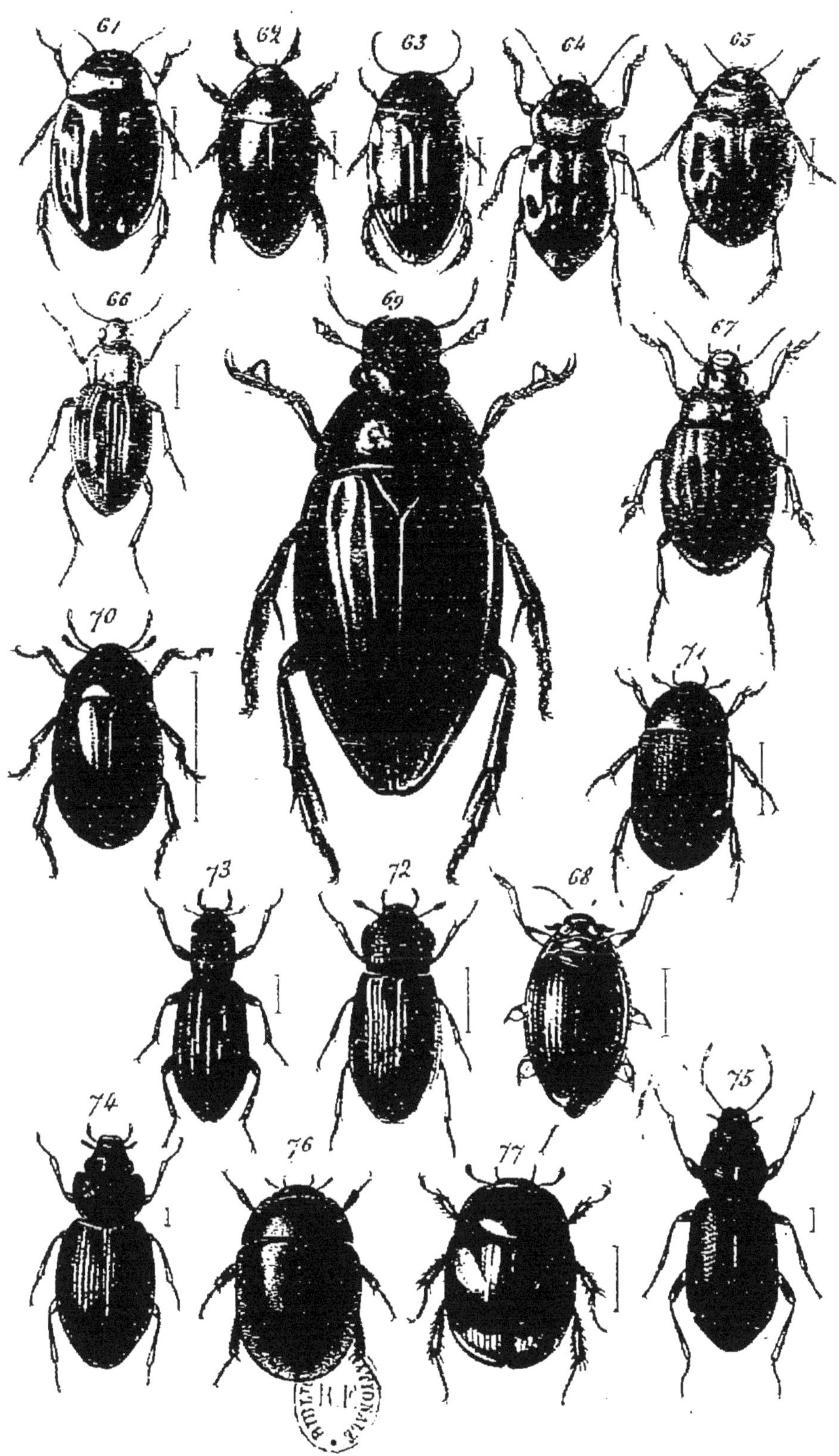
61
62
63
64
65
66
69
67
70
71
73
72
68
75
74
76
77

PLANCHE V

			Pages.
Dytiscides	Fig.	61. Agabus maculatus.	66
		62. Noterus lævis.	67
		63. Laccophilus minutus.	67
		64. Hydroporus duodecimpustulatus.	70
		65. Hyphydrus variegatus.	71
		66. Haliplus elevatus.	71
		67. Pelobius Hermanni.	71
Gyrinides		68. Gyrinus natator.	72
Hydrophyides.		69. Hydrophilus piceus.	75
		70. Hydrous caraboides.	75
		71. Hydrobius fuscipes.	75
		72. Helophorus grandis.	77
		73. Hydrochus elongatus.	78
		74. Ochthebius pygmæus.	78
		75. Hydræna riparia.	79
		76. Cyclonotum orbiculare.	79
		77. Sphæridium caraboides.	79

PLANCHE VI

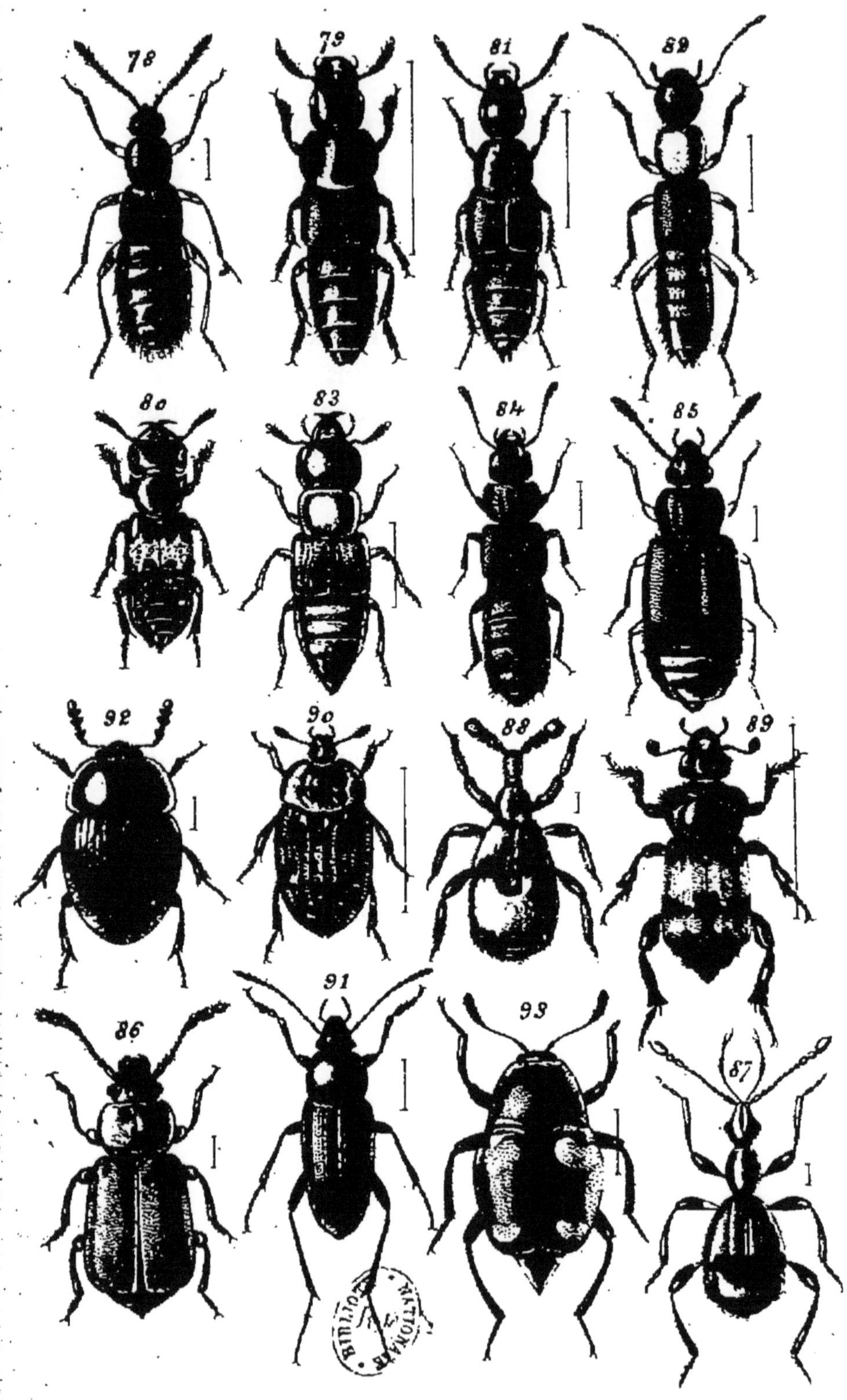
78
79
81
82
80
83
84
85
92
90
88
89
86
91
93
87

94
95
96
97
98
99
100
101
102
103
104
105
106
107
108
109

PLANCHE VII

PLANCHE VIII

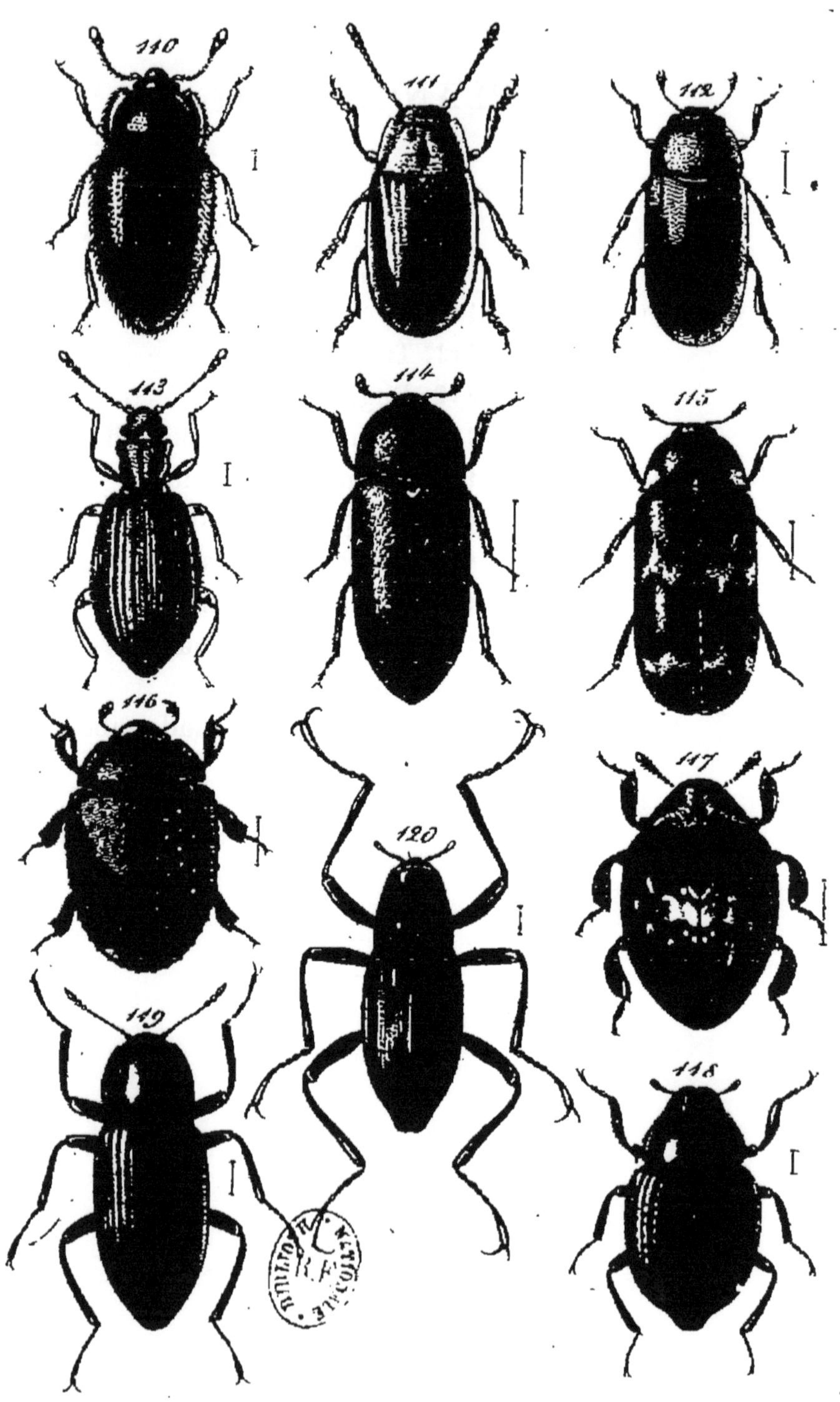
110
111
112
113
114
115
116
120
117
119
118

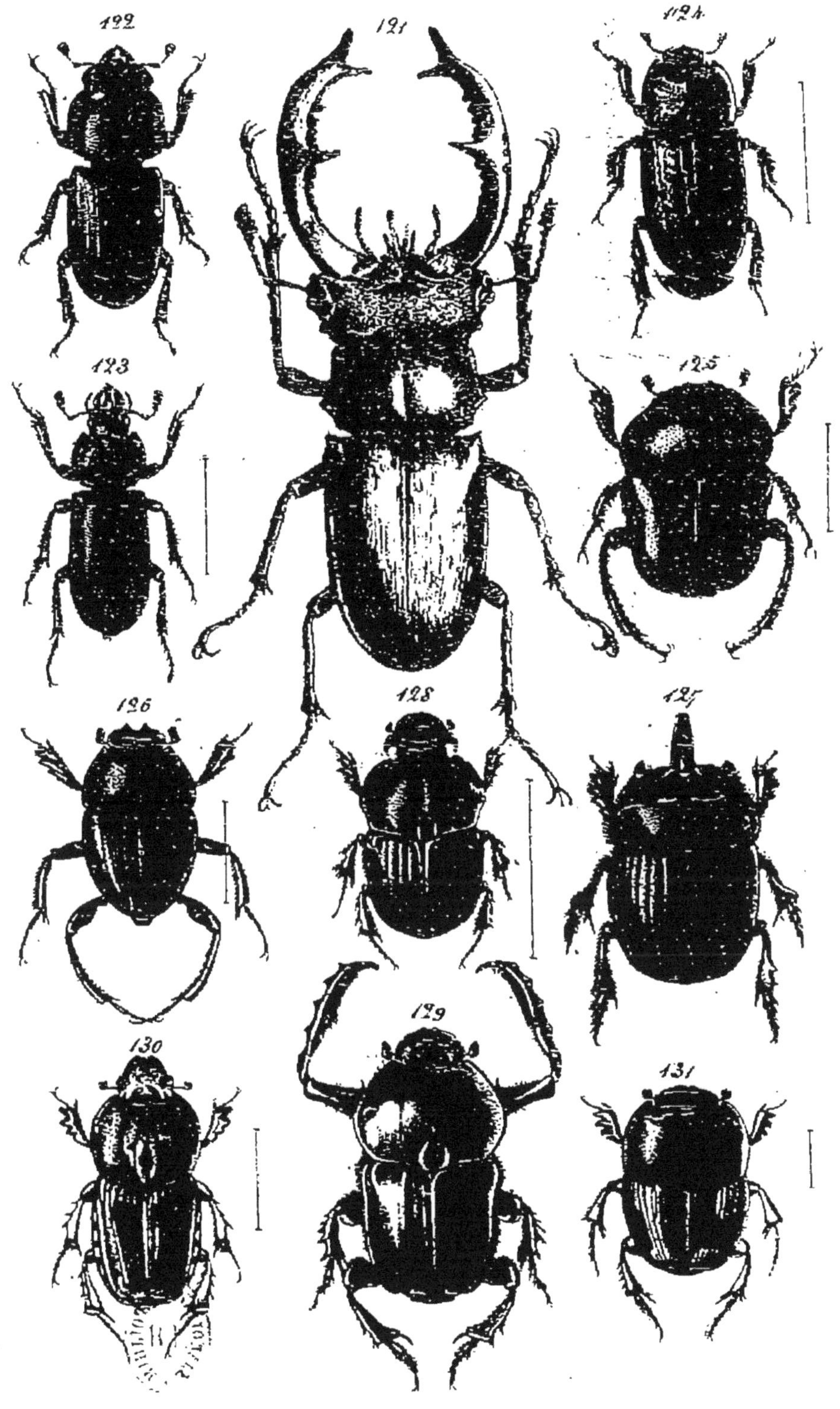
122
121
124
123
125
126
128
127
130
129
131

LANCHE IX

PLANCHE X

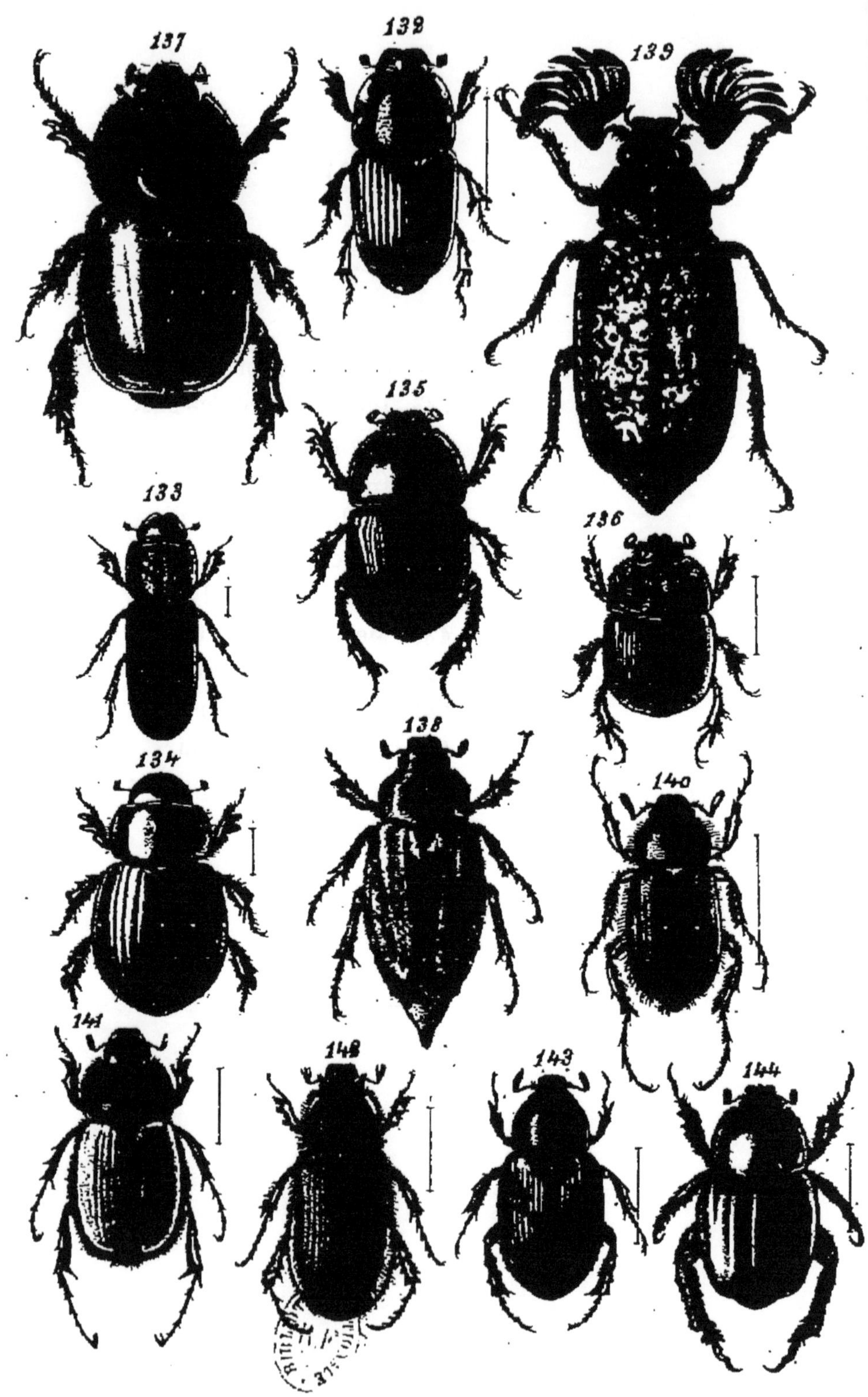
137
132
139
135
133
136
134
138
140
141
142
143
144

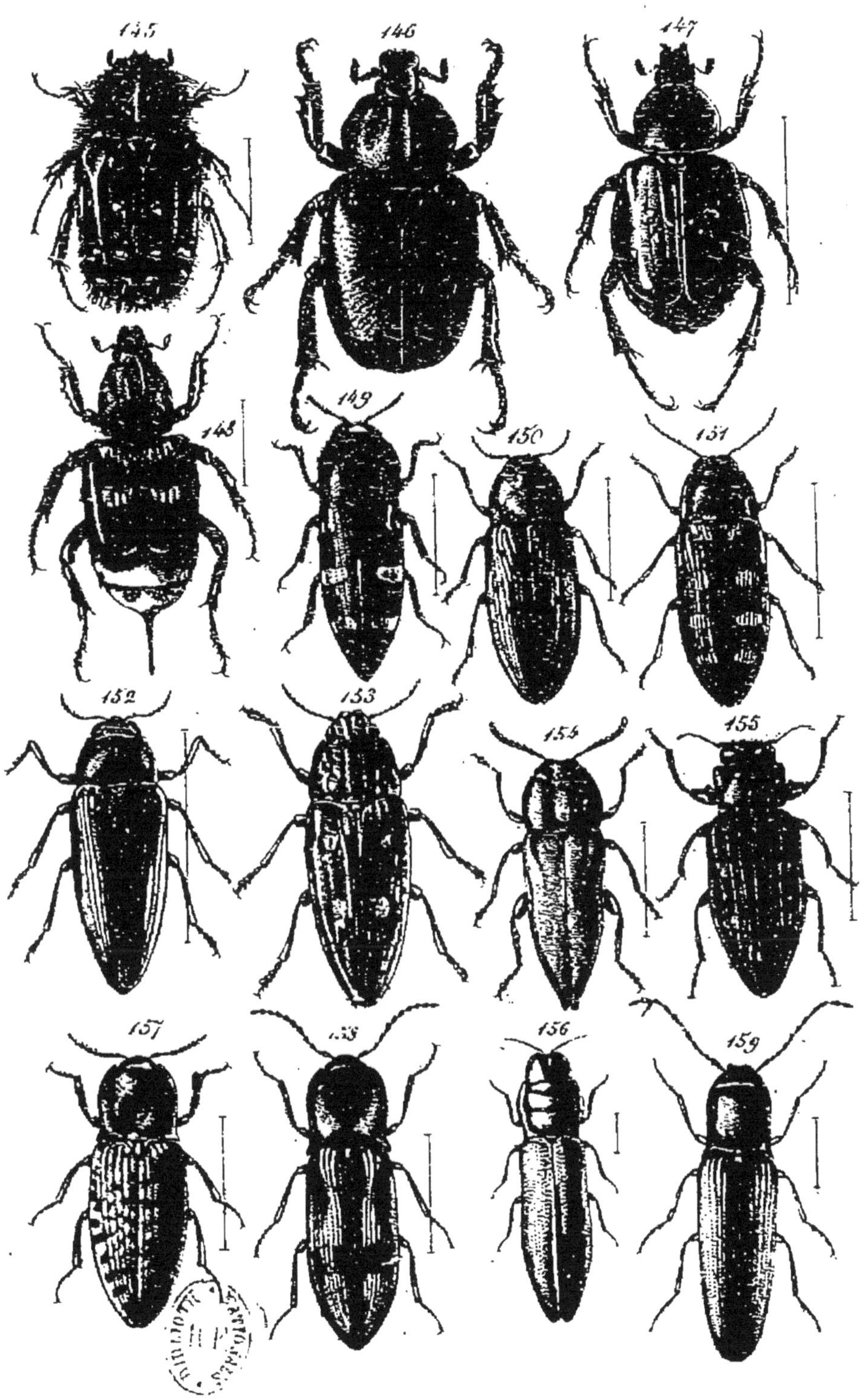
145
146
147
148
149
150
151
152
153
154
155
157
156
159

PLANCHE XI

PLANCHE XII

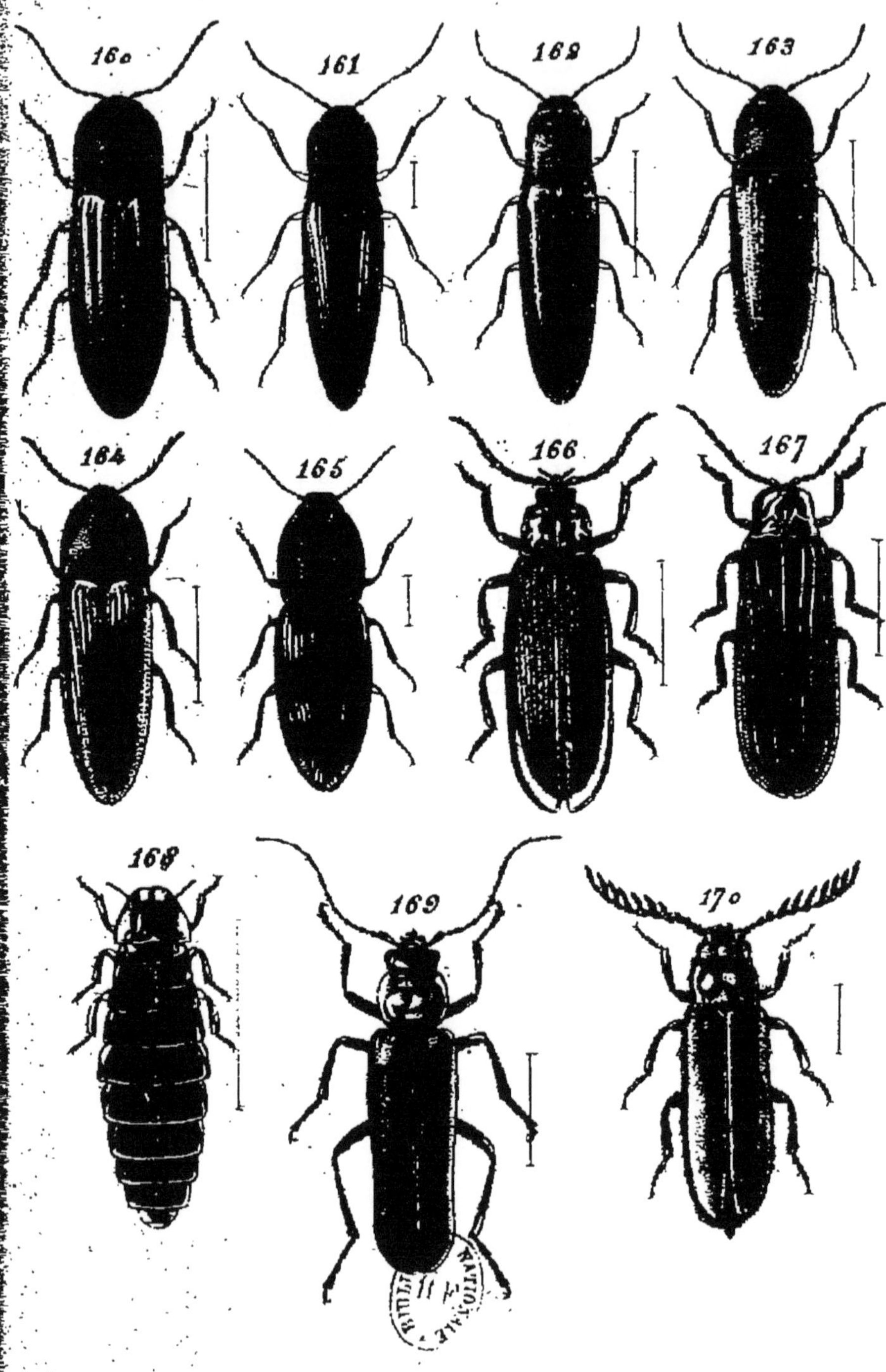
160
161
162
163
164
165
166
167
168
169
170

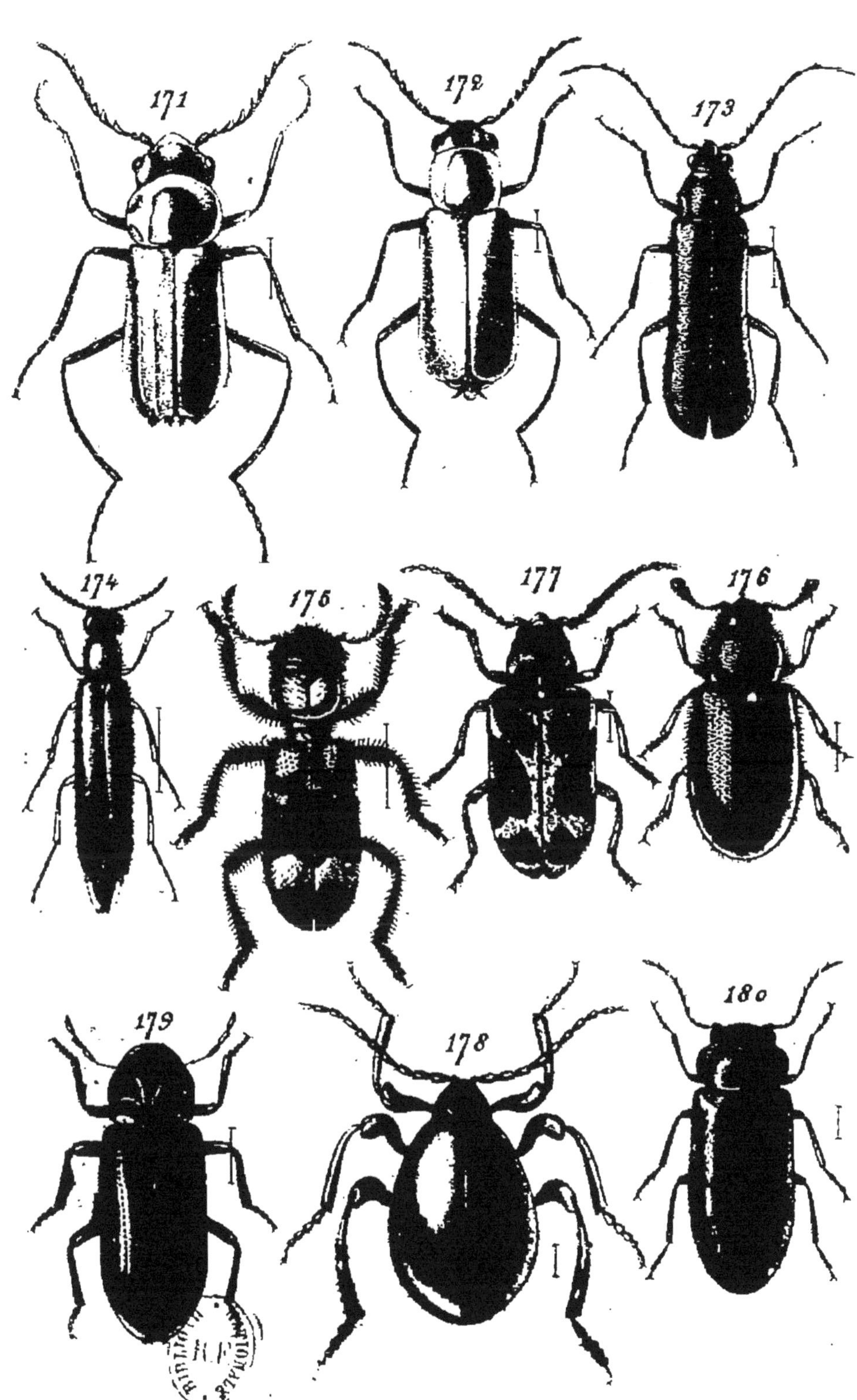
171
172
173
174
175
177
176
179
178
180

PLANCHE XIII

		Pages.
Téléphorides.	Fig. 171. Malachius rufus.	170
	172. Anthocomus sanguinolentus.	170
	173. Dasytes cæruleus.	171
Clérides.	174. Lymexylon navale.	174
	175. Thanasimus formicarius.	174
	176. Corynetes ruficollis.	175
Ptinides.	177. Ptinus imperialis.	176
	178. Gibbium scotias.	177
Anobiides.	179. Anobium pertinax.	179
	180. Ochina hederæ.	180

PLANCHE XIV

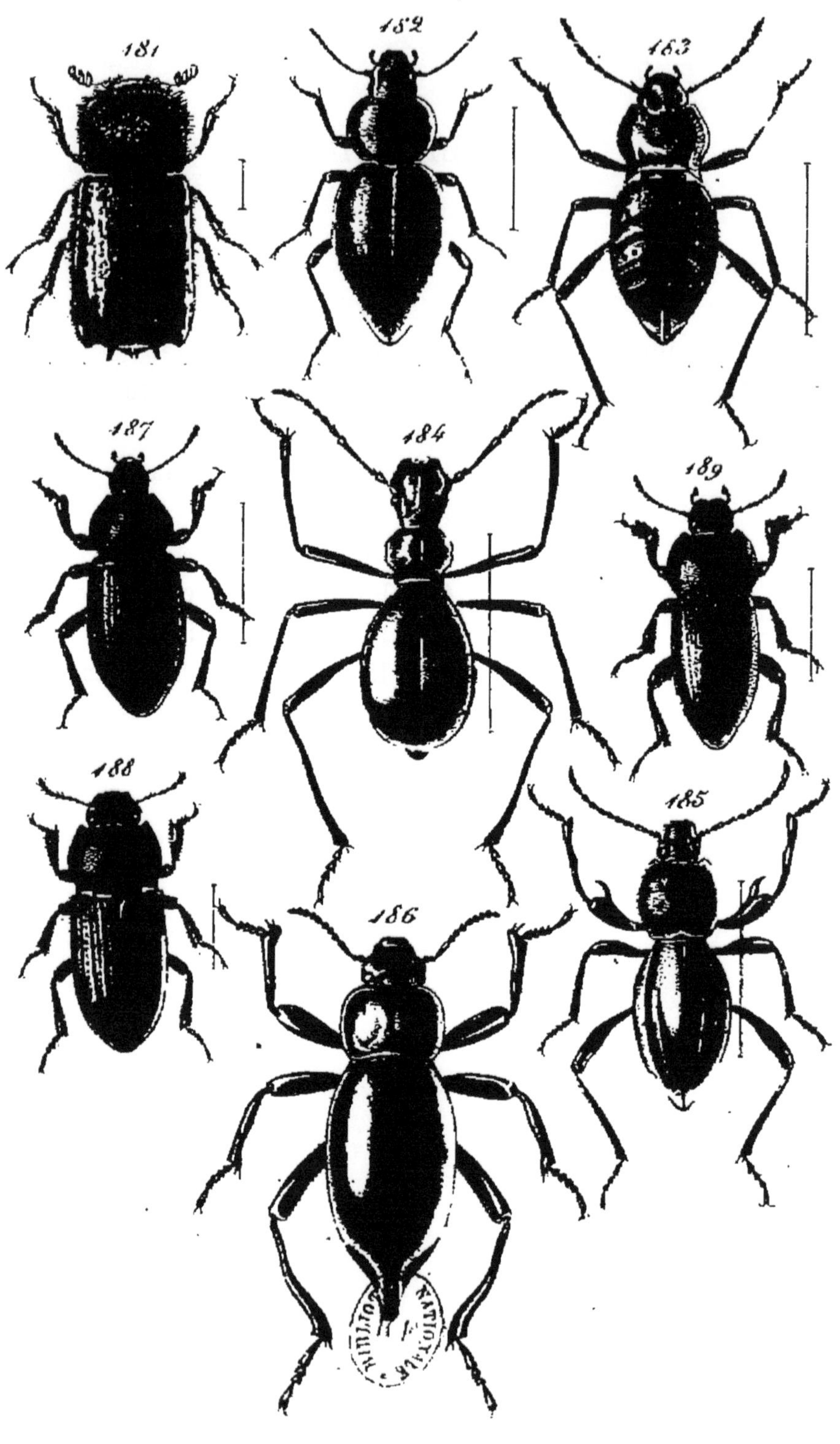
181
182
183
187
184
189
188
185
186

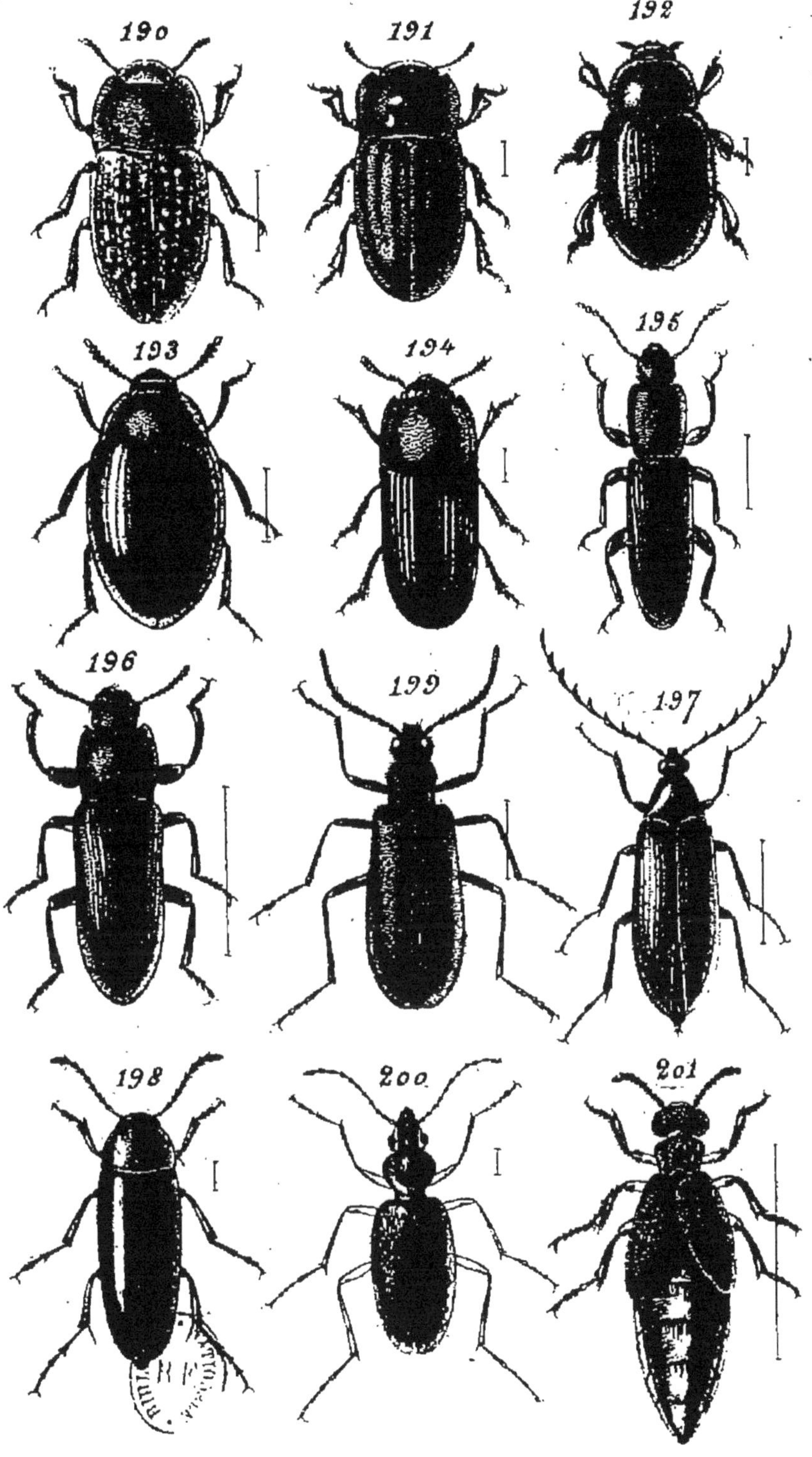
190
191
192
193
194
195
196
199
197
198
200
201

PLANCHE XV

PLANCHE XVI

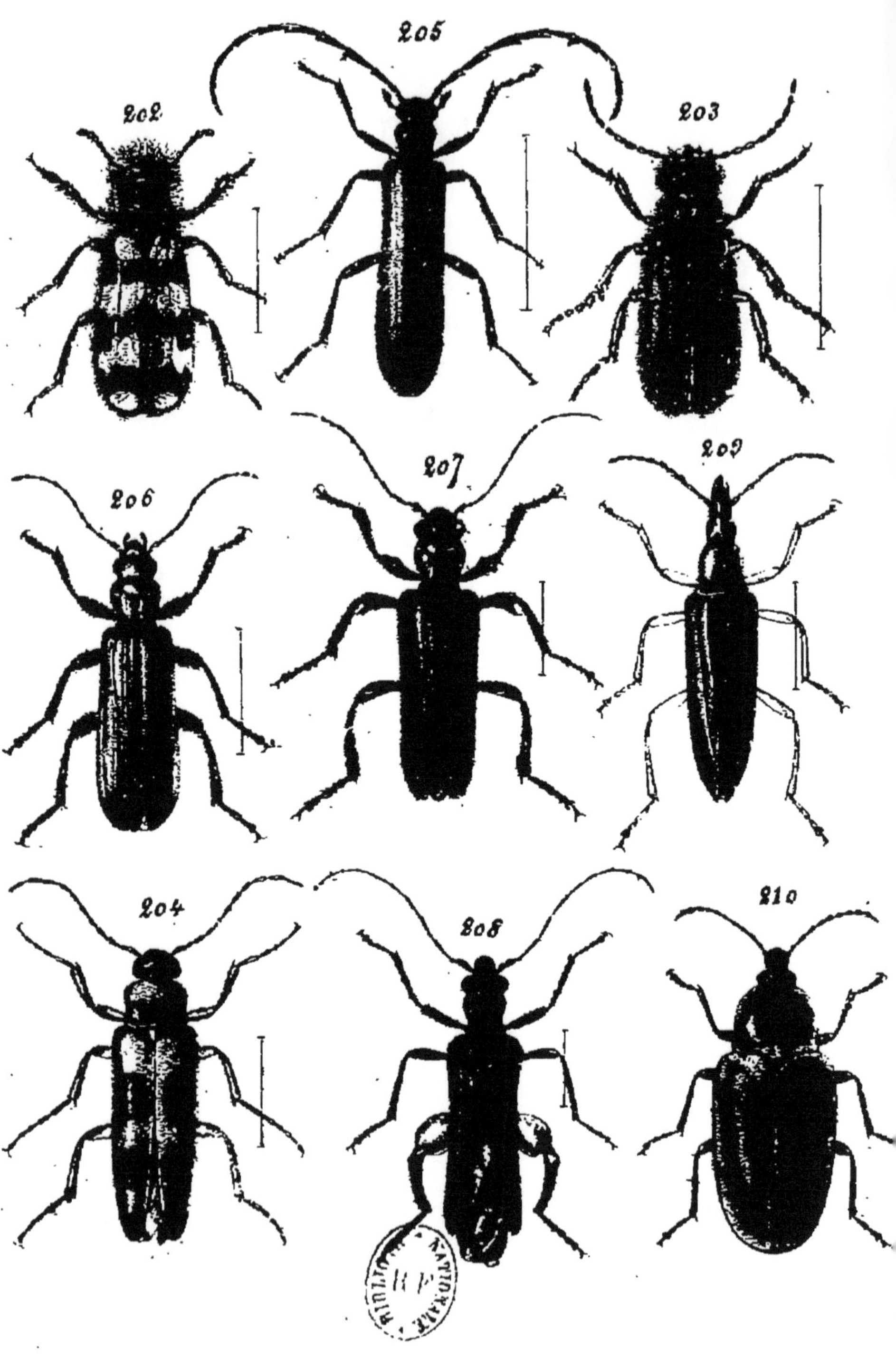
205
202
203
207
209
206
204
208
210

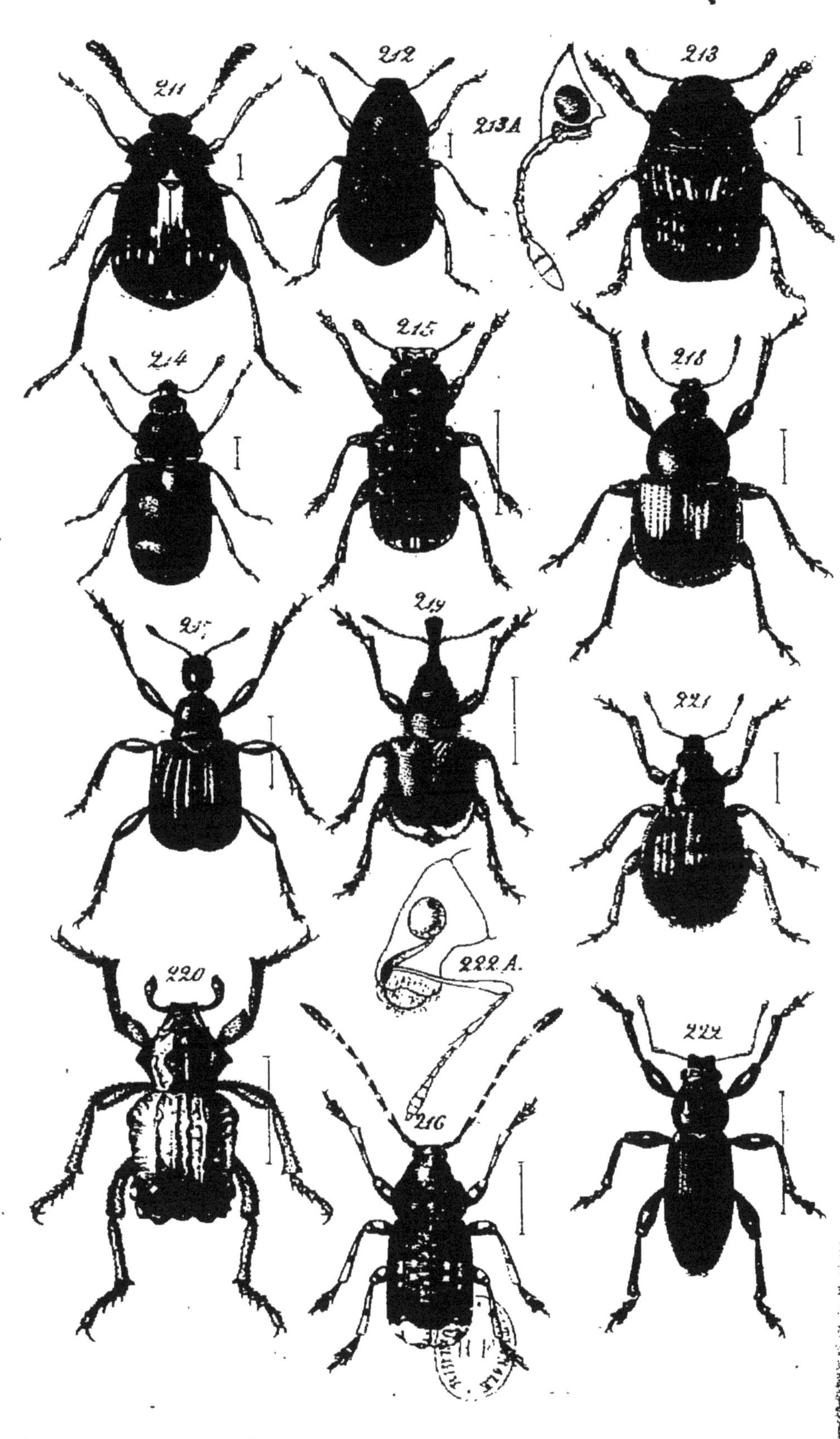
211
212
213
213 A
214
215
218
217
219
221
222 A.
220
216
222

PLANCHE XVII

PLANCHE XVIII

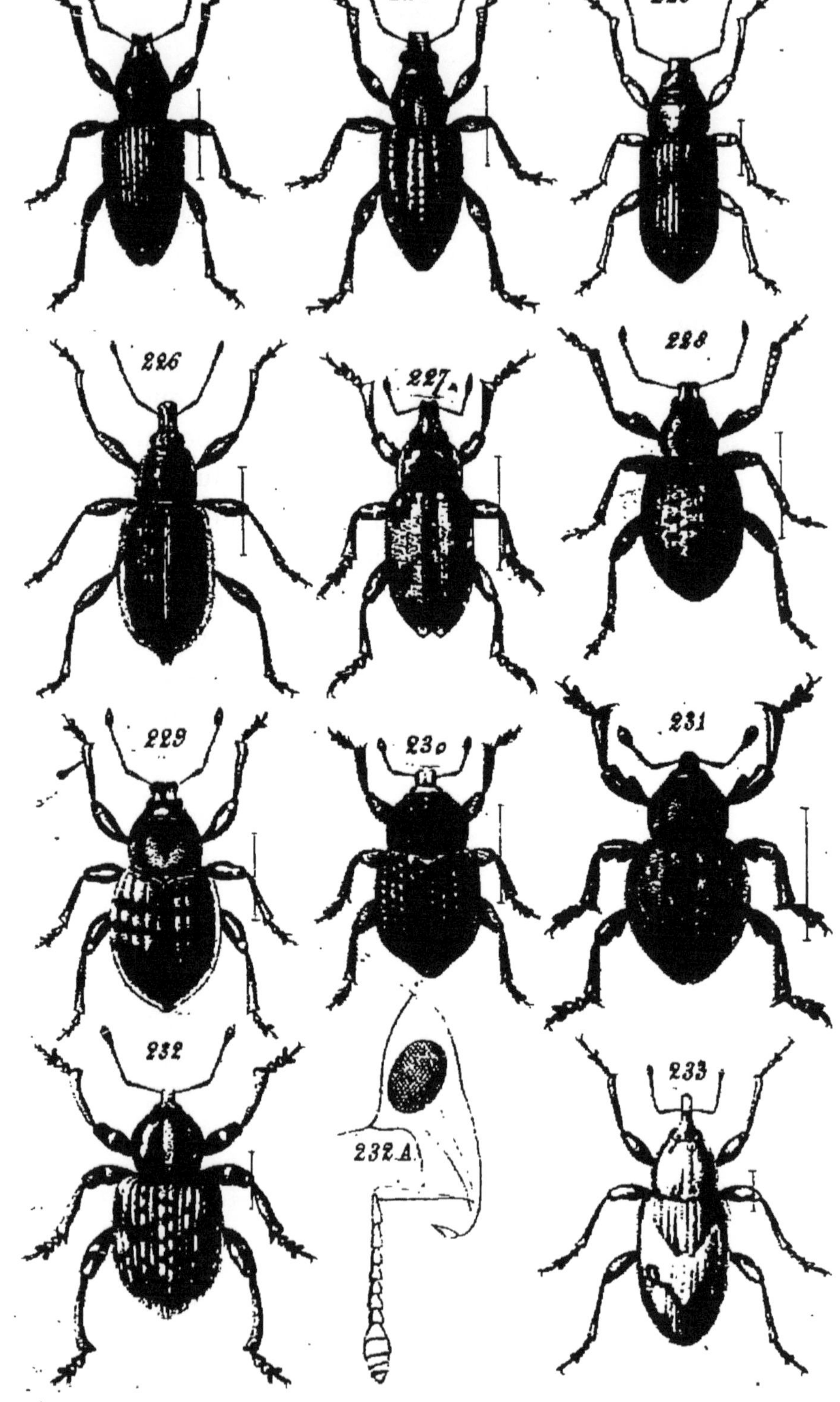
223
224
225
226
227 A
228
229
230
231
232
232 A
233

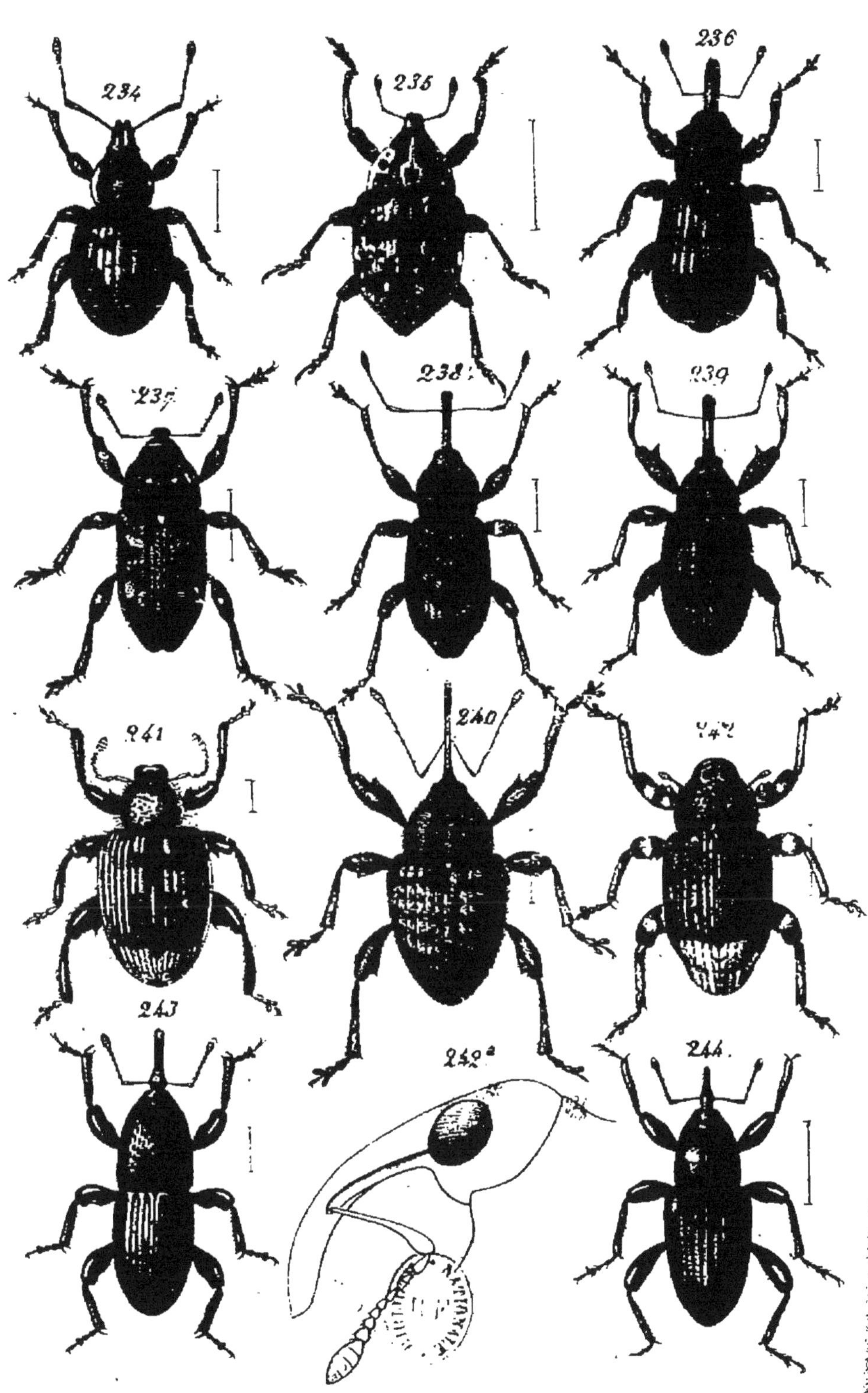
234
235
236
237
238
239
241
240
243
244

PLANCHE XIX

PLANCEE XX

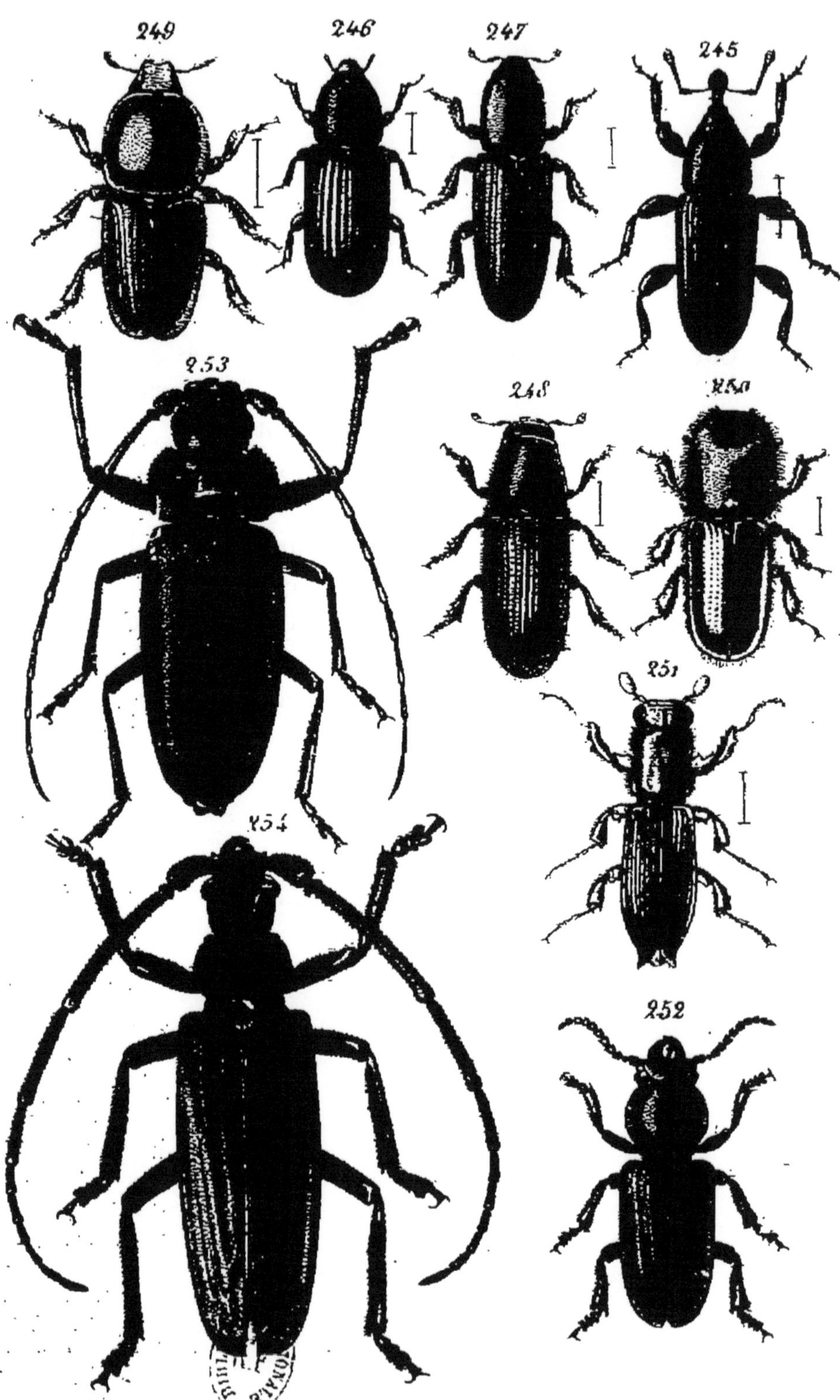
249
246
247
245
253
248
251
254
252

PL. XXI.

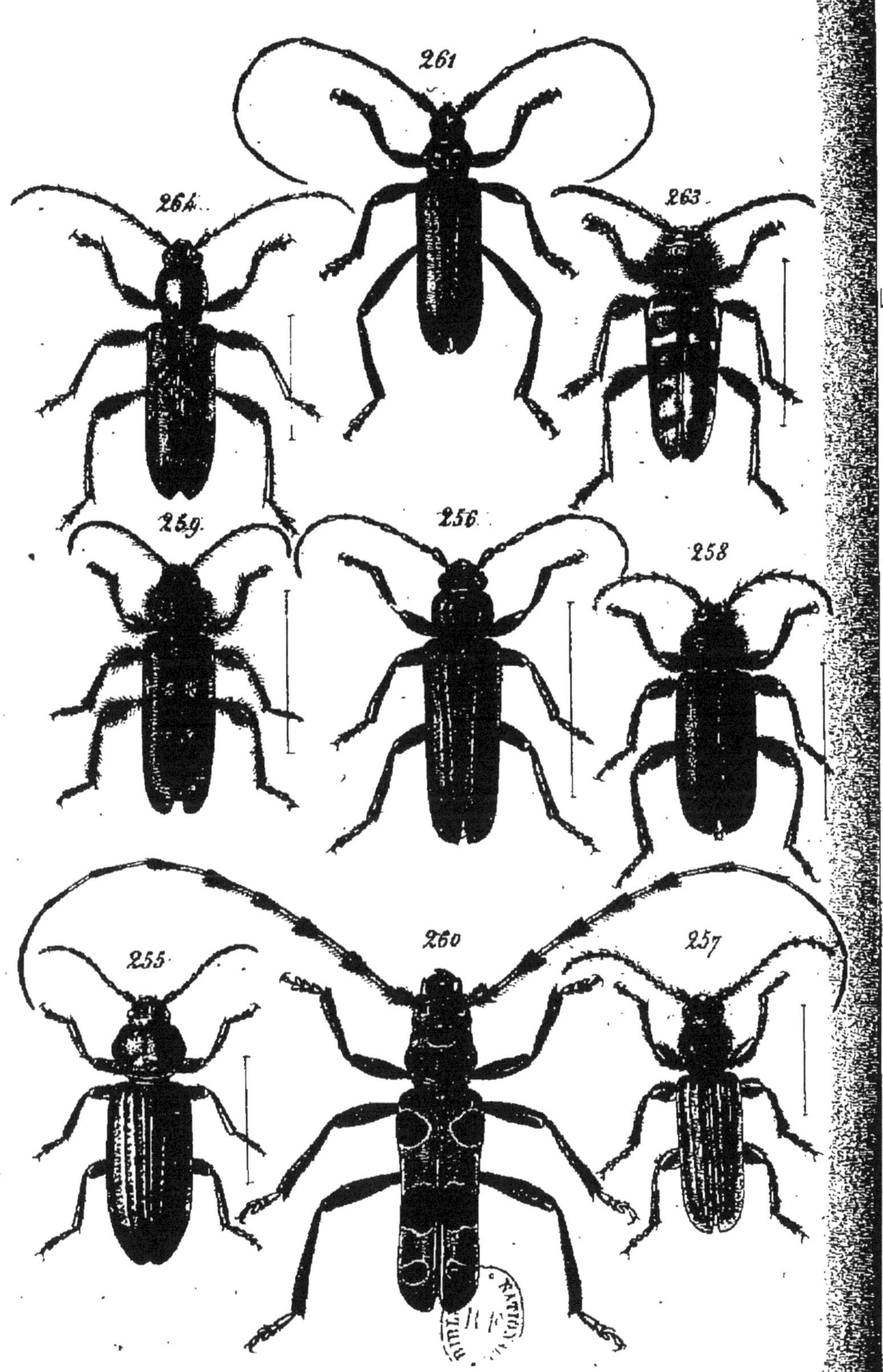

PLANCHE XXI

PLANCHE XXII

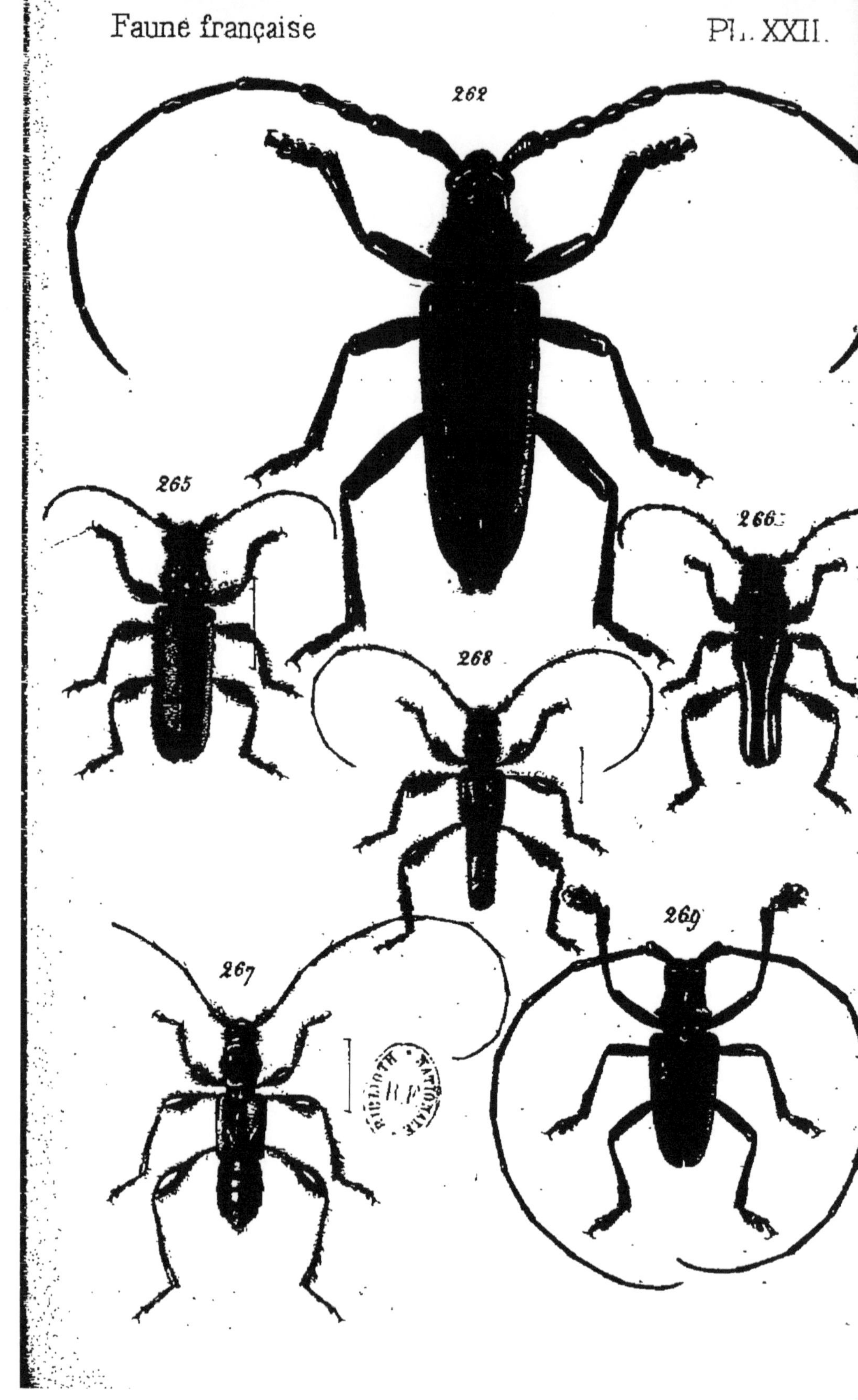
262
265
266
268
267
269

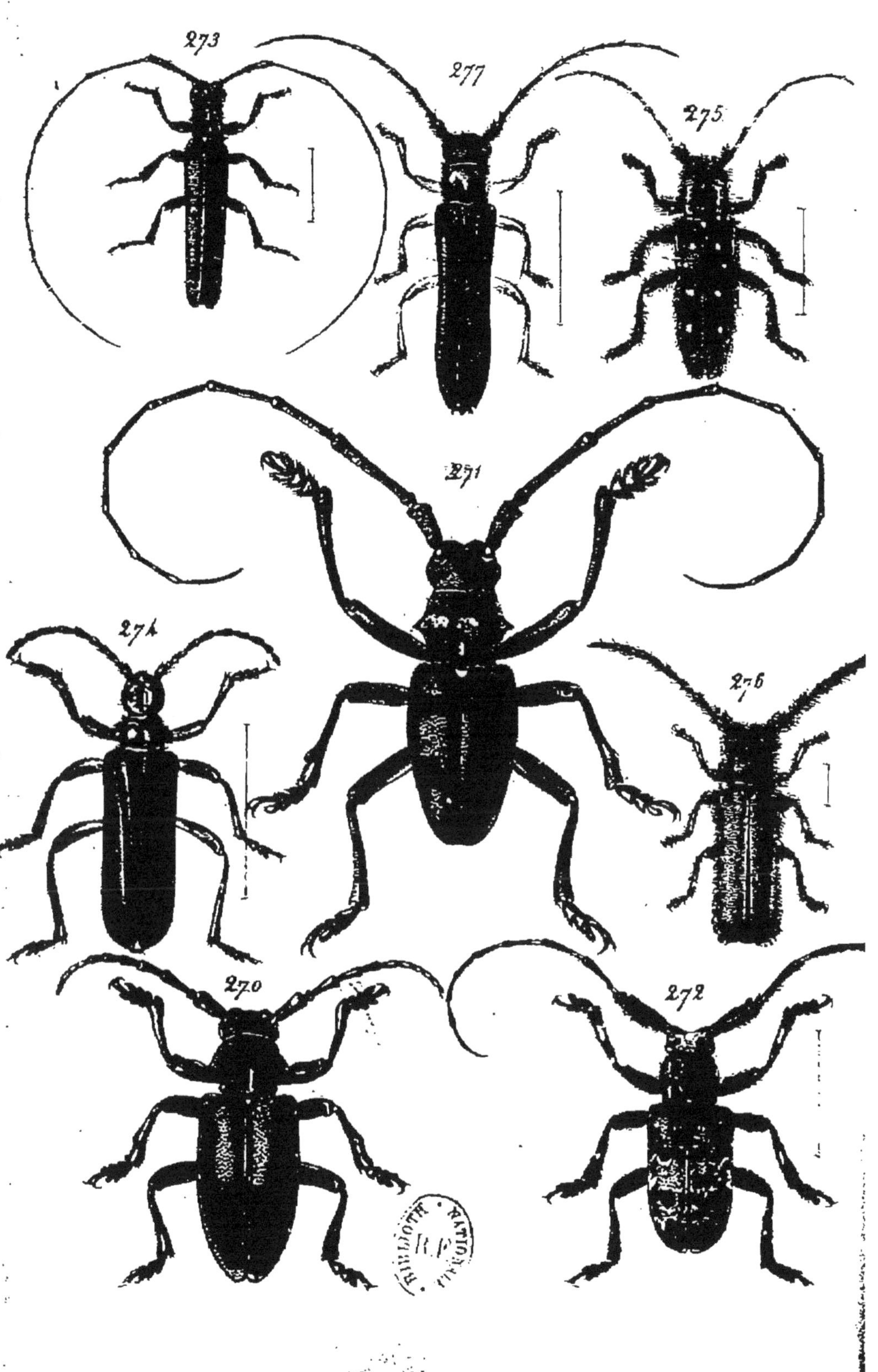
273
277
275
271
274
276
270
272

PLANCHE XXIII

PLANCHE XXIV

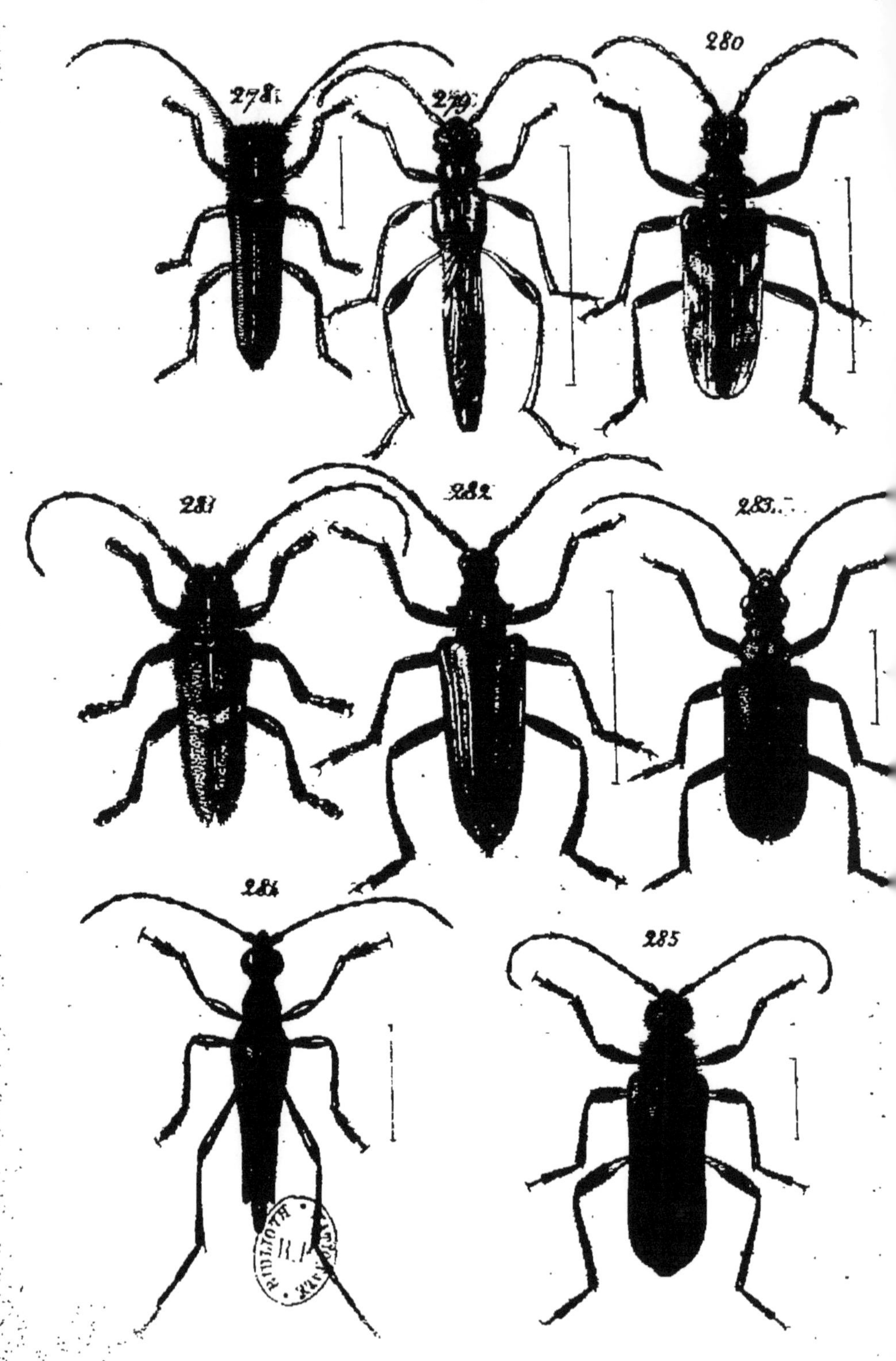
278
279
280
281
282
283
284
285

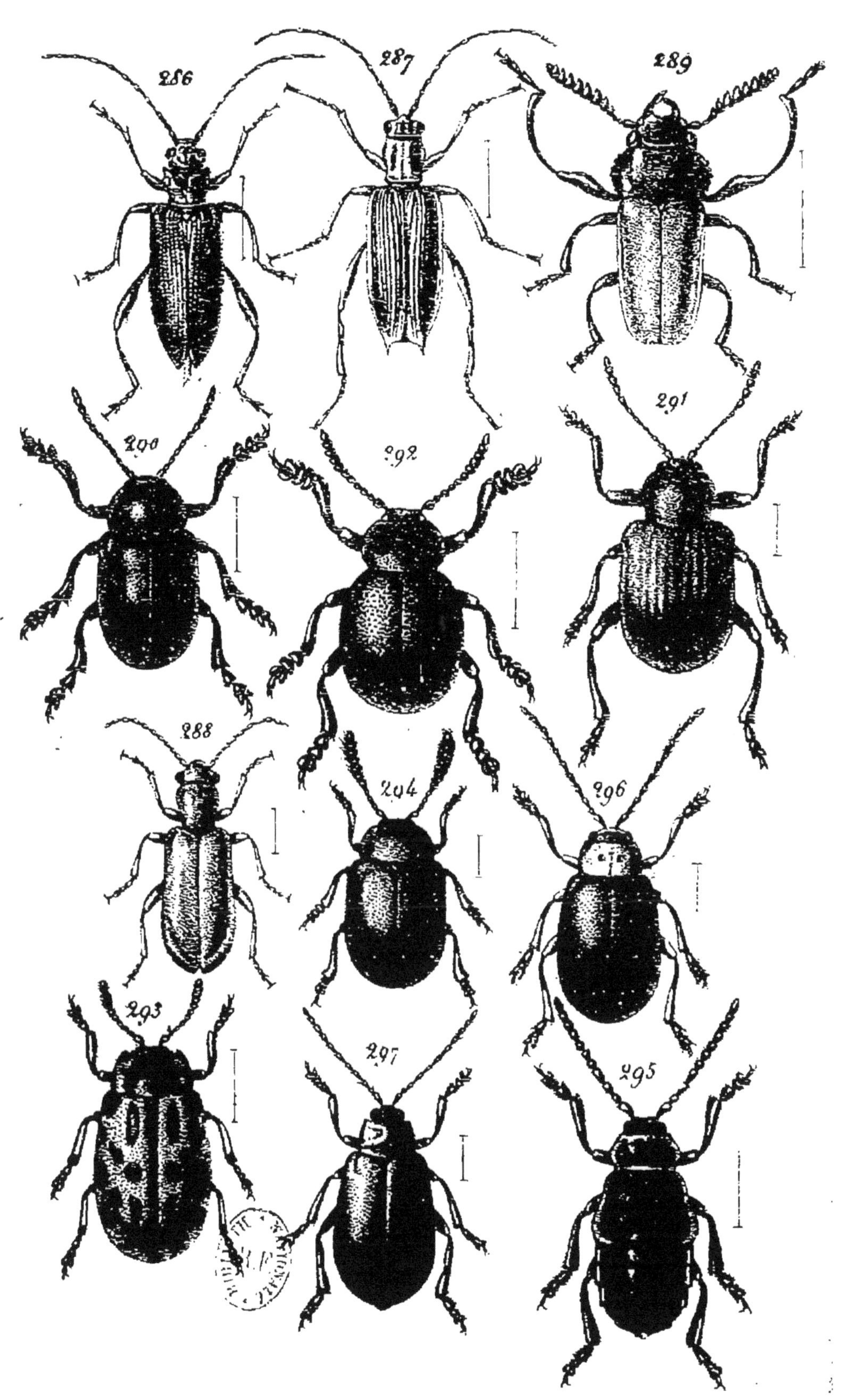
286
287
289
290
292
291
288
294
296
293
297
295

PLANCHE XXV

PLANCHE XXVI

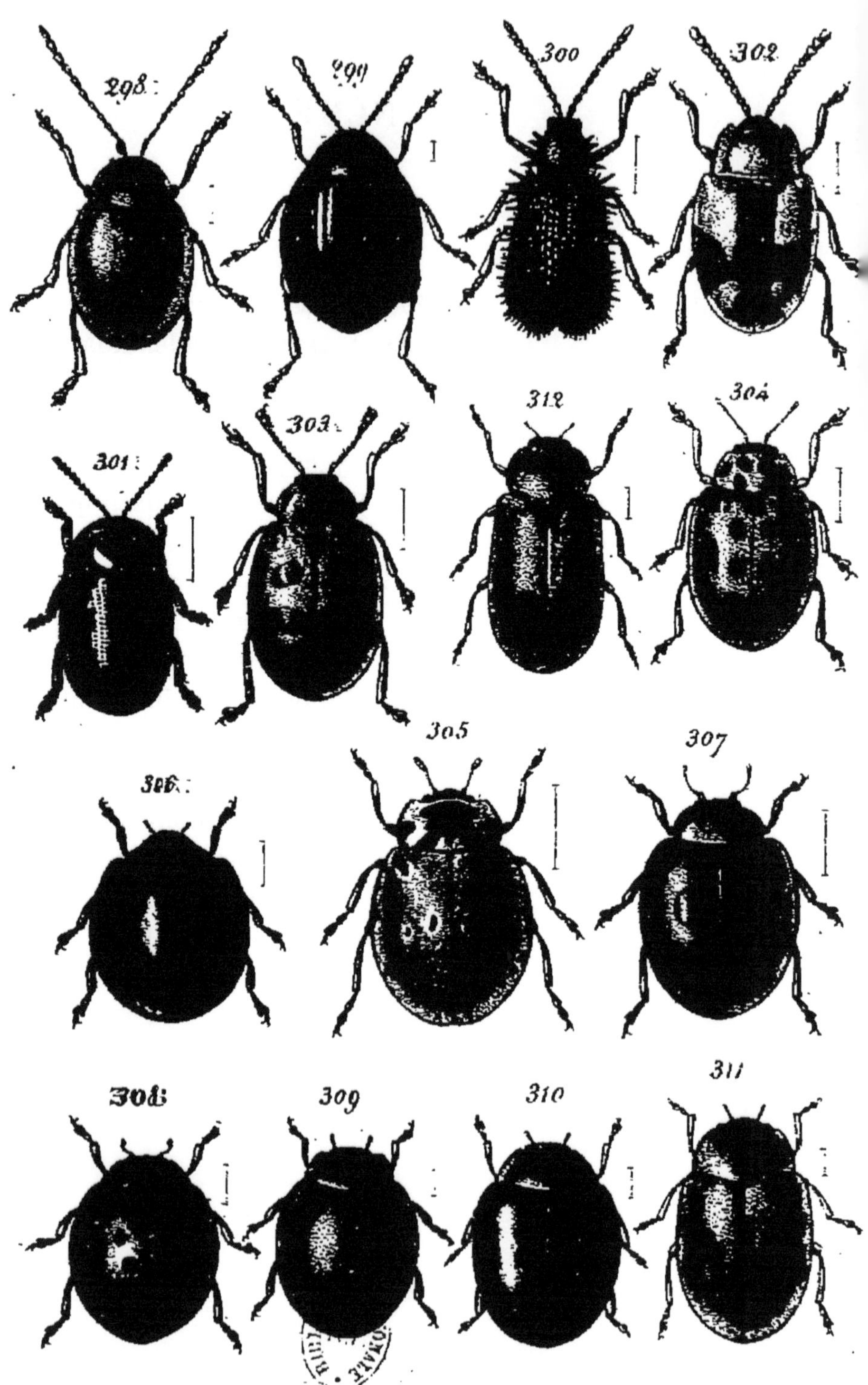
298
299
300
302
301
303
312
304
306
305
307
308
309
310
311

www.ingramcontent.com/pod-product-compliance
Ingram Content Group UK Ltd.
Pitfield, Milton Keynes, MK11 3LW, UK
UKHW012004240726
13965UKWH00001B/150

9 782013 282635